湛庐 CHEERS

与最聪明的人共同进化

HERE COMES EVERYBODY

JORDAN B. PETERSON

人生十二法则

12 RULES FOR LIFE

AN ANTIDOTE TO CHAOS

[加] 乔丹·彼得森 著
史秀雄 译

浙江科学技术出版社

面对不如意的人生，你能找到解决之道吗？

扫码激活这本书
获取你的专属福利

扫码获取全部测试题及答案，
一起了解应对混乱生活的
十二剂良药

- 人们在面对失败时如果能调整体态，笔直站立，昂首挺胸，就更容易走出失败，重拾自信。这是真的吗？

  A. 真

  B. 假

- 惩罚有可能让孩子怨恨父母，还会抑制孩子的创造力。所以，父母应该避免惩罚孩子。这是对的吗？

  A. 对

  B. 错

- 当遭遇人生痛苦时，哪种方法能够让我们更容易从痛苦中走出来？

  A. 用思考代替专注

  B. 用专注代替思考

扫描左侧二维码查看本书更多测试题

Jordan B. Peterson

乔丹 · 彼得森

多伦多大学心理学名誉教授

临床心理学家

大五人格研究专家

曾任哈佛大学心理学系副教授

主要研究变态心理、社会心理以及人格心理学

跨界成长起来的“硬核”教授

乔丹·彼得森在加拿大阿尔伯塔省北部酷寒的荒原长大，为了生存，他做过洗碗工、加油站员工、厨师、养蜂人、油田工人、铁路工人。因为兴趣，他曾驾驶碳纤维特技飞机在高空进行特技飞行，和一群宇航员探索亚利桑那州的一个陨石坑，受邀加入加拿大“第一民族”并获得了族名。

相比丰富多彩的个人经历，彼得森的求学之路与职业生涯则完美展现了一名“学霸”的成长之路。1982 年，彼得森获得加拿大阿尔伯塔大学政治学学位。1984 年，他获得心理学学位。1991 年，他获得加拿大麦吉尔大学临床心理学专业博士学位，之后又在麦吉尔大学做博士后两年。离开麦吉尔大学之后，彼得森先后担任哈佛大学心理学系副教授、多伦多大学心理学教授。

深受学生尊重的“学术咖”

彼得森与哈佛大学、多伦多大学的同事及学生联合发表了 100 多篇学术论文，推动当代人对人格的理解。他在哈佛大学执教时，入围过极富声望的利文森教学奖。来到多伦多大学后，彼得森连续 5 年被提名为加拿大安大略省最佳大学讲师之一，被学生们评为“改变人生”的三位教授之一。

1999 年，彼得森出版了经典著作《意义地图》。在书中，他运用包括神经心理学、人格心理学、神话学等在内的大量跨学科知识来验证和描述宗教信仰与神话系统的结构。《意义地图》被加拿大公共电视台制作成 13 集热门电视节目，这也是彼得森成名的开端。

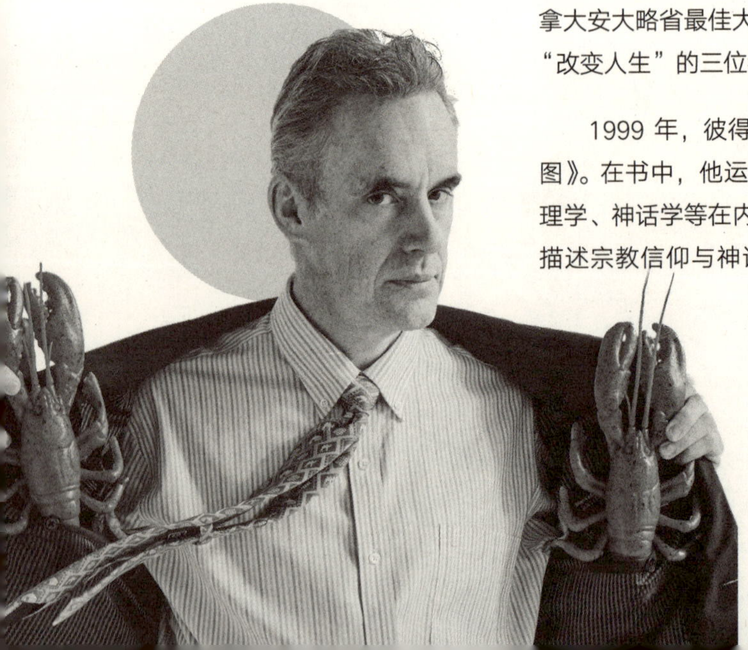

“世界舞台上最重要的思想家之一”

2012 年，彼得森开始在美国问答网站 Quora 上回答问题，迄今为止，他已成为“价值与原则”“教养与教育”两大板块下点击率最高的作者之一。而他在 Quora 上回答“每个人都该知道的最有价值的事是什么”这一问题，更是成为《人生十二法则》诞生的契机。

2013 年，彼得森开始将在大学讲课的视频发布到 YouTube 上；2016 年，他开通了播客并将其发布在 YouTube 上，探讨文化、宗教、神话与哲学等领域的话题，并与世界上许多伟大的思想家对谈，目前视频播放量累计超 3 亿次。

2018 年，彼得森出版了第二本书《人生十二法则》。这本书甫一出版就风靡全球，雄踞 60 个国家的畅销榜。彼得森说，人类只要一适应幸福的状态，就又会开始觉得不幸福。我们所处的时代明明是人类有史以来最繁盛和平的时期，但伴随而来的，却是有史以来困扰最多人的各种心理问题。

在书中，彼得森列举的 12 条法则，是他运用当代脑神经科学，融合荣格的集体潜意识、尼采的上帝之死、文学中的反乌托邦及边缘人格，与几千年前的神话、宗教及哲学思想相结合后梳理出来的结果。彼得森希望用人类几千年的集体智慧及崭新的科学发现来解决当代的冲突。但让这本书格外具有说服力，也真正让这本书成为全球文化现象的最大原因是，彼得森对这 12 条法则中的每一条都身体力行。在最难的道德问题面前，他选择“说真话，或者至少别撒谎”“做有意义的事，不要苟且”，这让他成为众矢之的，也让他被媒体誉为“世界舞台上最重要的思想家之一”。

深谙道家哲学的彼得森非常看重阴阳平衡的重要性，相信过犹不及，因此又在 3 年后出版了《人生十二法则 2》。这本书振聋发聩地指出，虽然过度的混乱会给我们带来不确定性，但过度的秩序又会制约好奇心和创造力。因此，平衡现实中秩序和混乱两个基本原则才是重要的生活智慧，而我们在划分和追求它们的道路上也会找到深刻的人生意义。

如果说《人生十二法则》是现代人应对混乱、焦虑与倦怠的一剂良药，那么《人生十二法则 2》将带领人们勇敢超越秩序的边界，在当下这个不确定的时代实现人生破局与自我超越。这两本书连同《意义地图》，目前全球累计销量已突破 700 万册，影响了数亿人的生活，彼得森也因此成为“学术界的摇滚明星”。

外硬心软的“严父”

很多看过彼得森视频或者讲座的人都认为彼得森很像自己的父亲。一方面，他严格、权威、要求高而且高度理性；另一方面，他情感丰沛，愿意认真倾听，也发自内心地希望你过得好。

《人生十二法则》出版后，彼得森在全球 130 多个城市举办了巡回演讲，至少有 50% 的观众会在演讲后向他表示感谢。他们说，是彼得森教授改变了他们的生活，让他们的人生变好。一位年轻的听众曾告诉彼得森，两年前他刚刚刑满释放，穷困潦倒、无家可归，正是听了彼得森的演讲后才决心改变，如今他已经拥有了满意的工作和自己的公寓，妻子还在不久前生下了女儿。这样的例子不胜枚举。

作为全世界参与人数最多的图书系列巡回演讲之一，彼得森在《人生十二法则 2》的巡回演讲中持续发力，以尽可能地指导越来越多的人拥有更好的生活。

此外，彼得森创立的精神健康网站已帮助数万人纠正性格缺陷，深入了解和疗愈自己，改善与他人的关系，从而拥有更好的未来。

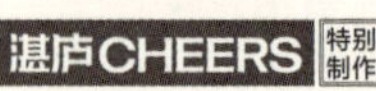

彼得森是继马歇尔·麦克卢汉之后更重要、更具影响力的加拿大思想家，近期他的国际声誉和影响力均呈指数级增长。彼得森对心理学、人类学、科学、政治学和比较宗教学大胆的跨学科综合，为未来在大学中进行人文主义教学提供了一个崭新的模板。

卡米拉·帕格利亚

美国知名文化评论家

这本书从明确促使我们做出决策的根深蒂固的支配等级出发，引出了生活中一些不可或缺但很容易被忽视的问题，并为我们提供了改善生活的建议。如果这还不够，书中总结的有关进化心理学的相关内容则一定会让你拍案叫绝。

霍华德·布卢姆

美国畅销书作家、《名利场》撰稿人

一位能帮助自己的学生变得更善于思考、更严肃地对待个人与未来的大师。

诺曼·道伊奇

哥伦比亚大学心理分析训练和研究中心教授

《人生十二法则》很写实，但它充满了关怀。彼得森就像一位睿智的父亲，他告诉年轻人，清理内心不仅会改善自己的存在状态，还能击退可怕的混乱状态，让心灵将存在视为一种真正的善，这反过来对世界也有好处。这样的教诲在人生路上是如此不可或缺！

《国家评论》

彼得森是一位与众不同的知识分子，他总能把晦涩的想法以有趣的形式呈现。这可能就是他赢得众多粉丝青睐的原因。彼得森很快就会成为学术界更闪亮的"摇滚明星"。

《观察家报》

彼得森已经成为这一代最知名的加拿大人之一。在知识领域，他的影响力很容易带来继马歇尔·麦克卢汉之后最大的国际现象之一。通过将过去的知识、全心的乐观态度以及对受众的宽容态度相结合，彼得森产生了令人印象深刻的智慧火力。

《国家邮报》

像最优秀的知识分子一样，彼得森深入他所涉及的许多主题和学科，邀请读者开启自己的智力、精神和思考之旅。对习惯于理念一致和社交媒体"点赞"的即时满足感的人来说，这是一种反直觉的策略，但如果彼得森是对的，那么除了痛苦，你什么都不会失去。

《多伦多星报》

你不必同意彼得森的观点，就会喜欢这本书，它是如此引人入胜。彼得森在许多领域都很出色，现在摆在我们面前的是一本意义丰富、咄咄逼人又直面现实的书，它力图带领我们最终回到彼得森眼中的真善美。这很可能是一趟艰难的阅读之旅，因为没有一条直逼真相的道路是容易的。

《泰晤士报》

一个不仅有人性关怀和幽默感，而且有深度和内涵的人。彼得森有一种真正的世界性的和无所不包的智慧，但他也清楚地意识到，要在真正意义上把握事物的真相，需要先从做好家里的小事开始。他幽默的表象之下有一种炙热的真诚，只有枯萎的愤世嫉俗者才会怀疑这一点。

《旁观者》杂志

最重要的法则：为自己的人生负责

我们真的需要更多的规则吗？生活已经这么复杂，这么不自由了，真的还要用更多不考虑个人具体情况的抽象规则来约束每个人吗？人的大脑是可塑的，会基于不同的生活经验得到不同的发展，所以为什么要指望用几条规则来帮助所有人呢？

人们并不喜欢规则，所以规则要有，但也不要有太多。当我们精力充沛、人格健全的时候，规则反而会令我们束手束脚，仿佛它是在故意冒犯我们人生的自主性一般。因此，凭什么要用别人的规则来评判自己呢？

然而事实是，如果没有规则，我们很快就会成为自己情绪的奴隶，而这种情况是毫无自由可言的。当不受约束地用未经训练的本能做判断时，我们不仅会缺乏追求，还会崇拜那些不值得我们崇拜的品质。

在这本书中，彼得森教授不仅提出了他的十二条法则，还整合了多个领域的知识，以讲故事的形式向人们说明为什么最好的规则并不会限制我们，反而会推动我们前进，让我们生活得更加充实和自由。

我第一次见到乔丹·彼得森是在 2004 年 9 月 12 日，在我们共同的朋友、电视制片人沃德克·塞姆贝格（Wodek Szemberg）和内科医生埃斯特拉·贝基尔（Estera Bekier）的家里。那天是沃德克的生日聚会。这对主人秉持着坦诚交流的原则，为在场的所有人营造了一个充满乐趣、不受约束的谈话氛围。聚会的规则是“说出你的真实想法”。拥有不同立场的人们会以一种现在越来越少见的方式进行对话。有时候，沃德克会突然说出他的某个看法或者他了解的某个事件的真相，就像他突然爆发出的笑声一样，这会使人突然一怔，然后沃德克会拥抱那个让他开怀大笑或者激发他说出自己内心想法的人。这是这类聚会最棒的部分，沃德克的直率和温暖的拥抱让大家觉得与他相处的每分每秒都是值得的。与此同时，埃斯特拉则用她亲和的态度关注着每个客人。

真相的突然浮现并没有让气氛变得更紧张，反而带来了更多的欢笑和启发，也让大家度过了愉快的夜晚。**坦诚能让人充满活力。**小说家巴尔扎克总结了他对法国聚会的观察，认为一场聚会实际上分为上下两场。在开始的几个小时里，聚会往往充斥着无聊而又搔首弄姿的家伙，他们参与聚会的原因无非为了找到某个能够巩固自己地位或肯定自己美貌的人。当时间很晚，大多数客人都离开了以后，第二场真正的聚会才开始。这时，敞开心扉的交谈会替代之前一本正经的气氛。而在沃德克和埃斯特拉的聚会上，这种亲密、坦诚的氛围从我们一进门就有了。

沃德克是个满头银发、像狮子一样的“猎人”，他一直在寻找能够在电视上真诚表达自己的知识分子。沃德克经常邀请这样的人来参加家里的沙龙，那天他就邀请了一位来自我的母校加拿大多伦多大学的、智慧与情感兼具的心理学教授。沃德克是第一个让乔丹·彼得森上电视的人，他把彼得森视为一个寻找学生的老师，因为彼得森总是乐于向他人解释说明。彼得森喜欢上电视，观众们也喜欢他。

那天下午，聚会的常客们坐在花园的大圆桌周围。一群嗡嗡作响的蜜蜂一直在骚扰着我们，而桌旁的这位带着阿尔伯塔省口音、穿着牛仔靴的新人则毫不在意地讲着话。为了躲避蜜蜂，大家开始玩抢椅子的游戏，但同时也尽量不远离桌子，因为这个新加入我们的人非常有意思。

彼得森有个奇怪的习惯，会和刚认识不久的人像寒暄一样地探讨极为深刻的问题。就算他真的只是在与你闲聊，比如，“你是怎么认识沃德克和埃斯特拉的”或者“我以前是个养蜂人，所以我不怕它们”，也会在极短的时间里回到更严肃的主题上。

彼得森所讨论的问题通常只会出现在教授或者专业人士的对话中。不过，他这个人虽然博学多才，却并不学究。彼得森就像个孩子一样，总爱迫不及待地和大家分享自己刚了解到的东西，也会假设令他感兴趣的事情一定会令别人感兴趣。彼得森话中带着的孩子气让人觉得我们好像是在同一个小镇或者家庭里长大的，同时也一直都在思考着同样的关于人类存在的问题。

彼得森并不是那种所谓的“怪人”。他曾经是哈佛大学的教授，虽然他对于某些词的发音经常带有 20 世纪 50 年代的乡土气息，却是个不折不扣的绅士。大家都入迷地听着彼得森讲话，因为他聊的话题确实与在场的每个人都相关。

听这样一个博学而又直言不讳的人讲话能令人感到无比自由。彼得森似乎需要通过讲话来思考，而他的思考过程往往需要大脑保持高速运转，结果就是，充满能量、饱含思想的话语从他口中“蜂拥而出”。此外，彼得森也不像有的学究那样喜欢一直掌控话语权，他很喜欢有人来挑战或者纠正他。彼得森会用一种亲切的方式说“是的”，会在意识到自己忽略了某些事情时摇摇头，或者在自己不知不觉过度概括的时候自嘲一番。彼得森喜欢通过他人看到事物的另一面，对他来说，思考显然就是一个对话的过程。

彼得森还有另一个不寻常的地方：他虽然是个学者，但非常重视实用主义。他举的例子都源自日常生活，比如，如何制作家具、设计房屋、装修房间，等等。

我一直都很喜欢在农场或者小镇长大的知识分子，他们擅长手工，熟悉荒野的环境，且大多是通过勤奋自学艰难地考上大学的。那些精致但远离自然的都市人会理所当然地把高等教育当作事业发展的跳板，但这些人不一样，他们更加自力更生、踏实谦逊，既好相处又能吃苦。比如彼得森，他就只进行那些能够对他人有所帮助的思考。

我和彼得森成了朋友。作为一个热爱文学的精神病学家和精神分析师，我被博览群书的彼得森深深吸引了。这位同行不仅热爱俄国文学、哲学和神话学，而且将它们视为自己最宝贵的财富。同时他还针对人格和气质做了出色的统计学研究，也钻研过神经科学。彼得森虽然受训于行为主义流派，但对研究梦境、原型、童年创伤和防御机制的精神分析十分着迷。此外，彼得森也是多伦多大学心理学系唯一一位同时从事临床实践的教职人员。

去彼得森家做客的时候，我们的对话总是以打趣和大笑开始，这是来自阿尔伯塔省的彼得森很“小镇”的一面，他的青少年时期和电影《乱成一团》（*Fubar*）里所描绘的一模一样。彼得森的家是我见过的最迷人、最令人震撼的住宅。他和妻子塔米拥有许多雕刻面具和抽象画，家里的每一面墙上都挂满了各种各样的绘画，甚至连天花板和卫生间都是这样。

我一开始不太适应这个有点像鬼屋一样的家，但是彼得森的妻子塔米很快帮我放松了下来，她对彼得森的这种不寻常的喜好持全然的接纳和鼓励态度。这些画作能够帮助访客初步了解彼得森对人类以善的名义作恶的能力，以及对神秘的自我欺骗心理有多关注。我们会在厨房里喝茶聊天。一段时间后，在这些奇怪图画的环绕下聊家常或者分享彼此近期的读书心得就没那么奇怪了。

《人生十二法则》是彼得森出版的第二本书，他在第一本书《意义地图》里分享了他对世界神话共有主题的深刻见解。不同的文化创造出了不同的故事，以帮助人们理解和应对从出生时就要面对的混乱，这种混乱包括所有未知的事物，以及所有外在或内在未探寻的领域。

《意义地图》已出版有 20 年了，彼得森在写作时结合了进化论、情感神经科学、卡尔·荣格和弗洛伊德的相关理论，也引用并结合论述了尼采、陀思妥耶夫斯基、索尔仁尼琴、伊利亚德、诺依曼、皮亚杰、弗赖伊和弗兰克尔等人的伟大作品。彼得森通过这种海纳百川的方式，解释了人类和大脑是如何应对生活中的未知的。《意义地图》出色地展现了未知在进化、遗传、大脑和古代神话层面有多么根深蒂固。另外，彼得森也证明，那些古老的故事之所以得以流传，是因为它们现在依然能在面对未知的不确定性上为人们提供指导。

你现在读的这本书，为你提供的正是一个理解《意义地图》的切入点。《意义地图》是一本非常复杂的著作，因为彼得森在写它的同时也在搭建自己的心理学理论。**然而，不论人与人在遗传基因、生活经验或者生理构造上有**

多少差异，人们都需要面对未知，并且都需要将其转化为已知。所以，本书许多基于《意义地图》的法则都相对更具普适性。

为了更好地理解人们为什么愿意为了所谓的“身份”牺牲一切，彼得森写作了《意义地图》。在《意义地图》以及本书中，彼得森都提醒读者要十分警惕地对待所有的意识形态。

意识形态主义者指的是那些连自己的内在混乱都没有处理好，就装作知道如何让世界变得更好的人，而他们的意识形态所赋予他们的战士身份恰恰掩盖了他们内在的混乱。针对这种狂妄自大，彼得森在本书中提出了一条重要的法则：批判世界之前先清理自己的房间。意识形态主义者的单纯和自以为是与存在的复杂性无法匹敌。当他们骗不了别人的时候，也不会反省自己，反而还会指责那些指出他们犯过度简化错误的人。

因为有着类似的兴趣，所以我和彼得森的观点虽然并不完全一致，却总能就应该问什么问题达成共识。我们的友谊也不全是暗淡无光的。我有听本校教授上课的习惯，所以也去听过彼得森的课。他的课总是座无虚席，而且就和现在数百万在线观众看到的一样，彼得森对于内容的呈现出色到令人惊艳。他既像爵士乐手一样懂得即兴发挥，又能像演说家一样饱含激情。不管怎样，彼得森最后总能轻松地切换到对科学研究极为系统的总结中去。彼得森很善于帮助学生反思自我、关注未来，他会带领学生纵览最伟大的著作，与大家一同分享生动的临床案例和他的个人经历。将进化、大脑和宗教故事精彩地联系在一起是彼得森的讲述风格。彼得森帮助学生凭借进化论更深入地理解吉尔伽美什和佛陀的生平，以及古埃及神话等古老故事中蕴含的深刻智慧。比如，彼得森曾提到，故事中自愿走进未知世界的英雄之举和大脑为了探索未知进行的进化恰恰是相对应的。彼得森尊重这些故事所蕴含的无尽智慧，也没有用还原主义的方式去分解它们。在探讨关于偏见、恐惧、厌恶或者性别差异的问题时，彼得森总能清晰地阐释这些特质存在的原因和进化的过程。

最重要的是，彼得森还提醒学生们关注一些在大学里很少谈论的话题，如人生是痛苦的。若你或你的亲人正在遭受苦难，那么这确实很悲惨，但是苦难本身并没有什么特别之处。我们每个人都可以找到将自己描述成受害者的特定角度。痛苦是每个人注定要经历的，就算当下没有发生，也会在未来降临。抚养小孩、工作、衰老、患病和死亡都会让人感到痛苦，而当你需要独自面对一切，既没有亲密关系的支持，也没有心理层面的指引时，情况只会雪上加霜。彼得森并不是在恐吓学生，实际上，学生反而觉得这种坦诚令他们感到宽慰，因为在他们内心深处都知道彼得森说的是对的。他们从来都没有讨论这类话题的机会，也许他们的家长都自欺欺人地相信避而不谈就可以让自己的孩子免受痛苦。

彼得森也会像奥托·兰克、弗洛伊德、荣格、约瑟夫·坎贝尔[①]和埃里希·诺伊曼等人一样将不同文化中的英雄神话故事联系起来，探索其中的相似之处。弗洛伊德借助俄狄浦斯这个失败英雄的故事为解释神经症做出了巨大贡献，而彼得森则更关注那些成功的英雄。在那些胜利的故事里，主角们都需要走进未知的领域，冒着很大的风险面对巨大的挑战，他们必须割舍或者牺牲自己的某些部分，然后才能获得重生。这需要很大的勇气，而勇气是心理学课程或者教材里很少提及的。

我见证了彼得森的成长，他是个了不起的人，通过遵循本书的这些法则，

① 美国著名作家，神话研究大师。他创造了一系列影响力极强的神话巨作，跨越人类学、生物学、文学、哲学、心理学等诸多领域。其著作《千面英雄》《追随直觉之路》《指引生命的神话》《神话的力量》《坎贝尔生活美学》的中文简体字版已由湛庐引进。——编者注

他变得更加有能力，也更加自信了。事实上，正是这本书的创作过程和这些法则的制定促使彼得森去反思某些问题，他也在网上分享了自己关于生活和这些法则的思考，而我们则可以从超过 1 亿次的点击量中知道，他的观点引起了人们的共鸣。

既然人们讨厌规则，我们又该如何解释彼得森这些有关规则的讲座的受欢迎程度呢？彼得森的个人魅力和对原则的坚持为他带来了最初的知名度，也为他带来了成千上万的流量。但是人们之所以愿意继续关注他，是因为他所探讨的话题满足了人们一种更深层、无法用言语表达的需求。**人们在希望摆脱规则的同时，也在寻找一种有序的结构。**

今天的年轻人对规则和指导的渴望是有原因的。至少在西方，“千禧一代”生活在一种很独特的历史情境中。他们在学校里被许多我这一代的人灌输了两套看似矛盾的道德观，这是以前的人们没有过的经历。这种矛盾让无数年轻人感到迷失、困惑和不知所措，也让他们在不知不觉中失去了许多。

第一套观念认为道德是相对的，或者充其量只是个人的价值判断。相对意味着任何事情都没有绝对的对与错，道德准则源自个人观点或者偶发事件，建立在一个人的种族、成长经历或者文化历史环境等特定框架之上。根据这种论点，历史告诉我们不同的宗教、部落、国家和种族之间经常会就许多基本问题产生分歧。今天，后现代主义左派则认为，一个群体的道德体系无非为了压迫另一个群体。既然这些道德标准都如此专断，那么最好的方式就是对来自不同群体和背景的人表现出包容。这种对包容的强调如此之强，以至于对很多人来说，拥有评价的态度就成了一个人最大的人格缺陷。既然我们无法区分对错和好坏，那么一个成年人给年轻人生活建议的行为就是很不恰当的。

这就导致“千禧一代”在成长过程中缺乏所谓的“实践智慧”的指导。“千禧一代”经常被告知他们接受的是世界上最好的教育，但他们其实遭受了严重的知识与道德忽视。我和彼得森这一代的许多相对主义者都成了年轻一代的教授，这些人往往乐于贬低人类数千年智慧中对美德的理解，将其视为过时、不相干，甚至是压迫性的存在。他们成功地让“美德”成了一个过时的词，也让使用这个词的人显得落伍和自以为是。

对美德的研究和对对错与好坏的道德研究并不完全相同。亚里士多德将美德定义为最能够带来幸福生活的行为方式，他指出，美德总是在力求平衡，避免恶行当中的极端倾向。亚里士多德在《尼各马可伦理学》里探讨了美德与恶行，并站在经验和观察而非猜想的角度讨论了人类幸福的问题。**培养区分善恶的能力是获取智慧的第一步，这是永不过时的道理。**

相比之下，现代相对主义一开始就断言人们是不可能判断应该如何生活的，因为真正的善和美德并不存在，一切都是相对的。因此，相对主义里最接近美德的就是包容，只有包容可以凝聚不同的社会群体，避免彼此伤害。于是在社交平台上，人们才会宣扬自己有多么包容、开放和富有同情心，然后等待着点赞数的增加。向他人宣传你的美德并不能体现你的美德，你只是在进行自我推销，而这有可能是人们最常见的恶习。

接下来我们就可以谈到“千禧一代”被灌输的第二套观念了。“千禧一代”为了学习历史上的伟大著作而选修了人文课程，但是他们并没有读这些书，反而接收了许多对这些书过度简单化的批判。相对主义者的立场是不确定的，意识形态主义者则恰恰相反，他们极具批判性，总是能挑剔和纠正他人的过错。在一个相对主义的社会里，有时候唯一愿意提供建议的往往是那些最无知的人。

现代道德相对主义有许多来源。人们随着对历史了解的不断深入，也越来越能看清不同时代拥有的不同道德准则。走遍世界之后，你也会发现，不同地区人们的道德准则其实是建立在自己所处社会的特定框架中的。科学也发挥了作用，它帮助人们将世界划分为客观存在的事实和主观存在的价值观，这样人们可以先就事实达成共识，然后再逐渐发展出一套科学的伦理准则。认为事实和价值观可以轻易分离的想法是天真的，在某种程度上，人的价值观恰恰决定了他关注什么，以及将什么视为事实。

古代文明也注意到不同的社会拥有不同的规则和道德，而古人的反应却和现代相对主义者、虚无主义者和意识形态主义者形成了有趣的对比。当古希腊人航行到印度等地，发现不同地区存在道德和传统上的差异时，他们也意识到对对错的诠释往往根植于祖先的权威。不过，古希腊人对此并没有感到绝望，他们反而更加热切地投身于哲学。

苏格拉底在面对不同道德准则带来的不确定性时，并没有选择虚无主义、相对主义或者意识形态主义，而是转向寻找能够调和这些差异的智慧，这大大推动了哲学的进展。苏格拉底一生都在提一些复杂而又根本的问题，比如，什么是美德，人生如何能够幸福，什么是正义，等等。他研究了理解这些问题的不同角度，试图找出最合理和最符合人性的答案。我认为这些问题也是本书富有活力的原因之一。

对于古人来说，发现不同的人拥有不同的人生观并没有让他们陷入困境，反而加深了他们对于人性的理解，也引发了一些有关人生的最具启发性的对话。

亚里士多德也一样。他并没有因为不同的道德准则而感到绝望，反而认为，虽然各地具体的法则、法律和传统不一样，但是不同地区的人都展现出了制定规则的倾向。用现代术语来说，出于某种生物学禀赋的影响，人类对道德的在乎是铭刻在骨子里的，以至于不论身在何处，人们都要创造法律和规则。**人类的存在不可能不需要道德观。**

人就是规则生成器，那么，既然人类是道德动物，简单化的现代相对主义会对人们产生怎样的影响呢？人们会因为试图偏离本性而步履蹒跚。相对主义是一个奇怪的面具，而且主要欺骗的是佩戴它的人。如果你用钥匙划坏最聪明的后现代相对主义教授的奔驰车，你就可以看到相对主义的面具和激进包容的伪装是如何被迅速脱下的。

人类尚未发展出基于现代科学的伦理，所以彼得森在创建他的法则时并没有完全摒弃过去伟大的道德成就，更没有将上千年历史的智慧简单地定义为迷信。将人类当下最重要的新知与历经数千年时间冲刷后依旧留存的书籍和故事相整合，是一种更好的选择。

彼得森所做的也是所有理性的指导者一直在做的事情，他并没有宣称一切智慧都来自自己，而是首先求助于他自己的向导。虽然这本书的主题比较严肃，彼得森却选择用相对轻松的方式来探讨它们，从章节的标题你就可以看出来。虽然在书中彼得森经常根据自己的理解来广泛探讨人的心理，但他并不认为自己看穿了一切。

所以，为什么不将这本书称作“指南”呢？这听上去比“法则”要更加轻松和友善。

因为这些真的是法则。**最重要的法则是你必须为自己的人生负责，就这么简单。**

也许你会担心，被反复告知自己拥有权利的这一代人不会喜欢承担责任。这代人当中有许多在成长时都被过度保护，他们在柔软的操场上玩耍，在大学的“安全空间”里避开任何他们不想听到的事情。这些被训练得厌恶风险的人因为自己的韧性被低估而总是感到无力，但他们中也有许多人接受了彼得森的教导：每个人都有要承担的终极责任，在承担更大的责任之前，先清理自己的房间。这种教导所产生的影响之大、程度之深常常令我和彼得森动容。

有时候，这些法则的要求是很高的，需要你耐心又循序渐进地拉扯自己的边界，也需要你直面未知。想让自我超越现有的边界，你需要谨慎选择和追求高于你现有能力的，甚至是你不确定最终是否能实现的理想。

但如果不确定理想是否能实现，我们又为什么要尝试呢？因为如果你不尝试，可以肯定的是你的生活将永远不会有意义。

或许，在我们的内心深处，其实都是渴望被评判的。

诺曼·道伊奇

哥伦比亚大学心理分析训练和研究中心教授

目录

如何抵御自我的不足与无知

2012 年，我开始在 Quora 网站上写作。在这个网站上，任何人都可以提问和回答问题，读者们可以给他们喜欢的答案点赞，同时也可以踩他们不喜欢的答案。这样，那些最有帮助的答案就可以被置顶。我对这个网站感到很好奇，也很喜欢这种自由的方式。那上面的许多讨论都十分吸引人，针对同一个问题总能看见从不同视角做出的解答，这非常有趣。

每当我在休息或者想偷懒的时候就会到 Quora 上去浏览问题，并且也回答了诸如“快乐和满足的区别是什么”“什么事情会随着年龄的增长而变得更好”“什么能让生活更有意义”等问题。

Quora 会显示你提供的答案的阅读量和点赞数，这样你就可以了解自己文字的覆盖范围和大家的喜欢程度。在浏览的人里，只有一小部分会点赞。直到

2017 年 7 月我写下这段话为止，我在 5 年前对“什么能让生活更有意义”的回答的阅读量还只有 1.4 万次，点赞数则更少了，只有 133 个；而关于年龄增长的那个问题，我的回答有 7 200 个人浏览过，获得了 36 个赞。这不是什么了不得的成绩，也在我的预料之内。在这样的网站上，大多数内容都得不到太多关注，只有一小部分内容会变得异常受欢迎。

在我回答了那两个问题之后不久，我又回答了另一个问题：“每个人都该知道的最有价值的事是什么？”我列了一个清单，里面包含了一些法则和格言，有的很严肃，有的则很诙谐，如“即使痛苦，也要心怀感恩”“不要做你讨厌的事情”“不要将事物隐藏在迷雾之中”，等等。Quora 的访客们似乎很喜欢这个清单，纷纷对此评论转发。比如，有人说，“我必须把这个清单打印出来经常阅读，太棒了！”“Quora，你赢了，我们这就合上电脑”。我在多伦多大学的学生们也跑来告诉我他们很喜欢我的清单。迄今为止，这篇答案的阅读量已有 12 万次，点赞数则有 2 300 个。Quora 上大概有 60 万个问题，其中只有几百个问题的答案突破了 2 000 个赞的关卡，这说明我那个得益于拖延的沉思结果击中了大家。

我一开始写这个清单时并没有想到它会这么受欢迎，因为在那段时间，我还写了大概 60 个答案，且每一个都是用心完成的。所以我研究了大家的反馈，试图理解自己最受欢迎的答案火热的原因。也许是我在编写法则的时候把握好了熟悉和不熟悉的平衡，也许人们喜欢这些法则暗含的结构，也许人们只是喜欢清单本身。

2012 年 3 月，我收到了一位出版经纪人的邮件。我曾在加拿大广播公司（CBC）一个叫《对幸福说不》（*Just Say No to Happiness*）的节目上批判过将幸福作为人生目标的做法，而这位经纪人刚好收听了那期节目。亚历山大·索尔仁尼琴曾认为，人为了快乐而活的愿望会“被工头手上短棍的第一下捶打扼杀”[1]。在危机当中，生活带来的不可避免的痛苦对追求幸福的人生目标来说就是一种讽刺。我在那期节目里提出：**人生需要更深层的意义，这种意义的本质反复出现在过去的伟大故事当中，而那些故事往往讨论的都是在痛苦中成长，而不是追求快乐。**

从 1985 年到 1999 年，我每天都要花 3 小时来写我的第一本书《意义地图》。之后，我也教过一门基于那本书内容的课程，先是在哈佛大学，再是在多伦多大学。2013 年，我注意到了 YouTube 的崛起，因为之前在加拿大教育电视台（TVO）做过一些受欢迎的节目，所以我决定将我讲的课程和公开讲座拍摄下来放到网上。这些视频吸引了许多人观看。到 2016 年 4 月，观看人数已超过 100 万，而到我写下这些文字时，这个数字已激增到 1 800 万。

我在《意义地图》里提出，神话和宗教故事，尤其是那些源自口述传统的故事不是为了描述事实，而是为了探讨道德。所以这些故事关注的不是世界的客观面貌，而是一个人应该有怎样的言行。我认为我们的祖先是将世界视为一个戏剧舞台，而不是一个由客观物体组成的集合。同时，戏剧的组成元素也不是物质，而是秩序与混乱。

秩序意味着身边的人都遵循约定俗成的社会规范，且都言行可靠、态度配合。秩序是社会结构、已探索领域和由熟悉事物构成的世界。秩序的状态通常被描绘成具有象征意义的男性形象，所以秩序是明君和暴君的永恒结合，因为社会既包括结构又存在压迫。

相比之下，混乱则来自意外的发生。当你在聚会上讲了个笑话，随之而来的却是令人尴尬的沉默时，混乱就悄然降临了。更为灾难性的混乱可能还包括突然的失业或者感情上的背叛。作为秩序的对立面，混乱通常被描绘成具有象征意义的女性形象。难以预料的新事物会从习以为常的旧事物中突然出现，因此，混乱代表了新事物的产生和旧事物的毁灭，就好像自然相对于文化来说同时也包含生与死一样。

秩序和混乱也是道家讲的阳和阴，是太极图里首尾相接的两条鱼。秩序代表阳的白鱼，混乱代表阴的黑鱼，白色中的黑点和黑色中的白点表明了秩序与混乱相互转化的可能性。当一切看似安稳时，未知可能突然降临；而当一切都被毁灭时，新的秩序却可能于此时浮现。

在道家看来，意义就是黑与白的边界，即道，也就是生活的神圣之路。

这比幸福要好得多。

我之前提到的那位出版经纪人在听了我的那期节目之后，给我发来了邮件，问我愿不愿意为大众写一本书。我曾尝试过将《意义地图》改写成一个更浅显易懂的版本，但不论是我的写作状态还是最终的结果，都不太令人满意。我想这可能是因为我依然在模仿之前的自己和之前的书，而不是站在秩序和混乱之间创新。我建议那位经纪人去看看我在 TVO 做的那些节目，这样我们就可以更加有效和完整地探讨我应该在新书里写些什么。

她看了所有的录像并且和同事进行了讨论，一个月后联系我，向我表示，她对出书这件事更确信也更有兴趣了。这对我是一种意料之外的鼓励，因为我从没对人们会很积极地回应我所谈论的那些严肃古怪的话题抱有任何期待。当你读完这本书时，或许也会理解其中的原因。

出版经纪人建议我写一本关于获得良好生活的指南，于是我立刻想到了我的 Quora 清单。在此期间，我扩充了那些法则的相关内容，没想到人们对新内容的反响也很积极。看上去这个清单和出版经纪人的设想是很契合的，于是我把清单发给了她，果然，她很喜欢。

与此同时，我曾经的学生、现在的朋友、小说家兼编剧格雷格·赫维茨（Gregg Hurwitz）正打算写一本书，这本书就是后来非常畅销的悬疑小说《孤儿X》（*Orphan X*）。格雷格也很喜欢我的法则，他甚至让小说女主人公将法则节选下来贴在冰箱上，这也进一步帮我确认了这些法则所具备的魅力。我向我的经纪人提议，我可以先写一些简短的样章试试看，而在我开始写之后却发现，这些样章根本做不到简短，因为我想写的远比我预想的要多。

一定程度上这是因为我花了很长时间为我的第一本书做调研，我当时研究了历史、神话、神经科学、精神分析、儿童心理学、诗歌以及《圣经》的大部分内容，我还透彻地分析了弥尔顿的《失乐园》、歌德的《浮士德》和但丁的《地狱》。我将所有这一切整合在一起，试图解释历史上一些僵局形成的原因。我无法理解为什么人们会为了捍卫自己的信仰体系而不惜毁灭整个世界，然后我意识到共同的信仰体系可以让人们理解彼此，而且这些体系不只关乎信仰。

遵循共同的准则可以让人们感到彼此是可预测的，每个人都在按照他人的期待和愿望行事。这样人们就可以合作，甚至和平地竞争，因为每个人都能预测他人的反应。在心理和行为上共享的信仰体系简化了人们眼中看到的彼此，甚至简化了整个世界，因为人们可以通过合作来征服世界。或许没有什么比维系这种简化的体系更重要的了，如果它受到了威胁，国家的巨轮就会触礁。

准确地讲，人们并不是在为了信仰而战，而是在努力协调信仰、期待和愿望之间的关系，使自己的期待和他人的行动保持一致。正因为有这种协调一致，人们才能和平、稳定而又有建设性地相处，不确定性和随之而来的痛苦才能被有效地控制。

想象一个人被爱人背叛了，两人之间的神圣契约遭到了破坏。行动比语言更有说服力，背叛行为会扰乱亲密关系中被谨慎维护的脆弱和平。在被背叛之后，人们会被恶心、蔑视、愧疚、焦虑、愤怒和恐惧等可怕的情绪主宰，而这些可怕的情绪本来是被共享的信仰体系和行为准则所约束着的。因此，也不难理解人们会为了能使自己免于陷入混乱和恐惧情绪的事物而战。

共享的文化体系不仅能让人类的互动更加稳定，同时它也是一种价值等级体系，能赋予事物清晰的主次顺序。当缺失这样一个体系时，人们就会不知所措，甚至无法感知，因为行动和感知都需要被有价值的目标指引。我们的积极情绪大多和目标相关，只有在朝着目标前进的时候我们才是快乐的，而前进本身就隐含了价值。更糟的是，没有积极价值的生活不单纯是中性的。我们脆弱有限的生命里还包含痛苦和焦虑，因此我们必须用一些东西来对抗存在的固有痛苦。我们必须找到隐藏在深刻价值体系里的意义，否则存在的恐怖就会变得难以承受，然后绝望的虚无主义就会向我们招手。

没有价值就没有意义，然而，不同的价值体系之间有可能会产生冲突，所以我们永远处在两难之中。一方面，缺失以群体为核心的信仰会让生活变得混乱、痛苦和难以忍受，另一方面，这样的信仰又会让我们和其他群体产生不可避免的冲突。西方人对传统、宗教和国家文化的逐步放弃，就是为了减少群体冲突的可能性，但与此同时，人们也越来越频繁地面对绝望和无意义感，所以这根本算不上是一种进步。

在写《意义地图》时，我意识到人类再也经受不起冲突了。我们的武器技术已经变得过于强大，战争的后果就是世界末日，但同时人们也不能轻易放弃自己的价值体系、信仰和文化。这个棘手的问题让我痛苦了好几个月，难道还有第三条我没看见的出路吗？其间，我做了一个梦，梦见自己悬挂在半空中，紧紧抓着房顶的吊灯，离地面有好几层楼的高度，而头顶则是广阔的穹顶。地上的人显得遥远又渺小，我离四周的墙面和房顶的距离也很远。

临床心理学的训练让我尤其关注梦境，因为梦境能够揭示内心中理性尚未涉足的部分。我意识到自己所处的穹顶下方恰好就是信仰的中心。这个中心既是无尽苦难、死亡和转变存在的地方，又象征着世界的中心。我不想待在这里，于是设法从那象征性的高空回到了安全而熟悉的地面。我也不知道自己是怎么下来的，只记得后来我又回到了卧室，试图进入无意识的平静，但是当我躺下时感到自己的身体仿佛在移动。一阵强风又将我吹回高空的中心，这是一个我无处可逃的噩梦。我强迫自己醒了过来，发现风正通过背后的窗户吹向我。在半梦半醒的状态下，我在床尾依稀又看见了恢宏的大门，我摇头让自己彻底清醒了过来，然后门就消失了。

我的梦将我放在了存在的中心，让我无处可逃，我花了几个月才弄明白这个梦的意义。在此期间，我更加完整而切身地认识到过去那些伟大的故事其实都在强调人处在万物的中心。这个中心位置往往标记着 X 记号，存在于此意味着痛苦和转变，而这是一个需要主动接受的事实。人们是有可能超越对集体教条的盲目坚持，同时又避免陷入另一个极端的虚无主义陷阱的，人们也是可以在个体的意识和体验当中找到足够的意义的。

这个世界如何才能够摆脱冲突与心理和社会解体之间可怕的两难境地？答案是：通过提升和发展个体，通过让每个人都主动地承担存在的重负。**每个人都应该为自己、社会和世界承担尽可能多的责任，坚持真理，修补缺憾，这样人们才可以减少毒害世界的苦难。**这样的期待虽然非常高，但如果不这么做，等待我们的就有可能是恐怖的专制主义信仰、国家崩塌后的混乱、肆无忌惮的自然灾害、存在主义的焦虑以及脆弱迷茫的人生。

我已经对这些问题进行了数十年的思考，也积累了大量与之相关的故事和概念，但我绝不是说自己的思考就是绝对正确和完善的。存在的复杂性远超任何个体的理解能力，而我并不了解全部真相。我不过是力所能及地奉上自己的知识而已。

总之，这本书的形成得益于之前所有的研究和思考。最开始我是打算将我在 Quora 上提交的答案精选出 40 篇来展开写，出版公司也接受了这个提议。但是在写作的过程中，我将文章的数量削减到了 25 篇，然后是 16 篇，最终减少到现在的 12 篇。过去的 3 年里，我都在编辑的帮助下精进这本书，也得到了来自格雷格极为犀利的评判。

这本书的标题花了很长时间才确定。为什么最终决定叫“人生十二法则”呢？最主要的原因是，它能很简洁地表明，人们需要指导规则，否则就会陷入混乱。无论是个体还是群体，都需要规则、标准和价值观。人是群居和负重的动物，肩负重任才能让我们痛苦的存在显得有价值。我们需要由习惯和传统带来的秩序，秩序过多是不好的，淹没在混乱中也是不好的，所以人们需要确保自己走在笔直而又狭窄的道路上。

这本书的每个章节都在探讨人们该如何行走在这条划分秩序和混乱的道路上。只有在这条道路上，人们才能保持足够稳定，做足够多的尝试和改变，进行足够多的修补和协作，找到赋予痛苦人生价值的意义。正确的生活方式能够帮助人们背负自我意识的沉重负担，接受人生的脆弱和有限，避免陷入受害者角色所带来的怨恨、嫉妒，产生复仇和毁灭的欲望。正确的生活方式也能够避免人们依靠极权主义的确定性来抵御自我的不足与无知。或许我们是可以避开这些通往地狱的道路的，毕竟我们在 20 世纪已经清楚地领略过地狱的真实面貌了。

我希望这些法则和相应的文章可以帮助人们重新理解一个他们已知的事实，即**人永远都在渴望着真实存在的英雄主义，而主动承担责任无异于决定过有意义的人生。**

如果每个人都能以正确的方式生活，那么整个社会必将实现共同繁荣。

祝福每一位即将阅读此书的朋友。

乔丹·彼得森

临床心理学家、心理学教授

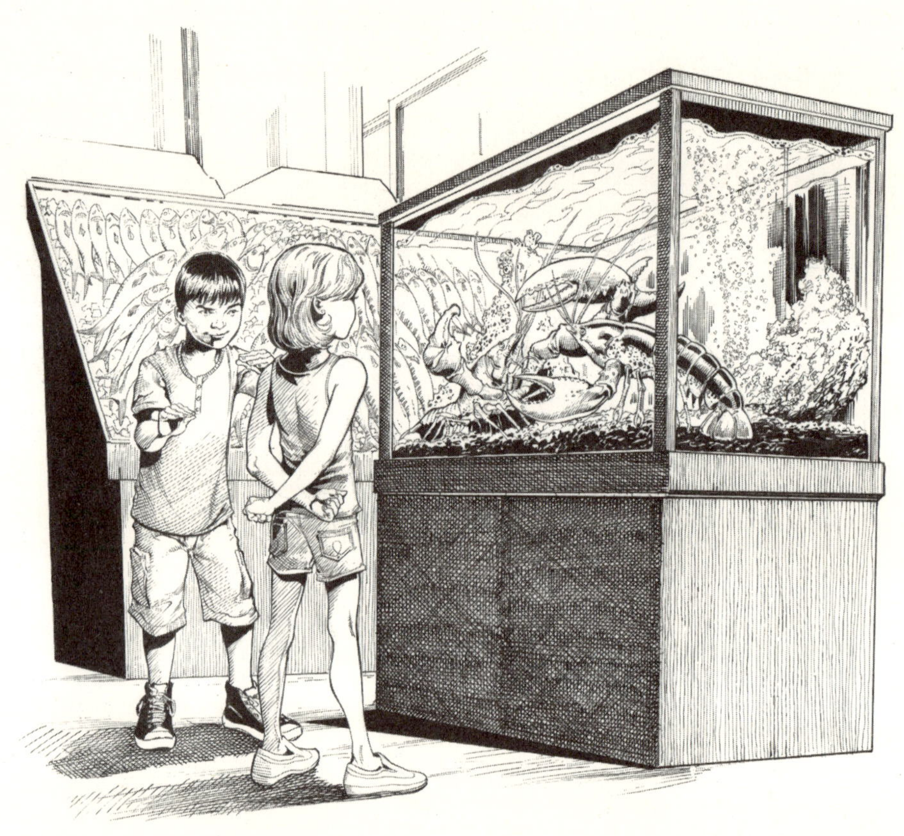

你和龙虾的共同点可能比你想象的要多，

尤其是当你气得张牙舞爪的时候。

法则一

RULE 1

获胜的龙虾从不低头：笔直站立，昂首挺胸

STAND UP STRAIGHT
WITH YOUR
SHOULDERS BACK

ATTEND CAREFULLY TO YOUR POSTURE. QUIT DROOPING AND HUNCHING AROUND. SPEAK YOUR MIND. PUT YOUR DESIRES FORWARD, AS IF YOU HAD A RIGHT TO THEM—AT LEAST THE SAME RIGHT AS OTHERS.

谨慎对待你的体态，别再低头徘徊。
说你所想，追你所求，
这是你和他人同样拥有的权利。

生物界的领地之争

龙虾和领地

如果你和大多数人一样，那么多半只会在吃龙虾的时候想到这种生物。[1]然而，这种美味的甲壳类动物其实很值得我们关注。它们的神经系统相对简单，大脑的神经元细胞大而易于观察。因此，科学家们可以非常准确地绘制出龙虾的神经回路，并借此了解包括人类在内的更高级物种的大脑结构、功能和行为。你和龙虾的共同点可能比你想象的要多，尤其是当你气得张牙舞爪的时候。

龙虾在海洋底部安营扎寨，建立起捕猎和拾荒的领地。海洋中持续不断的混乱杀戮所产生的残羹冷炙会从上方掉落下来，供龙虾拾取。对龙虾来说，家就是一个安全又容易觅食的区域。

但是龙虾的数量一多，就会带来问题。如果两只龙虾想要占领同一片领地，该怎么办？如果数百只龙虾都试图在一片满是废弃物的沙土上安家，又会发生什么？

其他生物也有类似的问题。鸟儿在春季向北迁徙时，也会进行激烈的领地争夺。人类耳中动听的鸣叫实际上是鸟儿正在发出的保卫领地的警告，歌唱的小鸟其实是保护家园的小战士。以北美常见的鹪鹩为例，它们体型小巧、精力充沛，以昆虫为食。当鹪鹩搭建新家时，所选择的地方必须满足能遮风挡雨、靠近食物源、赢得潜在配偶喜欢、远离竞争者等多项条件。

鸟类和领地

我 10 岁的时候，曾和父亲一起为一个鹪鹩家庭制作了一个鸟屋。鸟屋形状像一辆科内斯托加式篷车，正面有一个硬币大小的入口，这样体型小巧的鹪鹩刚好可以进入，而其他大鸟则进不去。我和父亲也用一只老旧的橡胶靴为邻居做了一个鸟屋，入口有一只知更鸟那么大。邻居太太很期待有一天鸟屋能迎来“房客”。

一只鹪鹩很快发现了我们的鸟屋并在那里安了家。早春季节，我们可以听见它持续不断地激动长鸣。但是当它搭好了自己的窝之后，也开始往邻居太太的靴子鸟屋里装小树枝，一直装到靴子容不下其他任何鸟儿进入为止。我们的邻居不喜欢这样的先发制人，但也无可奈何。父亲说：“如果我们把靴子拿下来清理干净，再装回到树上，那只鹪鹩会再次把它塞满树枝的。”鹪鹩虽然小巧可爱，但也是无情的。

在这之前的冬天，我在滑雪时摔断了腿，因此从学校保险中得到了一笔补偿。我用这笔钱买了一台录音机，这在当时是高科技的稀罕玩意儿。父亲建议我录下鹪鹩的歌声，再回放，看看会发生什么。于是，我在一个明媚的春日录了一段鹪鹩激昂的主权宣示之歌，然后让它听自己的歌声。结果这个只有麻雀三分之一大小的家伙开始对着我和我的录音机俯冲攻击，在距离喇叭几厘米的地方来回猛扑翅膀。即使拿走了录音机，它还是会这样做。如果一只大一些的鸟胆敢待在鹪鹩的鸟巢附近，那么也一定会被它以这样的方式驱逐。

鹪鹩和龙虾很不一样。龙虾不会飞，也不会在树上歌唱；鹪鹩披着羽毛，而不是坚硬的甲壳，它无法在水下呼吸，也很少被就着黄油吃掉。但是鹪鹩和龙虾有一个重要的相似之处：它们都着迷于群体中的身份和地位。动物学家和比较心理学家托里弗·谢尔德鲁普－埃贝（Thorlief Schjelderup-Ebbe）早在1921年就发现，即使是普通的鸡群也会建立“啄食顺序”（pecking order）[2]。

群体中的地位对于每一只鸡的生存都有着重要意义，尤其是在资源匮乏的时候。鸡群中的“大明星”们在饲料撒进鸡圈时可以优先用餐，然后是“明星替补”及其“跟屁虫”们，最后才会轮到底层那些浑身脏污、羽毛零散的可怜虫。

就像郊区居民一样，鸡也是群居动物。鹪鹩这样的鸟类虽不群居，却依然遵循着支配等级制度，只不过它们的等级体系分散在更广阔的领地上。最聪明、健壮和幸运的鸟儿往往占据着最优质的领地，因此它们也更能吸引高质量的配偶，繁衍出能够茁壮成长的后代。因为可以免受风雨和天敌的困扰，以及有着充沛的食物供给，这类鸟儿的生存压力也会大大降低。

社会地位决定了领土权，而领土好坏往往关乎生死。

当传染病侵袭一个层级鲜明的鸟群时，那些最底层的弱小鸟儿最容易丧命。[3]而当禽流感或者其他传染病肆虐全球时，人类社会也会出现类似的情景。

贫穷和心力交瘁的人很有可能会更快死去，他们也更有可能罹患非感染性疾病，如癌症、糖尿病和心脏病等。就如那句俗话所说，富人的感冒就是穷人的肺炎。

抢占稀缺的优质领地会引发冲突，而冲突又会带来另一个问题：如何避免决出胜负的双方付出过大的代价？这个问题很重要。比如，两只鸟儿为了领地而争吵，并且很快升级为肢体冲突。更强壮的鸟儿通常会胜出，但是胜利者也有可能负伤。这时候，第三只毫发无损的旁观者就有可能乘虚而入，打败受伤的胜利者。这对前两只鸟儿来说可不是好事。

冲突与战争

数千年来，群居动物学会了许多以最小代价建立权势的策略。一只战败的狼会转身躺下，将脖子暴露给对手，而后者也不会真打算下口去咬，毕竟现在处于统治地位的胜利者日后依然需要捕猎的同僚，哪怕它只是自己可怜的手下败将。同样，社会性很强的胡须蜥会挥动前腿来表达对“社会和谐”的愿望，海豚在捕猎和其他兴奋时刻也会发出特别的声音脉冲来减少不同地位成员之间的冲突。以上行为都是群居动物特有的。

疾走于海底的龙虾也不例外。[4] 如果你将几十只龙虾安置在一片新的区域，那么就可以观察到它们建立地位的仪式和技巧。每只龙虾都会对领地进行探索，并寻找合适的安家之所。龙虾对自己的领地了解甚多，对每个细节都牢记于心。如果在窝的附近受到惊吓，它们会迅速逃回窝里；如果在远离窝的地方遭遇威胁，它们则会就近逃向之前探测好的庇护所。

龙虾需要安全的栖身之地，一方面是因为它们要休息和躲避威胁，另一方面也是因为它们在成长过程中会蜕壳，在一段时间里柔弱的身体会失去保护。

石头下面的洞穴特别适合龙虾栖息，如果在安顿好之后能够再用贝壳或者碎石将入口盖住就更好了。但是在新的领地里，高质量的庇护所数量有限，而且同时还有其他龙虾在搜寻它们。

因此，龙虾在外出探索时经常会碰上彼此。研究发现，即使是被单独饲养的龙虾，在这样的情况下也知道该怎么做。复杂的防御和攻击行为早已深深嵌入了它们的神经系统。[5] 龙虾会像拳击手一样四处挥舞它那张开的钳子，镜像模仿对手，前后左右移动。同时它会使用眼睛下方的喷嘴向对手喷射液体，这种液体里的化学物质会告诉对手自己的体型大小、性别、健康程度和情绪状态。

有时候龙虾可以立刻通过对方钳子的大小看出自己的劣势，不战而退；通过喷射液体交换的信息也能说服更为弱小或者更温和的一方撤退。这是争端解决的第一阶段。[6] 如果两只龙虾势均力敌，或者通过液体交换的信息不够充分，它们则会进入争端解决的第二阶段。两只龙虾会拼命抽打触须，钳子向下收起，一只龙虾前进，另一只后退，然后防御方再前进，进攻方再后退。这样的拉锯战反复几轮之后，更为胆小的那只也许会觉得继续下去不再有利于自己，于是它会转身摆动尾巴，迅速离开，去其他地方继续尝试。如果双方还僵持不下，那么两只龙虾则会进入争端解决的第三阶段，开始真正的打斗。

在这一阶段，两只愤怒的龙虾会凶猛地攻击彼此，伸出钳子，相互扭打，试图将对方翻个底朝天。被掀翻的龙虾会承认对手的实力，然后心怀怨恨地退出战斗。如果双方都无法掀翻对方，或者被掀翻的一方依然不依不饶，龙虾们就会进入第四阶段，这也是风险很高，需要谨慎对待的阶段。因为在接下来的冲突中，双方都有可能受伤，甚至丧命。

龙虾会加快进攻节奏，用钳子夹住对方的腿、触须、眼柄或者其他暴露的脆弱部位。它们会死死夹住这个部位，然后拼命甩尾后退，将其撕扯下来。冲突升级到这个地步通常胜负已分，败者往往会丧命，尤其是如果它还继续留在胜者的领地的话。

战败的龙虾不论之前有多勇猛，接下来都会失去斗志，甚至不愿再和曾经的手下败将战斗。失败让它信心全无，这种状态会持续数日。如果一只曾经占据统治地位的龙虾遭遇了溃败，它的大脑甚至会彻底重构，以适应新的卑微地位。[7]如果不这么做，它将无法承受从“君皇”到“草民”的身份转换。任何一个在事业或者情感上遭遇过重大打击、经历过痛苦转变的人都能理解龙虾的这种变化。

支配等级金字塔

胜败的神经化学

龙虾的胜败双方在大脑化学状态上有着显著差异，而这种差异正反映在它们的体态上。龙虾是自信满满还是哭哭啼啼取决于两种调节神经元通信的化学递质——血清素和章鱼胺（因从章鱼唾液中发现而得名）。胜利会让龙虾拥有更多的血清素和更少的章鱼胺。

血清素高、章鱼胺低的龙虾往往会变得趾高气扬，遇到挑战时也多半不会退缩。血清素会调节龙虾身姿的弯曲程度，使它得以尽情伸展自己的附肢，进而显得高大且具有威胁性，就像西部片里的克林特·伊斯特伍德一样。战败的龙虾在获得血清素后，会伸展自己的躯体，然后再次挑战之前的胜者，而这一次它也会比之前战斗得更持久、更努力。[8]用来治疗人类抑郁症的选择性血清素再吸收抑制剂（Selective Serotonin Reuptake Inhibitors, SSRIs）也拥有差不多的化学和行为效用。百忧解（Prozac）可以让龙虾振作，这或许是地球生物进化中相当令人惊叹的一个事实。[9]

高血清素、低章鱼胺是典型的胜者状态。

与此相反的神经化学配置则会让龙虾畏缩颓废、落魄拘谨，像惊弓之鸟一样四处流浪。血清素和章鱼胺也会调节龙虾的甩尾反射，使其可以迅速后撤逃走。战败的龙虾不需要太多刺激就会触发这种反射。同理，罹患创伤后应激障碍的士兵或者有过受虐经历的儿童也会像战败的龙虾一样易受惊吓。

“赢家通吃”原则

当一只战败的龙虾鼓足勇气打算再战时，它失败的概率会比根据它过往战绩做出的推测要大，而之前胜出的对手则更有可能继续赢。龙虾的世界就是赢家通吃。人类社会也一样，社会金字塔顶端 1% 的人口和底端 50% 的人口拥有一样多的财富[10]，这就是说，世界上最富有的 85 人和最贫困的 35 亿人拥有同样多的财富。

这种残酷的不平等分配原则适用于包括金融在内的任何创造性生产领域。

绝大多数科学论文都由一小群科学家发布，几乎所有的商业化音乐都由一小部分音乐制作人谱写，大部分书籍都由一小部分作家创作。美国每年上市的书籍有 150 万种，但其中只有 500 种书销量超过 10 万册。[11] 巴赫、贝多芬、莫扎特和柴可夫斯基这四位古典音乐作曲家几乎谱写了现代交响乐团演奏的所有音乐。其中巴赫尤其高产，他的作品光是手抄就需要花费数十年时间，而这数量惊人的作品当中仅有一小部分经常被演奏。这群超强作曲家里的其他三位情况也与巴赫类似。所以，如今被世人熟知和钟爱的古典音乐，其实只是一小部分作曲家的一小部分作品而已。

这背后的原则被称为普赖斯定律（Price's Law），用于纪念1963年发现这条定律的科学应用价值的学者德里克·德·索拉·普赖斯（Derek J. de Solla Price）。[12]可以用一个大致呈L形的曲线图来表示这一定律，竖轴代表人数，横轴代表生产率或者资源。这一定律的基本原理其实很早便被发现了。意大利经济学家、社会学家维尔弗雷多·帕累托（Vilfredo Pareto）在20世纪初就注意到了这一定律在解释财富分布上的适用性，且放诸四海皆准。它适用于分析城市人口（一小部分城市拥有绝大多数人口）、天体质量（一小部分天体集聚大部分质量）、词汇使用频率（90%的沟通只需要用到500个词），以及其他许多事物。有时候这种两极分化的趋势也被称作马太效应（Matthew Effect）。

让我们回到暴躁的龙虾身上。通过对彼此的试探，它们很快会分清谁可以欺负，谁惹不起，基于此建立起来的支配等级制度往往极为稳定。当一只龙虾成为胜者后，它只要摆动触须稍做威胁，就可以让曾经的对手仓皇而逃。较弱的龙虾会停止抗争，接受卑微的地位，以防缺胳膊少腿；而处于支配等级最顶端的龙虾则会占据最好的栖身之地，高枕而息，衣食无忧。它会在自己的领地里耀武扬威，在夜里骚扰其他缩居穴中的龙虾，提醒它们谁才是老大。

抢夺支配地位

雌性龙虾也会在母性大发的时候争夺支配等级[13]，她们可以很快识别出最强势的雄性龙虾并被它深深吸引。我认为这是很聪明的策略。包括人类在内，许多物种的雌性都会采取这样的策略，与其费尽心思找寻配偶，不如将这个问题外包给机器般精准的支配等级。雌性龙虾会先让雄性龙虾一决胜负，然后再从群体顶层选择爱人。这就好比股票定价，任何一家企业的价值都是由整体的竞争情况决定的。

当雌性龙虾准备好蜕壳软化时，就到了交配的时候。它们会在有权势的雄性龙虾附近活动，散发诱人的“催情剂”去吸引它。雄性龙虾的攻击性造就了它的成功，让它把注意力从争斗转移到交配上来不是易事，但如果魅惑成功，雄性龙虾也将转变对雌性龙虾的态度，这是龙虾版的《五十度灰》。

需要指出的是，维系长期的支配地位不能单靠武力。荷兰灵长类动物学家弗兰斯·德·瓦尔（Frans de Waal）就竭力论证了这一点。[14] 在他研究的黑猩猩群体中，长期称霸的雄性需要具备更为复杂的特质来延续自己的统治。毕竟，最凶残的暴君也可以被两个只有它七成实力的对手打倒。所以，能长期称霸的黑猩猩往往懂得与“子民”互惠互利，精心照料群体中的雌性和幼崽。这样看来，政客通过亲吻婴儿来获得政治支持的策略数百万年前就存在了。不过，龙虾还是要相对原始一些，“美女与野兽”的套路就够用了。

当“野兽”被成功诱惑后，引诱它的雌性龙虾会蜕去外壳，露出柔软脆弱的身体，准备交配。时机一到，化身体贴爱人的雄性龙虾会将自己的精子交给雌性，然后雌性会待在“爱人”身边花几个星期重新长出硬壳，随后带着受精卵回到自己的住处。与此同时，另一只雌性龙虾会尝试做同样的事情，如此往复。强势的雄性龙虾不光通过挺拔和自信的姿态得到了最好的住所和食物源，还占有了绝大多数的异性资源。如果你是个雄性龙虾，成功对你的价值是相当巨大的——这一点人类应该很熟悉。

为什么要谈到这些呢？原因颇为深刻。龙虾已经存在至少 3.5 亿年了[15]，历史非常久远。6 500 万年前还存在的恐龙，相对于龙虾来说也只不过是历史长河中的昙花一现。

> **在所有被复杂生物适应的环境当中，支配等级都是一个永久存在的特征。**

3 亿多年前，生物的大脑和神经系统虽然相对简单，但其结构和神经化学已足以处理关于地位和社会关系的信息。这是一个极为重要的事实。

建立你的自我觉察

有关自然的三个错误假设

进化的保守性在生物学界是老生常谈的话题。物种的进化必须建立在自然界现有的基础之上，新的特征被添加，旧的特征被修改，但是大多数特征仍保持不变。比如蝙蝠的翅膀、人类的手掌和鲸鱼的鳍在骨骼结构上都惊人地相似，甚至连骨头数量都一样。进化早就奠定了生物的生理学基础。

进化主要通过变异和自然选择来完成。变异的产生有多种原因，其中就有所谓的基因洗牌和随机突变，正因如此，同一物种的个体才会各有不同。随着时间的推移，大自然会在不同个体间进行筛选，这似乎能解释生命在漫长时间里持续变化的过程，不过这又产生了另一个问题："自然选择"中的"自然"到底是什么？生物去适应的"环境"到底是什么？我们关于自然和环境有很多假设，而每个假设都会带来特定的结果。

马克·吐温曾说过："让我们陷入困境的不是无知，而是确信无疑的谬误。"

第一个错误假设：自然是静止不变的。但事实并非如此。自然既是静态的又是动态的，进行选择的自然环境本身也会不断发生变化。道教的太极图完美地展现了这一点。道家认为，存在就是现实，现实中包括的两个相对原则可以用阴阳来表示，但是对阴阳的更好诠释是混乱和秩序。太极图看上去像是一个圆圈里头尾相接的两条鱼，代表混乱的黑鱼头上有一个白点，代表秩序的白鱼头上有一个黑点，这说明，混乱和秩序永恒地并列存在且可以相互转化。没有什么是一成不变的，连太阳都有不稳定的周期，但也没有什么是多变到毫无规律可言的。

> **每一次变革都能创造新的秩序，每一次死亡同时也是一次蜕变的过程。**

单纯将自然视为静态会造成严重的认知错误。自然在进行选择，选择隐含了适应性，适应则意味着被选择。适应性可以理解为生物通过繁衍延续基因的可能性，适应是生物特质与环境需求达成匹配的过程。如果环境需求是一成不变的，那么进化就是一系列无止境的线性优化，而适应则是一个可以无限接近的标准。维多利亚时代的进化论认为人类处于自然界顶端，这种迄今依然很有影响力的理念就是部分基于这样一种对自然的理解。这会让人们误以为自然选择就是对环境适应性的不断提升，而且最终可以达到固定的理想目标。

但自然不只是在做简单意义上的静态选择，它像乐谱一样千变万化，而这正说明，自然与音乐一样，也有着深刻意义。当环境变化时，物种赖以生存和繁衍的特征也会随之转变。所以自然选择理论认为，生物并不是在越发精确地适应某一固定模板，而是在与之共舞，即使有的时候这个过程是致命的。红桃王后对仙境中的爱丽丝说："在我的国度，你只有拼命奔跑才能停在原地。"不论有多少先天优势，站在原地注定失败。

第二个错误假设：自然是单纯动态的。有的事物变化得很快，但这种快也是嵌套在其他更缓慢的变化中的。树叶比树变得快，树又比森林变得快。只有这样，进化才能带有一定保守性，如动物手臂的基本形态、骨头长度和手指功能的同步变化。

> **序中有乱，序在乱中，乱又在更大的序中，最真实的秩序是最恒定的，虽然有时这并非显而易见。**

看见叶子可能会忽视树木，看见树木又可能会忽视森林，而像支配等级这种最真实、恒久的存在可能完全无法被“看见”。

将大自然浪漫化也是错误的。生活富饶安稳的现代都市居民被具象事物所环绕，因而也把自然界想象成法国印象派画家笔下的天堂。环保人士则更理想化地认为和谐完美的自然界不应受到人类的干扰和掠夺。不幸的是，自然界也包括象皮病和麦地那龙线虫（别去搜索这个）、按蚊和疟疾、饥荒和干旱、艾滋病和黑死病。它们和自然中的美好同样真实，但人们不会对它们喜闻乐见。正是因为这些不幸的存在，我们才会更加努力地改变环境、耕种作物、建设城市、创造运输和电力系统，以保护我们的子女。如果大自然母亲不这么执意地想要毁灭人类，人们本可以简单地遵从她的指令，轻松地与她和谐共存。

由此我们引出第三个错误假设：自然界和其孕育的文化建构是完全分离的。

存在的混乱和秩序持续得越久就越自然。因为在自然选择中，某个特质存在得越久，就意味着它在越多时候被选中并成功塑造生命，不论这个特质是生理的、生物学的，还是社会的或者文化的。从达尔文主义的视角来看，唯一重要的就是持久性。支配等级虽然看上去是社会和文化的产物，但它已经存在5亿年了。它和政治体制、宗教信仰没有关系，也并不是模糊和武断的文化产物。从最深刻的层面来说，它甚至不是人造的，而是大自然的永恒属性。当它暂时展现时会受到指责，而这种指责恰恰反映了它的恒定存在。作为自主的生命体，我们在支配等级中存活了非常长的时间，甚至在拥有皮肤、手掌、肺或者骨头之前就已经开始了地位的争夺。没有什么比文化演变更加反映自然的了，支配等级甚至比树木还要古老。

因此，监测自己在支配等级中的地位也是大脑极为古老的基础功能。[16] 这是大脑中的一个调节感知、价值观、情绪、想法和行为的主控系统，它有力地影响着我们存在的每一个方面，不论是有意识的部分还是无意识的部分。这就是为什么当我们失败时，垂头丧气的样子会和战败的龙虾那么相似。我们同样会感到威胁、受伤、焦虑和脆弱，而如果情况毫无起色，我们便会陷入长期抑郁。这种状态下，我们没法打起精神面对生活的挑战，于是便很容易被外壳更硬的欺凌者肆意欺压。人类与龙虾的失败者不光在行为和体验上惊人地相似，神经化学过程也基本一致。

拿控制龙虾体态和逃跑行为的血清素来说，低等级龙虾分泌的血清素较少，处于社会底层的人类也一样，而且失败越多，血清素的降低程度也会越显著。在支配等级的底层，坏事随时可能发生，而血清素少会导致自信程度低，抗压能力弱，应激反应的生理消耗更大。血清素少还会带来更多的不快乐、焦虑、病痛和更短的寿命，不论是人类还是甲壳类动物都一样。而在支配等级金字塔顶端的个体，即使在绝对收入或者食物来源这样的变量被控制的情况下，也依然更少被病痛和死亡困扰。这是一个极为重要的事实。

幸福与不幸的真相

在你大脑中比想法和情绪更深层的根基处，隐藏着一个无比古老的“计算器”，评估着你在社会中的地位。为了论证方便，我们用 1 到 10 来进行描述。

如果你是地位最高的 1，那么你在各方面都是成功的。如果你是男性，则可以选择最好的住所和最棒的食物，所有人都想和你做朋友，你也拥有无限的机会去挑选伴侣。你是个成功的“龙虾”，最有魅力的异性会排起长队来争夺你的注意力。[17] 如果你是女性，则会拥有许多高质量的追求者。他们高大、强壮，富有创造力，可靠、诚实而且慷慨。你和与你相对应的男性一样，会凶猛无情地在女性支配等级中竞争，维护并提升自己的地位。虽然你不太可能运用武力，但你拥有专家级的社交手腕和策略。

相比之下，如果你是地位最低的 10，那么不论是哪种性别，你都不会有好的住所，食物就算有，也很糟糕。你的身心健康状况很差，对异性来说也几乎不具备任何吸引力，除非对方和你一样绝望。你会生更多的病，衰老得更快，死得更早，而且也没有几个人会悼念你。[18]

> **金钱会因为你的无知而变得无用，对于不熟悉金钱的人来说，要正确地使用它是很难的。**

对于长期缺乏快乐的人来说，金钱会诱惑你沉溺于毒品和酒精，金钱也会让你成为专门剥削他人的掠夺者们的目标。总之，支配等级的底层是个可怕而又危险的地方。

大脑里那个评估支配等级的“计算器”会随时观察他人对待你的方式，然后决定你的价值，为你分配地位。如果你的朋辈认为你没什么价值，那么这个“计算器”会限制你的血清素的分泌，而负面事件也会让你产生更强烈的生理和心理反应。但你不得不这样，因为在底层，紧急情况很常见，而你的反应往往事关生死。

糟糕的是，持续的警惕和过度的反应会消耗宝贵的生理资源。这种反应就是我们所说的压力，它绝不仅仅是心理体验，也是恶劣环境所带来的真实约束。在底层进行运算的古老“计算器”会假设，哪怕是最小的意外，也有可能带来一连串的失控和不幸，而处在社会边缘的你多半只能独自面对。所以，你需要不停预支为未来储备的能量，将其消耗在当下的高度戒备和慌张行事上。当你不知所措时，就只能做好万全准备，就像是将汽车的油门和刹车同时踩到底一样，而这只会让你很快崩溃。古老的“计算器”甚至会关闭你的免疫系统，将未来的能量和资源消耗在当下的危机处理上。你会因此而变得浮躁又冲动，宁可违背道德，触犯法律，也不放过一时享乐的机会。[19] 你会为了难得的快乐鲁莽地活着或者死去，由应急准备而带来的生理压力会日复一日地消耗你。[20]

如果你的地位很高，“计算器”那冷酷而又原始的机制则会假设你的环境是富足和安全的，而你也会有充足的社会支持。“计算器”会认为你受到伤害的概率很低，甚至可以忽略不计，而改变给你带来的则会是机遇而非灾难。你体内的血清素会充沛流动，这让你平静自信，姿态挺拔，很少需要持续保持警惕。安全的环境和乐观的未来使得从长计议成为更合适的策略。你不需要冲动地贪食眼前的残羹剩饭，因为你知道未来会好事不断。你能延迟满足，无须担心永久放弃，这会让你成为一个可靠、体贴的文明人。

固定心理模式的诅咒

有的时候，这个“计算器”也可能发生故障。作息和饮食的不规律会影响它的运转，不确定性则可能让它陷入死循环。人的身体的各个部分都需要像精心排练的交响乐团一样协作配合，每个系统各司其职，否则杂音和混乱就会接踵而至。因此，规律很重要。

> **当人们每天重复的日常行为被自动化，成为稳定可靠的习惯时，生活的复杂性就能降低，可预测性就能提高。**

这一点从小孩子身上就可以看到，他们作息规律的时候心情愉悦、可爱调皮，反之则满腹牢骚、令人厌烦。

因此，我总是最先关注来访者的睡眠。他们的起床时间接近常人吗？作息时间规律吗？如果答案是否定的，改善睡眠就是我的首要建议。什么时候睡觉不重要，重要的是在固定时间醒来。当病人的作息不规律时，焦虑和抑郁是难以治疗的。负面情绪调节系统和维持有序的生物钟关系紧密。

接着，我关注的是来访者的早餐。我会建议他们醒来后立刻吃一顿富含脂肪和蛋白质的早餐，只吃简单的碳水化合物和糖分是不够的，因为它们太容易消化，会导致血糖大幅波动。焦虑和抑郁的人持续承受着压力，为了应对失控和复杂的挑战，他们的身体一直处于胰岛素过度分泌的状态。在饿了一整晚后如果不吃早餐，过剩的胰岛素会分解所有血糖，使他们进入低血糖和身心皆不稳定的状态，并且整天如此。[21] 这样的身体只有在获得更多睡眠之后才能被重启。我有许多焦虑的来访者在按时睡觉和吃早餐之后都恢复到了正常状态。

其他的不良习惯也会干扰“计算器”的准确性，有时候是莫名的生理因素，有时候是不良习惯引起的正反馈环。正反馈环由一个输入检测器、一个放大器和某种形式的输出组成。在正常情况下，一个信号会被输入检测器拾取、放大，然后发射出去。但是，若输入检测器识别到的是已经被放大过的信号，并且又将其再次输入、放大和发射的话，情况就麻烦了。经过几轮强化之后，事情会变得十分危险并失控。

许多人在看演唱会的时候应该都听到过音箱发出的刺耳杂音。麦克风发送声音信号给扬声器，扬声器再输出声音信号。但如果麦克风离扬声器太近，信号再次被麦克风拾取并输入系统的话，声音就会被放大到难以忍受的程度。

人们的生活中也存在同样的毁灭性循环。大多数时候我们将其理解为精神疾病，但问题不一定产生于精神层面。对酒精或者其他改变情绪的药物上瘾是一个常见的正反馈过程。比如，一个嗜酒的人在一顿豪饮之后会因为血液酒精浓度飙升而感到异常兴奋，当他在遗传上有酗酒倾向时，情况会更严重。[22]但是兴奋感只会在血液酒精浓度上升的时候存在，在酗酒者停止喝酒后，一方面血液酒精浓度会进入平台期，然后下降，另一方面他的身体在代谢乙醇时也会产生一系列毒素。这些会导致酗酒者在醉酒时被压抑的焦虑开始过度反弹，使他产生酒精戒断症状。宿醉是戒断症状之一，会从停止喝酒后立刻开始出现，这也经常让酗酒者丧命。为了维持醉醺醺的温暖感，避免宿醉的不适，酗酒者会一直喝到家中酒尽，酒吧关门，或者身无分文。

第二天，酗酒者会带着严重的宿醉醒来，但这还不是最糟的。当他发现宿醉可以被醒来后的几杯给“治愈”的时候，情况就真的危险了。这种“治疗”方法只是延迟了戒断症状，虽然可以暂时缓解痛苦，但是会让人学会用饮酒来治疗宿醉。当药物本身成为病因时，正反馈环就建立了，然后酒精成瘾会很快形成。

焦虑症患者也会经历类似情况。以广场恐惧症为例，得了这种病的人会因为强烈的恐惧感连家门都不敢出，而正反馈环就是罪魁祸首。这种疾病首先表现为惊恐发作。患者通常是过度依赖他人的中年女性，因为太快将对父亲的依赖转移到年长和相对强势的伴侣身上而缺乏独立生活的经验。

广场恐惧症出现之前的几个星期，这位女士通常会经历心慌之类的异样体验。其实这在激素分泌不稳定的绝经期很常见，但是心率异常的感觉会引发她对心脏病的担忧以及让她对在公共场合发病产生羞耻感，而死亡和羞耻感恰好是两种最基本的恐惧来源。异样体验也可能源于婚姻不和、亲友病故等事件，对死亡和社会评判的恐惧在最初阶段通常都是由一些真实事件引起的。[23]

经历了让人恐惧的心慌之后，这位女士来到繁忙拥挤的商场，这里的环境让她更加不安了，现在她满脑子都是脆弱的想法。她心跳加快，胸闷气短。她开始担心自己是不是犯了心脏病，而这个想法又引发了更多焦虑，她的呼吸更加急促了，而这又导致血液中的二氧化碳增加。她的心跳再度加快，感觉到这一点之后她更加恐惧了。这就是正反馈环，它让焦虑转化成惊恐，使得这位女士不堪重负，赶往医院急诊室。在焦急的等待之后，医生告知，她的心脏功能一切正常，但是她并没有因此而释怀。

上述不适体验要升级成全面的广场恐惧症还需要另一个正反馈环。当这位女士再次前往商场的时候，她会回忆起之前的体验，进而引发新一轮的焦虑。这时候她脑中的焦虑系统会提示她去商场太危险了，她应该立即逃走。人的焦虑系统是非常保守的，会假设你逃避的所有东西都是危险的，所以，商场现在被标记为“危险，不可靠近”，或者这位女士把自己标记为“太脆弱，不能去商场”。但这还不足以打败她，她还可以去其他地方购物，但是附近的超市可能会触发类似反应，让她退缩。然后是街角的便利店、公交车、出租车和地铁，再然后是所有的地方。最终，广场恐惧症患者甚至连自己家都没法待了，但是她无处可逃，只能被困在家中。焦虑引发的逃避让所有被逃避的事物都成了焦虑来源，也让焦虑者的自我缩小，让危险的世界变大。

调节身心和世界之间互动的许多系统都可能陷入正反馈环。比如，抑郁的人会因感到绝望和颓废，进而从与亲友的关系中退缩，而退缩又会带来更多孤独感，使他们更加绝望和颓废，由此开启正反馈环。抑郁就在这样的过程中被不断放大。

同理，如果一个人曾经历过严重创伤，支配等级“计算器”产生的转变会增加他再次遭遇痛苦的可能性。青少年时期被欺凌过的人，成年之后更容易焦躁，他们会蜷缩起来保护自己，害怕自己的眼神交流会被他人视为挑衅行为。虽然欺凌已经结束，但伤害还在继续。[24]一个曾经因为欺凌而感到卑微的人，即使现在更加成熟和成功，也不一定能完全意识到发生的变化。为了适应过去的现实而做出的生理调整有可能在当下让他继续紧张和顺从。更糟糕的是，习惯性的顺从还会招来成年人世界中的欺凌者。这样的情况下，过去被欺凌的心理阴影又会增加当下被欺凌的概率。不过需要说明的是，因为成长、迁移、教育、地位提升等因素的影响，这种情况的出现也并非必然。

走出失败者模式

有的时候，人们被欺凌是因为形体上的劣势导致他们根本无法还击。这在青少年群体中很常见，最强壮的 6 岁小孩也打不过一些 9 岁小孩。但是随着身体发育的逐步停止，力量差异也会逐渐消失，当然，男女差异，尤其是上肢力量方面的差异是个例外。另外还有一部分原因是，成人世界对伤害他人者的惩罚很严厉。

也有许多时候，人们被欺凌只是因为他们不愿意还击，同情心和奉献精神较强的人尤其如此。而当他们负面情绪泛滥，面对施虐者发出痛苦声音的时候就更危险了。研究发现，爱哭的儿童通常更容易被欺凌。[25] 另外，因为各种原因彻底否定愤怒等带有攻击性情绪的人也不愿意反抗。有的人对小小的强势和较为强硬的竞争尤为敏感，因而他们会压制自己内心所有类似的情绪。这样的人通常都有一个暴躁且充满控制欲的父亲。但我们要辩证地看待心理的力量。

> **愤怒和敌对的确可能引发暴躁和混乱，但同时也可以驱动我们反抗压迫，坚持真理，在未知险途上坚定前行。**

一旦被狭隘的道德感捆绑住，那些充满同情和奉献精神但又天真软弱的人就无法运用适当的愤怒来保护自己。你能咬人，一般来说你并不需要真这么做。当具备完善的自我保护能力时，使用这种能力只会减少而不是增加继续使用的概率。如果在压迫初期你就坚决而又清晰地表达抗拒，那么压迫者的压迫行为就会被限制住。压迫和欺凌之所以会无情地升级，往往是因为被给予了太多空间。拒绝维护自我权利的人会和无力反抗的人一样被无休止地欺凌。

天真无邪的人常常会过度单纯地认为人都是善良的，不会真的想要伤害别人，使用或者威胁使用武力也都是错误的。但当他们遇到真正的恶人时，这些信念就会垮塌，或者带来更糟的后果。[26] 那些恶人最擅长识别的便是抱有这些单纯想法的人，因此，无害无邪的信念需要被重构。

没人喜欢被欺负，但人们往往太过忍让。心理咨询时，我经常让相信好人从不生气的来访者看见他们自己的怨恨情绪。当来访者直视自己的怨恨时，一开始他们看见的是愤怒，然后看见的是提示他们务必有所行动的信号。接着，我帮助他们看清这种行动不论是在个体还是在社会层面，都能够制衡欺凌和暴政。许多官僚机构内部都有一些独裁小人，通过创造冗余的规章制度来强化自己的权力。这样的行为势必会引发周围人的强烈不满，而这种不满一旦表达出来，将会有效遏制病态权力的壮大。由此可见，个体维护自己利益的行为也可以让所有人免受社会腐败的影响。

天真的人在发现自己也有可能愤怒之后，也许会非常震惊。一个十分显著的例子就是，新兵罹患创伤后应激障碍的原因往往不是他们遭遇了什么，而是他们眼睁睁看着自己做了什么。在极端的战争环境下，他们会变得像恶魔一样，正是这种可能性的揭示颠覆了他们的内心世界。这并不奇怪，新兵或许觉得自己和那些千古罪人完全不一样，他们也从未意识到自己有作为压迫者和欺凌者的潜质，同样也意识不到自己有坚毅和成功的可能性。我的一些来访者光是看到别人目露凶光，就会被吓得抽搐不止，这样的人通常来自过度保护的家庭，在这种家庭，可怕的东西是不被允许的，一切都必须如童话般美好。

当天真的人觉醒过来，看到自己的阴暗面和作恶的可能性时，反而会培养出更多自尊，也更能够开始反抗压迫。因为他们发现自己有能力应对内心的邪恶，他们意识到如果不反抗，自己就会被怨恨所主宰，进而变得邪恶又可怕。换个角度讲，横行作恶的潜力与人格力量之间的界限是非常模糊的，对此的把握也是人生最困难的课题之一。

你不一定是个失败者，也不需要一直停留在失败者的模式。也许你只是有一个或者一系列不良习惯，也许你确实曾经在学校或者在家里饱受打压与忽视[27]，但是那可怜的体态已不再适合当下的新环境。如果你继续像个失败的龙虾一样垂头丧气，人们会看低你，你大脑里的支配等级“计算器”也会给你很低的评分。你的血清素会分泌不足，你会更容易感到焦虑和难过，不敢维护自己，得不到高质量的住所、资源和伴侣。你会有更大概率通过滥用药物和酒精来应对充满变数的现实，而这又会让你有更大概率罹患心脏病、癌症或者痴呆症。总之，这是一条很不好的路。

> **环境会变，你也可以变，正反馈环能让你身陷囹圄，也能让你积极向前。**

当你开始拥有时，就有可能拥有更多，这是普赖斯定律和帕累托分布更为积极的一面。你可以在自己的主观世界里创造这样的正向循环。以肢体语言为例，如果让你调整面部表情，做出悲伤的样子，你会感到更加悲伤；如果做出快乐的表情，你也会感到更加快乐。肢体在一定程度上可以表达情绪，这种表达甚至还可以放大或者抑制情绪。[28]

有些通过肢体语言体现的正反馈环也可以发生在社交当中。如果你垂头丧气、萎靡不振，那么你也会感到自己渺小和挫败，而他人的反应更会放大你的这种感觉。人和龙虾一样，都会根据身体姿态来评估彼此，如果你显得失败，那么别人也会把你当失败者对待；如果你笔挺站立，人们也会用不一样的态度对待你。

你可能会反驳说，失败和失败者的身份是真实存在的，仅靠调整体态不足以改变这早已固化的现实。如果一个人身处底层还想要显得挺拔强势，那么只会招致更多打压。这的确有可能，但是笔挺站立、昂首挺胸的不光是身体。因为你不单只是一具肉体，你也有思想，物理层面的挺立也可以激发精神层面的挺拔。

挺拔的你会直面人生的重负，你的神经系统会随之产生完全不同的反应，你会更加积极地迎接挑战，而不是坐等灾难降临。你会看见恶龙镇守的黄金，而不是被恶龙的存在吓退；你会在支配等级中找准自己的位置，占据领地，并且做好防守和扩张的准备。

> **精神上的笔挺站立、昂首挺胸意味着睁大双眼看清生活的重任。**

你需要主动将混乱的可能性转化成宜居的现实秩序；你需要告别孩提时代的天真与无知，接纳由自我意识带来的脆弱感，理解存在的局限性以及死亡；你需要主动做出必要的牺牲，创造有价值、有意义的现实。

笔挺站立、昂首挺胸意味着建造抵御大洪水的诺亚方舟，意味着带领子民穿越沙漠，以逃离压迫，意味着扛起标记着自我与存在的人生十字架。它也意味着将死亡、僵化和克制抛回原始的混乱，忍受随之而来的不确定性，然后构建起一个更有价值和意义的秩序。

> **因此，谨慎对待你的体态，别再低头徘徊。说你所想，追你所求，这是你和他人同样拥有的权利。挺胸迈步，直视前方，敢于冒险，这样你的神经通路才能充满急需的血清素。**

随后，包括你自己在内的每一个人都会认为你是有能力的，或者至少不会立刻认为你无能。有了这些积极反馈壮胆，你会更加放松，更容易把握人际交往中的微妙细节，你和他人的互动也会更加顺畅。你会遇到更多的人，也会更加招人喜欢。结果就是，有更多好事会降临到你身上，而且好事发生时你的感觉也会更好。

有了这份信心之后，你会接纳并且努力优化自己的存在。你会坚强地面对爱人的疾病或者父母的离世，让他人在绝望时能从你身上获得力量。这样的勇气会开启你的人生旅途，点亮你的生命之光，帮助你追寻正确的人生方向。当你的生命拥有意义时，你也就不会再因为生命的有限而感到绝望和害怕，随之你也能接受这个世界的重负，并找到快乐。

希望你能从胜利的龙虾实践了 3.5 亿年之久的智慧中获得启发。

> **笔挺站立，昂首挺胸。**

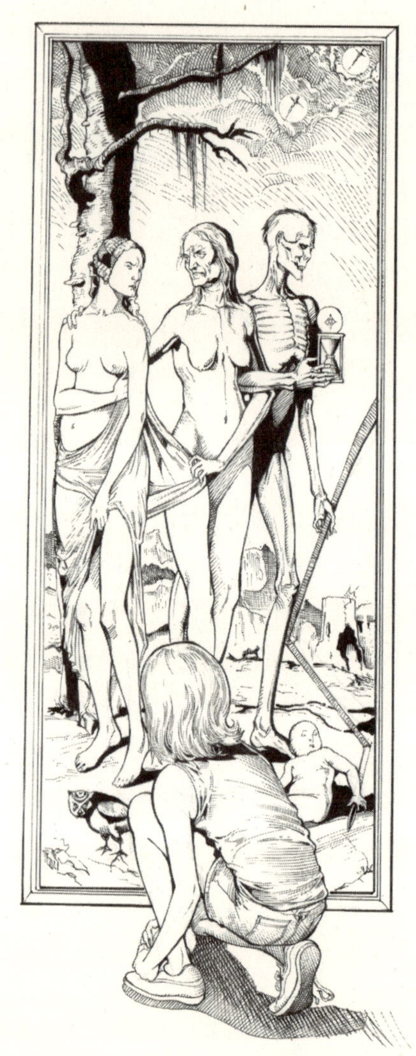

裸体会暴露形体缺陷和健康问题，

并会招致挑剔与批判。

无论是在大自然还是在人类社会，

裸体都等同于不受保护、手无寸铁。

法则二

RULE 2

像照顾生病的宠物一样关心自己：待己如助人

TREAT YOURSELF LIKE SOMEONE YOU ARE RESPONSIBLE FOR HELPING

TO TREAT YOURSELF AS IF YOU WERE SOMEONE YOU ARE RESPONSIBLE FOR HELPING IS, INSTEAD, TO CONSIDER WHAT WOULD BE TRULY GOOD FOR YOU. THIS IS NOT "WHAT YOU WANT." IT IS ALSO NOT "WHAT WOULD MAKE YOU HAPPY."

待己如助人，
这意味着你需要选择
对自己真正有好处的事物，
即使这些事物不一定是你想要的
或是令你快乐的。

如果你是一名医生，给 100 名患者开了同一种药，接下来发生的事情可能会出乎你的意料。三分之一的人连药都不会去取[1]；剩下的人里有一半不会按处方服药，他们要么会忘记服药，要么会提前停药，甚至完全不会服药。

医生和药剂师常常指责这类患者的不服从和不作为，他们认为把马儿牵到水边，它自然就应该喝水。然而，包括我在内的心理学家都对这样的观点持保留态度，因为我们接受的专业训练告诉我们，不遵医嘱不是患者的错，而是医生的错。心理学家认为，医疗服务人员有义务给患者提供其愿意遵守和服从的治疗方式，和患者共同商讨治疗计划，并且持续跟进，直到治疗完成——这也是心理治疗师这个职业很棒的一个原因。当然，心理治疗师有大量时间和来访者共处，而其他专业人士则一边被病患团团围住，一边困惑病患们为什么不愿意服药：这些人到底怎么想的？难道不想早点康复吗？

还有更糟糕的情况，如肾脏移植。由于肾脏捐献者少之又少，而且只有少数捐献的肾脏能够找到匹配的受者，所以在接受肾脏移植前通常需要经过漫长的等待。在等待的过程中，患者必须接受透析治疗，将血液输出身体，通过透析机过滤后再重新输入身体。患者通常一周需要做 1 次以上透析，每次持续数小时。这种治疗方式虽然有效，但是过程很辛苦，所以没人愿意一直做透析。

器官移植的并发症之一是排斥反应。虽然移植的器官对你的生存至关重要，但你的免疫系统还是会排斥这个外来的部分。因此，你必须服用抗排斥药物来削弱免疫系统，而这又会让你更加容易被感染。大多数人都愿意做这笔交易，不过即使可以使用抗排斥药物，排斥反应也依然是个常见的困扰，而这背后的原因竟然是很多患者不按照医嘱服药。真是令人难以置信。肾脏衰竭危及生命，透析治疗很痛苦，器官移植手术需要漫长等待，手术不仅昂贵，而且风险很高，可是，最后导致功亏一篑的竟是患者不愿意服药，他们这一行为真是令人无比费解。

公平地讲，很多人的情况其实很复杂。许多接受器官移植的人都是独身一人，或者同时被多种疾病困扰；可能面临着失业或家庭问题，也可能患有抑郁症或者其他损伤认知功能的心理疾病。他们或许不太信任医生，或许不理解服药的必要性，抑或他们只是为了减少花销而省着吃药，以至于药物失效。

但是，让我们做个有趣的假设，如果是你的狗生病了，兽医给它开了药，之后你会怎么做？你完全可以对兽医抱有一样的不信任态度，但你还是带着心爱的宠物去了宠物医院，这说明你是在乎自己的宠物的，甚至比在乎自己还要多。在遵医嘱服药的问题上，人们对宠物要比对自己做得好。这种情况令人难以置信，而且就连你的宠物也会认为这不是一件好事，因为它是爱你的，希望你照顾好自己的身体。

我们从这个现象中能够得到的唯一结论是，人们爱宠物胜于爱自己。这是多么糟糕的事情呀！一个人要讨厌自己到何种程度才会这样对待自己？

世界的本质：混乱和秩序

想要回答这个问题，我们需要先回顾几个古老的基本假设。这些古老的假设与现代科学的假设有着天壤之别。现代科学的真理直到500年前才因为培根、笛卡儿和牛顿的研究成果而逐渐清晰，在此之前，人们不是通过科学视角去理解世界的，这就好比在天文望远镜发明之前人们无法清晰地观察月亮和星星一样。

在遥远的过去，人们更倾向于从生存的角度去理解世界。

科学诞生之前，我们对现实有着不同的理解，即存在是由行动而非静止的物体构成的。[2] 存在更像是以我们为主角的故事或者戏剧，每时每刻在我们的意识中显现。存在就好比我们讲述的关于生活或个人意义的人生故事，或者是小说家为了让人物活灵活现而描绘的事件。

主观体验虽然包括树木和云朵这些客观实体，但它也更关乎情绪、梦，以及饥渴、疼痛等生理体验。从古老而戏剧化的角度来看，这些主观体验才是人类生活中最基本的元素。而且，即使是今天的还原主义，也无法将它们简化为独立的客观存在。以痛苦为例，没人能否定它的存在，因为我们体验的痛苦都非常真实。痛苦的重要性超过了物质的重要性，我相信正因为如此，世界上的众多信仰才会将人生中的苦难视为有关存在的永恒真理。主观体验更适合被比喻成一部小说或电影，而不是对物理世界的科学描述。存在是我们经历的戏剧化体验，是父亲过世所带来的独特而又深刻的悲痛，而不仅仅是医院资料里新增的一条死亡记录；是第一次失恋带给你的痛彻心扉；是希望破灭带给你的万念俱灰；是孩子功成名就带给你的喜出望外。

科学视角里的物质世界可以被分解到分子、原子甚至夸克等最基本的元素。经验世界其实也存在一些原始组成，它们通过彼此互动书写了人生的戏剧。

> **这些成分一个是混乱，一个是秩序，还有一个则是调和混乱与秩序的过程，即所谓的意识。**

混乱和秩序的无尽纠缠让人们质疑存在的意义，绝望地举手投降，并迷失自我。而对意识的恰当理解又可以为人们指明走出困境的方向。

混乱的本质是无知和未知，它永远都在无限延伸，超越所有已知状态、思想和学科的边界。混乱是外来的陌生人，是夜晚草丛中的沙沙作响，是床下的“怪物”，是母亲隐藏的愤怒和孩子的病痛。混乱是你被深深背叛后体验到的绝望和恐惧，是世界崩塌之后的样子，是梦想、事业和婚姻的终点，是神话传说中镇守黄金的恶龙所在的地府。

在混乱中，人们会失去所有的方向和判断。混乱代表了所有的未知和不解。混乱也是世界诞生之前的混沌潜能，而人们也会不断从混乱中迎来人生无常。混乱是自由，令人畏惧的自由。

相比之下，秩序则是已探索的领域。它是源远流长的支配等级和社会结构，是人们为了适应社会做出的进化。秩序是部落、宗教、火炉、家与国；它是有孩童玩耍的温暖客厅，是国家的旗帜，是货币的价值。秩序是你脚下的地板，今天的计划，伟大的传统；是教室里成排的桌椅，是准时出发的火车；是日历和钟表。秩序是人们戴上的社交面具，是文明的陌生人聚集时的客套，是谨慎维护的脆弱边界。秩序是一切顺心如愿，心想事成。但有的时候，秩序也是过度强调确定性、统一性和纯洁性时的暴政和僵化。

在秩序的领域里，一切事物都会按照既有的规则进行，不受意外的侵扰。

> **人们天生喜欢秩序，在秩序中人们可以做长远打算，感到稳定、平静和自信，因此我们都倾向于留在熟悉的地方，坚持已有的思想观念。**

当拥有忠诚和值得信赖的盟友时，你是处于秩序之中的，但如果被他们背叛和出卖，你就会从敞亮、清晰的白昼坠入混乱、绝望的黑夜；当你效劳的公司业绩开始下滑，你的工作有可能不保时，你也会有同样的体验。当你填好纳税申报单时，那是秩序；当你被审计时，则是混乱——而大多数人宁可被抢也不愿被审计。纽约双子塔倒塌之前是秩序，接下来混乱降临，每个人都感受到了空气中弥漫的不确定性，正确的问题不是什么倒塌了，什么还依旧矗立才是最重要的。

当你在厚实的冰上滑行时，那是秩序；当冰面破裂，你落入水中时，则是混乱。《指环王》作者托尔金笔下的霍比特郡是有秩序的，那里和平、富饶，即使对天真的老实人来说也是宜居的；相较而言，被恶龙史矛革占据的矮人地下王国则是混乱的。混乱也是匹诺曹为了拯救被鲸鱼吞噬的父亲而潜入的海底深处，这是他作为一个木偶此生最大的挑战，完成之后他才有可能变成真正的人类，才能将自己从谎言、掩饰、伤害、冲动和极权主义中解救出来，成为世界上一个真实的存在。

秩序是婚姻的稳定性，它通常由过去的传统和你对传统的期待所支撑；混乱则是你发现配偶不忠后关系的崩塌。混乱是日复一日的习惯和传统崩溃时，我们像散开的书页一样自由下落的感觉。

秩序源自生活中的隐形规则，这些规则组织起了你的体验和行为，确保事情有序地进行。而当悲剧突然降临，或者邪恶原形毕露时，即使是最熟悉的家，也会变得陌生和混乱。意外发生时，你就已经处在不同的时空里了。虽然你所处的空间可能是一样的，但别忘了我们同时活在时间和空间里，所以即使是最熟悉的地方，也往往隐藏着意外。比如，当你开车驶过熟悉的道路时，刹车有可能因为老化而失灵；当你信步街头时，原本健康可靠的身体可能会因为突发心脏病而变得不再可靠；友善的老狗有可能咬人；值得信任的挚友有可能撒谎；新的思想可以摧毁熟悉的确定性。这都是真实无比的事情，因而不可被忽视。

混乱出现时，大脑会做出极为简单、迅速的反应。当我们的祖先还住在树上，需要随时提防蛇的突袭时就已经演化出了这套神经回路。[3] 首先会有身体的本能反应，然后是后来进化出的更为复杂缓慢的情绪反应，最后才是更加高级的思考过程。这些反应都是自动的，反应速度越快，就越接近本能。

人格与男女

混乱和秩序是生命体验的两个最基本组成，不过它们并非实体。实体属于没有意识的客观世界，混乱和秩序则不一样，人们通常将它们理解为人格，这一点从古至今都是如此，只是现代人不太注意得到。

人们不是先感知混乱和秩序，然后再将其人格化的，除非人们先感知到了客观事实，然后再推理其意图和目的。但这并不是人们感知世界的方式，人们在看清楚一样东西是什么之前可能就已经知道它有什么用途了。比如，我们会在知道一个东西是工具的同时或者之后，才感知到这个东西是一个物体。[4] 人们在感知物体的客观属性之前就已经赋予其人格属性了，尤其是在感知其他生物的行为时。[5] 当然，人们也会把无意识的客观世界视为拥有目的和意图的生命体。这种行为来自被称作“超敏能动性探测器”（hyperactive agency detector）的心理机制。[6] 长久以来，人的进化都是在高度群居的环境中进行的，所以原生环境里最重要的是人格，而非事物。

> **人类在进化中演变出了对人格的感知能力，这些永续存在的人格形式可以预测，也有分类和等级。**

比如，人格的性别之分其实在 10 亿年前就有了。在多细胞动物开始进化前，生命就已经分裂成了双性。8 亿年后，精心照顾幼崽的哺乳动物出现了，所以“父母”和“孩子”的分类已有 2 亿年历史，这比鸟类和花朵的历史还要长。这么长的时间足以让性别和亲子等元素融入环境，根植于知觉、情感和动机结构中。

人的大脑是高度社会化的，因为其他生物，尤其是其他人类对我们的生存和繁衍极为重要，可以说他们就是我们生存环境的一部分。达尔文主义认为自然就是现实，环境就是选择。环境无法被基本原则所定义，它并非被动存在。现实就是我们在生存繁衍的过程中所要面对的一切，这当中包括他人的存在、他人对我们的态度，以及他人归属的社群。

人类的脑容量随着进化不断增加，这让我们演化出了好奇心，让我们对周遭的世界越发地关注和好奇，并且最终将家庭和社群之外的存在理解为客观世界。这里的存在不光包括未探索的物理空间，也包括我们理解范围之外的一切。由于人类的大脑太习惯于关注他人，所以从一开始我们就用自带人格分类的社会化大脑面对未知、混乱的非人类世界。[7] 由此就出现了错误的陈述，即当我们这么做时，使用的是最初进化的类别来代表前人类时期的动物世界。人的心智远比人类古老，人格的分类远比人的物种古老，它甚至都不是来自人类出现前的动物社会。所有分类当中，最基本的就是男女性别之分，就让我们将这个创造性的对立结构当作理解世间万物的出发点好了。[8]

已知的秩序在象征意义上与男性对应，也就是太极图中的阳。这或许是因为人类社会的主要等级结构是男性化的，而其他物种，如与人类在遗传和行为上最接近的黑猩猩也是如此。在人类历史上，男性也一直都是城镇的建设者，如工程师、石匠、瓦工、伐木工和机械师等。秩序是审判者、记账者和执法者，是和平时期的军警、政治文化、企业环境和体制。它是“大家经常说”里面的“大家”，是信用卡、教室、超市收银台的等待队列，是红绿灯及通勤者熟悉的路线。秩序受到冲击并失衡后会体现出强大的毁灭性，出现诸如强制迁徙、集中禁闭和意识湮灭的整齐正步等可怕情景。

未知的混乱在象征意义上与女性对应。一定程度上是因为我们所知的一切最初都来自未知，就好比所有人都由母亲生下。混乱是母亲和万物起源，它也决定了思想和交流当中什么被关注、什么最重要。从积极的角度来说，混乱代表了可能性、思想之源，以及妊娠生育的神秘领域。从消极的角度来说，混乱是洞穴中不见五指的黑暗或者路边的事故，它像是护子心切的母熊，会把你当作潜在的掠食者撕成碎片。

混乱也是性选择的压迫力量。女人对配偶十分挑剔，虽然她们的近亲雌性黑猩猩并非如此。[9] 大多数男性达不到女性的择偶标准，所以约会网站上的女性认为 85% 的男性吸引力都低于平均值。[10] 正是这个原因，人类的女性祖先数量是男性祖先数量的 2 倍。从古至今，所有的女性平均每人都有过一个孩子，而所有的男性里有一半平均有过两个孩子，另一半则没有后代。[11] 女性代表的自然拒绝了半数的男性，而对男性来说，每次表白被拒，无疑都是在与混乱正面对决，而每次对决都会产生毁灭性的影响。女性的挑剔也使得人类的进化比近亲黑猩猩和两者共同的祖先加快了很多。

> **女性说“不”的癖好是人类进化当中最具决定性的力量，这赋予了人类创造性、智慧和直立行走能力。**[12]

自然界则会像女性一样说：“年轻人，你作为朋友挺好的，但是以我目前对你的了解，你的基因不适合继续传播下去。”

最重要的宗教符号都将其意义建立在这种二元区分上。比如，犹太教的大卫星就是由向下指的女性三角形和向上指的男性三角形所组成；印度教里代表男性的林伽（lingam）和代表女性的约尼（yoni）也是一样；古埃及人将冥王奥西里斯（Osiris）和生命女神伊西斯（Isis）以一对尾部缠绕的响尾蛇形象呈现；在中国，这个符号也被用来描绘创世神伏羲和创世女神女娲；基督教则用了更为人格化的表现方式。[13]

人类大脑在形态学层面的结构也体现了二元性，我认为这种二元性恰恰是人类对性别对立这种准达尔文式现实的适应。伟大的俄罗斯神经心理学家亚历山大·鲁利亚（Alexander Luria）的学生埃尔克诺恩·高德伯格（Elkhonon Goldberg）曾直截了当地提出，大脑皮层的半球式结构反映了未知、混乱的新颖性与已知、秩序的常规性之间的划分。[14] 高德伯格并没有像我一样参考众多反映这个世界结构的象征符号，但这更好，因为同一种想法从不同领域的调查结果中呈现出来时会更有说服力。[15]

平衡熟悉与未知

我们已经知道了这一切，但我们不知道自己知道。每个人都可以立刻领会秩序和混乱、阴和阳这样的描述，也都可以体会到潜藏在熟悉事物背后的混乱。

因此，我们才能够看懂《木偶奇遇记》《睡美人》《狮子王》《小美人鱼》《美女与野兽》这些奇特的超现实故事。它们都呈现着已知与未知、世界与地下世界的永恒景观。两个世界我们都去过很多次，有时是偶然，有时是特意。

当你开始有意识地从这个角度看世界的时候，便可以理解很多事情，就好像是你的心智和理性知识校准了一样。而且你得到的知识不仅是描述性的，更是指导性的，让你可以通过“什么”来得出“如何”，通过“是什么”来得出“应该是什么”。如道教对阴阳的并列呈现就可以成为行为的指导，道家思想中的人生路径由阴阳之间的交界线来代表，道就是合理的存在之道。

> **人们一直身居秩序，被混乱所围绕。人们对所在的熟悉领域之外充满了未知，对秩序与混乱的恰当调和可以使人们领会到存在的意义。**

从进化的角度来说，人们最为适应的不是物质的世界，而是秩序和混乱、阴和阳的二元现实，这种现实超越生活，永久存在。

人们可以通过平衡来驾驭这种二元对立：一只脚坚定地踏在秩序和安全中，另一只脚则踏在混乱、可能性、成长和冒险里。当你恰到好处地处在秩序和混乱的交界线上时，生活就会变得跌宕起伏、扣人心弦且充满意义，你也会进入忘我的专注状态。我们在这里发现的意义是最深层的本能自我做出的反应。这种意义表明，我们一方面保障了稳定，另一方面也能够拓展生活、生产、自我和社交的空间。不论从哪个层面来说，这都是最恰当的位置。这就像是当你听着音乐甚至随之翩翩起舞的时候，那些可预测和不可预测的旋律都处于和谐共鸣的状态，而你则能从心灵深处体会其意义。

混乱和秩序是所有生活经验，甚至是所有想象经验的基本组成部分。不论身在何处，人们总能依靠秩序对事物做出识别、预测和利用，也总会遭遇未知和不理解的事物。不论你是卡拉哈里沙漠的居民还是华尔街的银行家，你总有能掌控和不能掌控的事情。这就是为什么这两类人都能理解同样的故事，也都能接受永远包含着混乱和秩序的现实。此外，混乱和秩序的根本现实也适用于人类之外的其他生物，因为它们都居住在自己能够掌控的领域里，同时也被不确定的风险所环绕。

光有秩序是不够的，当你一直稳定、安全和一成不变的时候，就无法学习到重要的新事物。但是当需要学习的东西太多，超过了你的吸收能力时，你又会被混乱所淹没。

> **你需要一边依赖已知和已掌握的事物，一边探索和学习新的东西。这样你既可以平衡对未知的恐惧，同时又能保持兴奋和投入的状态。如此一来，你便可以掌握新的，提升旧的，并且发现意义所在。**

认识你自己

让我们回顾一个古老的故事。在《创世记》第一章里，上帝用言词创造了世界，将宇宙起源前的混乱转化为宜居和美好的秩序，然后依照自己的形象创造了男人和女人，并赋予了他们同样的创造能力，以此继续在混乱中创造秩序。

《创世记》在第二章和第三章中描述了堕落，并解释了为什么人类的存在充满了悲剧和折磨。这两章和第一章并列在一起，形成了一种极为深刻的叙事结构。人类在第一章中被定义为善，然后这种善被堕落行为所打破。不过人类依然保留了堕落之前的一些特质，比如对于纯真神圣的童年、动物无意识的存在，以及纯洁的原始森林，人们永远都抱有怀念之情。即使是最极端的环保主义者，也会从这些事物中获得暂时的喘息。自然的原始状态对人们来说是天堂般的存在，但人们不再与自然一体，也无法轻易回头。

刚到伊甸园的时候，亚当和夏娃的自我意识还不是太强，所以虽然赤身裸体，他们却并不感到羞耻。这其实是在暗示人们，为自己的裸体感到羞耻是理所当然的，不然这里也不会特别提到裸体的问题。另外这也暗示，我们的原型父母缺失了一些东西。在现代社会，只有三岁以下的儿童或者有暴露癖的人才不会因为在公共场合赤身裸体而感到羞耻。自己赤裸地出现在一大群观众面前是一个很常见的噩梦场景。

之后，一条有腿的蛇出现在了伊甸园，天知道它是怎么进去的。我一直都不理解这一事件的意义，也许这反映了混乱和秩序的二元对立：天堂代表宜居的秩序，而蛇则代表混乱。现实世界是不存在完全封闭、不受外界干扰的空间的，混乱总会偷偷入侵，没有任何事物可以与现实彻底隔离。即使是绝对安全之地也会有蛇溜进去，更何况诞生人类的非洲大地的确有蛇横行于草丛和树木之间。[16] 就算蛇能被完全清除，人类这种狭隘的群居动物也会把其他敌对部落视为蛇一样的存在，毕竟对我们的祖先来说，各种形式的冲突和战乱并不稀罕。[17]

就算战胜了所有爬行动物或者人类形态的“蛇”，我们也并没有绝对安全。因为我们也是自己的敌人，“蛇”存在于每个人的心灵当中。人类自身的邪恶倾向是最可怕的“蛇”，这种“蛇”是心理上的、精神上的、个人层面的、内在的。再高的墙也无法阻挡这样的“蛇”。你可以阻挡一切外在事物，但无法阻止内心出现的邪恶。伟大的俄罗斯作家亚历山大·索尔仁尼琴（Aleksandr

Solzhenitsyn）曾经说过："区分善恶的界限纵横交错在每个人的心上。"[18]

不论你如何小心谨慎地隔离现实中的混乱，不确定性也还是会像难以预测踪迹的蛇一样悄然而至。为了保护孩子不受烟酒和网瘾的影响，尽职的父母不惜将他们关进地下室。但是在这样的极端情况下，过度谨慎的父母反而会成为孩子人生中最可怕的问题，这就是由弗洛伊德命名的俄狄浦斯情节带来的噩梦。[19]

保护远比不上培养和赋能。

将所有危险事物拒之门外会造成另一种危险局面：让人接触不到任何有趣和有挑战性的事物，最终变成一无是处的巨婴。当一个人找不到理由去关注任何事情的时候，就只会变得呆滞可悲。这样的情况下，这个人怎么可能实现自己的全部潜能呢?

我也想问父母们：你们希望自己的孩子是安全的还是坚强的？

不管怎样，伊甸园里溜进了一条奸诈狡猾、行踪隐秘的蛇，接下来它决定对夏娃使花招。为什么是夏娃呢?也许只是偶然。但是任何古老的故事都不会包含多余信息，对故事情节没有价值的事件早就在口口相传中被遗忘了。就如俄罗斯剧作家安东·契诃夫所言："如果第一幕的墙上挂着把步枪，那么第二幕就一定要有人使用它，否则它完全没必要在那儿。"[20]也许女性比男性更有理由注意到蛇，因为她的子女住在树上，而蛇是很大的威胁。或许这也是为什么即使是在现代最平等的社会，女性也相对更有保护意识和自我意识，也更容易紧张害怕。[21]

蛇告诉夏娃，禁果并不会害死她，而是会让她睁开双眼，意识觉醒，能够区分善恶。出于好奇，夏娃吃下了禁果，然后立刻觉醒，她第一次有了意识，或者说自我意识，夏娃立刻与亚当分享了禁果，亚当也有了自我意识。没有一个头脑清晰的女性能容忍糊涂的男性。这一点从古至今都没变过，女性一直都在拒绝或者羞辱不负责任的男性。不过考虑到女性承担着生育的重担，这也不足为怪了。

你可能会好奇，蛇和视觉有什么关系？事实上，当我们的祖先还居住在树上的时候，蛇是一个很大的威胁，尤其是对幼小的个体来说，所以及时发现它们很重要。美国加州大学人类学和动物行为学教授琳·伊丝贝尔（Lynn Isbell）博士认为，人类独有的敏锐视觉是几千万年来被迫进化的结果，其目的就在于发现和躲避蛇的威胁。[22] 此外，水果也从侧面反映了人类视觉的转变，因为人类进化出颜色识别能力正是为了迅速发现那些成熟可食用的果实。[23]

亚当和夏娃听了蛇的话，吃下了禁果，然后睁开了双眼。你可能会像夏娃一开始那样，以为这是件好事，但有的时候，半份礼物比没有礼物更糟糕。亚当和夏娃觉醒之后发生了一系列糟糕的事情，首先就是发现自己赤裸的身体。

人并非白璧无瑕

我的儿子不到三岁就开始介意自己赤裸着身体了。他执意要穿上衣服，上卫生间时把门关得死死的，也从不会赤裸地出现在别人面前。这和我们的抚育方式毫无关联，完全是他自己的决定。

意识到赤裸的后果很糟糕。文艺复兴时期，画家汉斯·巴尔东·格里恩（Hans Baldung Grien）就用令人震惊的方式展现了这一点。本章开头的插画就是受格里恩的作品启发而创作的。裸体会暴露形体缺陷和健康问题，并会招致挑剔与批判。无论是在大自然还是在人类社会，裸体都等同于不受保护、手无寸铁。这也是亚当和夏娃在睁开双眼之后立刻感到羞耻的原因。其他四肢着地的哺乳动物柔弱的腹部都被铠甲一般的脊背所保护，而他们是直立行走的生物，身体最脆弱的部分暴露无遗。亚当和夏娃立即制作了遮羞布，然后躲藏了起来。

任何一个有思考能力的人都能理解这种感觉。

> **美丽会羞辱丑陋，强壮会让弱小羞愧，死亡会嘲笑生存，而理想化的完美则会让所有人都自愧不如。**

所以，我们该怎么办呢？抛弃对美、健康、智慧和力量的追求吗？这么做并不能解决问题，只会让我们一直感到羞愧，并且觉得自己活该。我不希望艳惊四座的女人为了避免让大家自惭形秽而躲藏起来，也不希望冯·诺依曼因为我小学生水平的数学能力而消失。诺依曼早在 19 岁的时候就重新定义了数字[24]，这是多么了不起的成就！感谢上天给了我们冯·诺依曼，也给了我们格蕾丝·凯利（Grace Kelly）、安妮塔·艾克伯格（Anita Ekberg）和莫妮卡·贝鲁奇（Monica Bellucci）！能在这些优秀的人面前感到不足反而让我骄傲，因为这是我们为了目标、成就和野心应当付出的代价。

接下来的故事既荒谬又悲惨，结局也是众所周知的。

可悲但又现实的一幕出现了！世界上第一个女人让第一个男人感到羞愧和愤恨，然后这个男人指责了这个女人，接着又指责了创造者。每一个男人在被轻蔑地拒绝后都会有这样的反应：先是会因为爱恋对象贬损自己而感到丢脸；然后会诅咒上天，指责上天创造了如此恶毒的女人和如此无用的自己，以及如此不合理的人生；最后会想要报复。多么卑劣又多么容易理解啊！女人至少可以怪罪那条蛇，况且蛇后来被证实是恶魔的化身，所以我们多少能够同情女人并理解她的过错，她被最善于欺骗的恶魔给骗了。但是男人呢，并没有人逼迫他说任何话。

不幸的是，不论是对人类还是对动物，最糟糕的还在后面。蛇首先被诅咒了，它失去了腿脚，永远只能冒着被人类踩踏的风险滑行移动。接着，女人被告知她从现在开始必须经历艰辛的生育过程，也不得不依赖一个配不上她、充满愤恨且会掌控她生理命运的男人。对此会有一些别有用心的解读，但我觉得这部分故事仅仅是在描述一个事件。

人类的大脑随着进化，体积也在不断变大，这也造就了胎儿头部和女性骨盆之间的持续竞争。[25] 为了生育，女性高尚地进化出了更宽的臀部，甚至不惜影响跑步能力，而人类胎儿相比其他类似大小的哺乳动物则要提前一年多出生，并且人类还进化出了可部分重叠的头颅。[26] 这是母婴双方做出的痛苦妥协。婴儿在出生后的第一年，在所有事情上都需要完全依赖母亲，而具有强大可塑性的大脑则意味着他需要经历 18 年甚至更久的教育培养，之后才能完全独立。女性的生育疼痛和母婴双方承担的巨大风险就更不用提了。所有这一切都意味着女性要为生育付出巨大代价，而一个不可避免的结果就是，她们不得不更加依赖男性伴侣，即使有时候对方毫不可靠或者满是缺点。

接着，男人和女人离开了婴儿期和无意识的动物世界，进入充满恐怖的历史当中。让我们回到最初的问题：为什么有的人会给自己的狗买药并且给它小心用药，却不会为自己这么做呢？现在我们从古老的故事中得到了答案：我们是第一个男人和女人的后代，赤裸、丑陋、羞愧、惶恐、自卑、懦弱，内心充满了愤恨与抱怨，我们凭什么要照顾这样一个人？

我们对人性悲观的原因既适用于他人，也适用于自己，这些原因都是对人性的总结和概述，但没有人比你更了解你自己。别人或许知道你的缺点，但是只有你才了解自己所有的罪恶、不足和缺陷，因此没有人比你更有理由鄙视你自己。当你拒绝做对自己有益的事情时，就像是在为你所有的缺点惩罚自己。相比之下，一条无害、天真而且没有自我意识的狗显然比你更值得善待。

如果你不相信这一点，让我们来看看另一个重要的问题。秩序、混乱、罪过、生、死和痛苦，这些东西对于人性来说都还不够。故事在灾难和悲剧中继续，而我们这些当事人接下来也注定要思考道德本身。

善与恶的斗争

当男人和女人睁开双眼后，他们意识到的不仅仅是自己的赤裸和必须承受的辛劳，他们也了解到了善与恶。

猫、狗都是猎食者，会猎杀和食用猎物，这一点并不可爱，但我们依然把它们当作宠物，在它们生病的时候喂它们吃药。为什么呢？因为猎杀是它们的天性，猫、狗并不需要为此负责。它们猎杀是因为饥饿，而非邪恶。它们没有思想、创造性和自我意识，所以无法模仿人类的刻意残忍。

猎杀并不会让捕食者了解到自身的脆弱，也不会让它们臣服于疼痛和死亡，但是人类可以很准确地知道什么情况下自己会受到伤害。

> **我们意识得到自己的无助、局限和死亡，也可以感受到疼痛、自厌、羞耻和恐惧。我们知道什么会让我们痛苦，如何让我们痛苦，甚至怎样让别人痛苦。**

我们可以刻意恐吓和伤害他人，使他人因为那些我们了如指掌的缺点而感到羞耻。我们也可以缓慢、巧妙而又残忍地折磨他人，这可不仅仅是捕食那么简单了。这种行为的影响在重要性上堪比自我意识的出现，因为它为我们提供了了解善恶的入口。这是有关存在的难以修复的裂痕之一。随着复杂的自我意识的不断发展，我们也需要不断进行道德层面的努力。

只有人类可以为了制造痛苦而折磨他人，只有人类拥有这令人发指的能力，邪恶二字的定义无非如此。动物做不到这一点。原罪这一概念在现代学术界很不受欢迎，但考虑到人类作恶的能力，这一概念的存在完全合理。有谁敢说人类在身体、心理或者信仰的进化当中没有自愿的成分？我们的祖先在选择伴侣时难道意识不到自己的偏袒和道德判断吗？谁能否定人类普遍体验到的对存在的愧疚呢？正是这种愧疚让我们认识到自己与生俱来的堕落和作恶倾向，也避免让我们成为彻头彻尾的冷血恶魔。

人类很善于作恶，这在自然界里是独一无二的。我们可以在预知后果的情况下主动或者刻意让事情变得更糟。考虑到这种作恶癖好，对于我们无法善待自己和他人，并且还会质疑整个人类社会的存在价值这一点也就不难理解了。我们对自己的怀疑可以追溯至数千年前。美索不达米亚神话中的神明金固（Kingu）是混沌女神提亚玛特（Tiamat）在最具复仇性和毁灭性时创造的最恐怖的怪物，而美索不达米亚人认为人类就是用金固的血液创造出来的。[27] 能得出这样结论的我们，怎么能够不质疑自己的存在，甚至是存在本身的价值？谁都有可能在自己或别人生病的时候质疑治疗和药物的道德意义。没有人比自己更了解自身的阴暗面，所以有谁会在生病的时候全身心投入地照顾自己呢？

也许人类本来就不应该出现，也许人类应该从世界上消失，这样存在和意识就可以回到无辜又残酷的动物状态。如果一个人从未有过这样的念头，他要么是失忆了，要么从未直面过自己内心的阴暗面。

那么接下来应该怎么办？

自助者天助

最初的男人和女人没有睁开双眼，也不具备自我意识。他们虽然完美，但比堕落后的人类少了一些东西。他们的善是被赐予的，而不是挣得的，这样也许更轻松，却比不上通过努力去获得善。

> **如果说意识对于整个宇宙来说是有意义的，那么它的意义就在于自由选择。**

没有人能给出这些问题的确切答案，但我不愿因此就不去讨论它们。所以我有一个主张：也许我们的困扰和自我怀疑并不是完全由放逐、自我意识的产生或者对死亡的感知引起的。

古老的故事中人类堕落之后的所有事件都被描绘成人类以摆脱邪恶为目的的自我救赎。从人类历史的开始、国家的崛起和随之而来的虚荣与僵化，到最终救世主的降临，全都展现了人类对自我修正的尝试。这意味着什么呢？

其实，答案已经很明显了，这些救赎和自我修正的目的就是要在混乱中有意识地选择和创造善的存在。如同艾略特（T. S. Eliot）所说，后退就是向前进，前提是后退到清醒和有选择能力的状态，而不是退回到睡梦中：

我们一切探索的终点
将是到达我们出发的地方
并且是生平第一遭知道这地方。
当时间的终极等待我们去发现的时候
穿过那未认识的，忆起的大门
就是我们曾经的起点；

在最漫长的大河的源头
有深藏的瀑布的飞湍声
在苹果林中有孩子们的欢笑声，
这些你都不知道，因为你
并没有去寻找
而只是听到，隐约听到，
在大海两次潮汐之间的寂静里。
倏忽易逝的现在，这里，现在，永远——
一种极其简单的状态
（要求付出的代价却不比任何东西少）
而一切终将安然无恙，
世间万物也终将安然无恙
当火舌最后交织成牢固的火焰
烈火与玫瑰化为一体的时候。

（T.S. 艾略特，《小吉丁》，选自《四个四重奏》）

自尊最要紧

如果我们想好好照顾自己，就必须先拥有自尊。

现在，我们视自己为堕落的生物，但如果我们讲出真理，活出真理，就能重获自尊，并且也能尊重他人，尊重世界。随之我们就有可能真的在乎自己，让世界充满更多爱和关怀，而不是让它沦为地狱。在地狱里，人们只会怨怒、仇恨，不断惩罚彼此。

两千年前，世界上冲突频发，用成年人甚至儿童献祭的情况十分常见。[28]在罗马，角斗被当作竞技体育，死伤也是家常便饭。相比混乱的古代社会，现代民主国家的公民杀人或被杀的概率小得可以忽略不计。[29] 在古代，人类社会面临的最主要的道德挑战是控制由暴力、冲动的自私而产生的鲁莽、贪婪和残酷行为。今天，具有攻击性的人依然存在，但至少他们知道必须努力自控，否则就要接受社会的严厉惩罚。

同时，另一个过去不那么常见的问题现在也出现在了人们的面前。我们很容易相信人类都是傲慢、自我和自私的，这种观点在普遍愤世嫉俗的大环境里已经成了“真理”。但是许多人并不是这样的，恰恰相反，他们背负着沉重的自厌、自蔑、羞耻、窘迫等情绪，所以他们并不会夸大自己的重要性，反而会完全否认自己的价值，拒绝认真负责地照顾自己。他们相信别人不应该受苦，所以他们努力、忘我地帮助他人，甚至还把同样的善意延展到动物身上，但他们很少这样对待自己。但是，不要忘记，自我牺牲的目的是教会我们勇敢地面对局限、背叛和暴政，而不是要求我们为了别人将自己变成受害者。

> 为了最崇高的理想而牺牲并不等于心甘情愿、默不作声地接受他人持续的剥削和压榨，否则无异于是在支持暴政，允许自己变成奴隶。一味地忍受欺凌是不道德的，即使那个欺凌你的人就是你自己。

关于“己所不欲，勿施于人”和“爱人如爱己”这样的道理，我从著名的瑞士心理学家卡尔·荣格那里学到了很重要的两点。第一，这些道理与是否亲善友好没有关系；第二，这两者并非单向的指令，它们反之亦成立。面对朋友、家人或恋人，我在道德上有义务尽量维护自己，否则我就会成为奴隶，而对方则会成为暴君。当你被折磨奴役时，站起来为自己说话和为别人说话没什么区别。正如荣格指出的那样，你需要接纳和爱护拥有原罪的自己，就像包容和帮助那些不完美的人一样。

你的存在和他人紧密相连，自我虐待有可能会给他人带来灾难性的影响。最显著的例子就是，当一个人自杀以后，他身边的人都会深陷哀痛和创伤。但另一方面，你也可以运用自己的言行在混乱中创造秩序。我们不完全是神明，但也并非什么都不是。

恰如其分地热爱自己

我在人生中的至暗时刻，总能被人们想方设法关爱至亲的行为所震撼。我认识一个因车祸致残的人，他和另一个患有神经退行性疾病的人并肩工作了许多年，他们彼此合作，共同完成水电线路修理工作。我认为，这样的英雄行为应该成为常态，而不是例外。许多身患重病的人都毫无怨言地努力生活着，如果你刚好幸运地拥有一具健康的身体，那么至少你也有过一位亲戚曾在危机中挣扎过。人们总能排除万难，支撑起自己、家人和社会。对我而言，这是个惊人的奇迹。

> **失败和崩溃很容易发生，但受伤的人们总是会坚持下去，这种奇迹般的坚韧值得受到由衷的赞赏。**

在咨询工作中，我经常鼓励人们认可自己和对自己体贴照顾、真诚关怀的他人。人们确实被存在的种种局限折磨着，但是克己和利他为我们带来了集体供暖、自来水、电力和无限的电子计算能力，每个人都能填饱肚子，并且有机会思考社会和自然的问题。维系我们安居乐业的所有复杂机器都会因为熵定律而不断趋近故障，多亏了细心之人的持续关注，一切才能始终保持良好的运转。面对痛苦、失望、损失、匮乏和丑陋，有的人坠入了怨念和仇恨的深渊，但大多数人还是拒绝放弃。

面对生命的有限、暴政的威胁和自然的掠夺，不论是人类还是每个个体，都在负重前行，这种努力值得同情。自我同情是治疗羞耻、内疚和自我轻视的良药，不过这只是故事的一半。

> **如果你抱着感恩之心看待传统、国家、日常生活中的小事和令人惊叹的成就，那么你对自我和人类的仇恨就能得到平息。**

人类值得尊重。你值得尊重。你对于自己和他人来说都很重要，你在世界的发展中扮演着重要的角色，因此你在道德上有义务像照顾至亲一样照顾自己。你需要尊重自己的存在。每个人都有难以改变的缺陷，会在比自己优秀的人面前相形见绌，如果这意味着我们可以推卸照顾自己的责任，那么世界将会变得更加糟糕，每个人都会因此饱受折磨。显然这不是正确的方向。

> **待己如助人，这意味着你需要选择对自己真正有好处的事物，即使这些事物不一定是你想要的或是令你快乐的。**

给孩子糖果可以让他快乐，但这不代表你只需要给他吃糖就可以了。“快乐”和“好”绝不是同义词。你需要让孩子学会刷牙，或者让孩子在天冷的时候穿上他们不爱穿的羽绒服。你需要培养孩子具备道德感、责任心、自我觉察的能力和互惠互利的品质，这样他长大了才能照顾自己和他人。既然如此，你凭什么认为自己做不到这些就是可以接受的？

你需要放眼未来，想想看如果你认真照顾自己，未来的生活会是什么样的？我应该选择怎样的职业生涯，才能变成一个有价值和有益于社会的人？当我在有时间和精力的时候，应该如何改善我的健康，拓展我的学识，强健我的体魄？你需要先知道自己在哪里，才能规划好之后的路线；你需要先知道自己是谁，才能平衡好自身的优点和缺点；你需要先知道自己想去哪里，才能控制生活的混乱程度，重建秩序，让世间充满希望带来的神圣力量。

你需要先知道自己的方向，才能适时维护自己，不至于落得满腹怨言、怀恨在心；你需要明确自己的原则，这样别人就无法轻易占你便宜；你需要严格自律，信守对自己做出的承诺，并及时进行自我奖励，这样才能更好地信任和激励自己；你更需要以变成更好的人为目标。好事不会自动降临，我们需要努力强化自我。

不要低估视野和方向的力量，它们能够将看似不可逾越的障碍转变成宽阔通畅的道路。认真对待自己，重新定义自己，修炼个性，选择目标，明确存在。19 世纪伟大的哲学家尼采说过一句很精彩的话："一个人知道自己为什么而活，就可以忍受任何一种生活。"[30]

> **你可以帮忙纠正这个正在偏离航线的世界，让它离美好近一点，离邪恶远一点。**

只有当你熟悉了邪恶，尤其是内心的邪恶之后，才能够选择不去靠近它或者创造它。你甚至可以将自己的全部生命都投入其中，这将为你痛苦的生活和存在赋予极大的意义，也能让你获得救赎，用本能的骄傲和不加掩饰的自信取代羞耻和难堪，因为你已经学会了待己如助人。

STRENGTHEN THE INDIVIDUAL. START WITH YOURSELF. TAKE CARE WITH YOURSELF. DEFINE WHO YOU ARE. REFINE YOUR PERSONALITY. CHOOSE YOUR DESTINATION AND ARTICULATE YOUR BEING.

认真对待自己，
重新定义自己，
修炼个性，选择目标，明确存在。

每个优秀的榜样对你来说都是一项重大挑战，

而每位英雄都是一个出色的评判者。

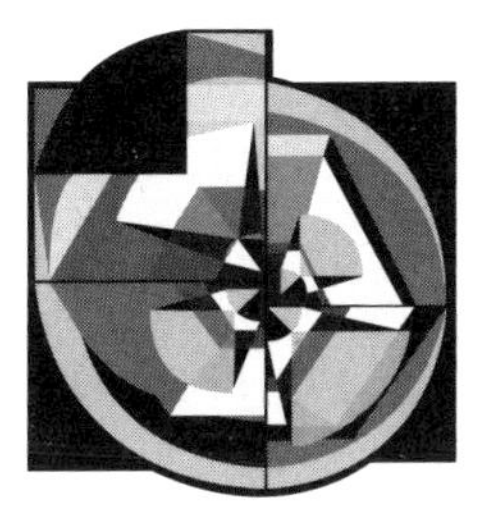

法则三

RULE 3

放弃损友：与真心希望你好的人做朋友

MAKE FRIENDS WITH
PEOPLE WHO
WANT THE BEST FOR YOU

DON'T THINK THAT IT IS EASIER TO SURROUND YOURSELF WITH GOOD HEALTHY PEOPLE THAN WITH BAD UNHEALTHY PEOPLE. IT'S NOT. A GOOD, HEALTHY PERSON IS AN IDEAL. IT REQUIRES STRENGTH AND DARING TO STAND UP NEAR SUCH A PERSON.

和善良上进的人为友
并不比和糟糕颓废的人为伍容易，
因为前者代表了一种理想，
和他们同行需要力量与勇气。

我出生在加拿大北部一个叫费尔维尤（Fairview）的小镇，这个仅有50多年历史的小镇属于阿尔伯塔省，镇上的牛仔酒吧证明了它曾经是边境的一部分。主街上的哈德逊湾百货公司至今依然在向本地猎人收购海狸、灰狼和郊狼的皮毛。小镇大约有3 000名居民，距离最近的城市差不多650千米。我小时候，这里还没有有线电视、电子游戏和互联网，冬季长达5个月，气温经常低至零下40摄氏度。在这里，感到不无聊是一件非常困难的事情。

当温度如此之低的时候，世界就成了另外一副模样。这时一旦醉倒在室外，就会被冻死，因此镇上的酒鬼们都很短命。零下40摄氏度，你没法随意出门散步，寒冷干燥的空气会让你的肺部收缩，睫毛结冰，没吹干的头发也会被冻得直立起来。把舌头粘在游乐园铁质设备上的蠢行，小孩子们只要尝试一次，之后就再也不敢做第二次。烟囱里冒出的烟会因为寒冷的压迫而向下飘动，最后像雾一样弥散在房顶和院子里。

汽车引擎在夜里需要用加热器保温，否则汽油被冻住之后第二天车子会完全无法启动。反复点火则会耗尽汽车电池，然后你就必须在严寒中用冻僵的手指卸下电池螺丝，将电池搬到屋里，花好几小时等它恢复蓄电能力。车窗会从11月一直冻到次年5月，因此你在车里什么也看不见，如果汽车暖气不幸坏了，那么你就只能用沾了酒精的抹布用力擦拭车窗，这样才能在开车的时候看见前方。寒冷让人无处可躲。

费尔维尤的猫咪也很可怜，它们的耳朵和尾巴像北极狐一样短，但北极狐是主动进化出这些特征来御寒的，而在费尔维尤，猫咪们的耳尖和尾尖都是被活生生冻掉的。我家的猫有一天溜出了门，结果毛和后门的水泥阶梯冻在了一起，我们小心地将它和阶梯分开，最后总算是没有伤及它的皮肉。汽车对于费尔维尤的猫来说也很危险，但这并不是因为车子会在冰面上失控而撞上它们，而是因为猫会爬进尚有余热的引擎旁取暖，如果汽车于此时突然启动，高速旋转的散热器风扇便会夺走猫咪的性命。

因为纬度很高，费尔维尤的冬天也非常黑暗。12月，太阳在早上9点30分才会升起，孩子们要在一片漆黑的早晨去上学，等下午回家时天也差不多黑了。年轻人在费尔维尤实在没什么事情可干，夏天如此，冬天就更不用说了，所以在这里，朋友的重要性超过一切。

荒芜青春

那时我有个朋友，就叫他克里斯吧。克里斯很聪明，读过很多书，和我喜欢同一类型的科幻小说。他很有创造力，对电子元器件、机械和引擎都很感兴趣，是个天生的工程师，但家庭的阴影始终笼罩着他。克里斯的父母温和善良，姐妹们也很聪明，整个家庭看上去很正常，但克里斯好像在某个重要的层面被忽视了，所以他虽然聪明、充满好奇心，但内心充斥着愤怒、怨恨和绝望。

克里斯的那辆 1972 年产的蓝色福特皮卡可以说就是他内心的真实写照。这辆臭名昭著的皮卡车就像一个虚无主义者的外壳，它的每一寸都布满了因为各种事故和磕碰留下的凹痕，保险杠上的贴纸也很应景地写着："警告！这个世界需要更多放纵与狂欢！"这张贴纸和所有凹痕共同建构了一种强烈的荒谬感，而这一切绝非偶然。

每次克里斯出了车祸，他父亲都会把车修好，并且再另外给他买一些东西，但克里斯从不在乎。克里斯经常表达他对父子关系的不满，也许是他父亲年纪大了，身体也不好，因为精力不足而无法足够关注儿子，正是这个原因使得父子关系恶化起来也说不定。

克里斯有个比他小两岁的表弟艾德。艾德是个聪明、机智、英俊并且讨人喜欢的孩子，如果你只见过 12 岁的他，那你一定会觉得这个孩子会有很好的未来。但艾德一直在走下坡路，以致最终陷入了一种从现实掉队的半游离状态。他不像克里斯那样易怒，但也同样充满了困惑。克里斯和艾德后来开始接触大麻，这并没有让他们的状况变好。

在漫漫长夜，我和克里斯、艾德还有其他小伙伴们会开着车四处游荡。我们穿过主街，沿着铁路大道一路再向北，路过高中，在小镇的北端转向西；或者沿着主街一直向北，到小镇北端后再向东转，如此不断重复着一样的路线。如果我们不在镇上开，那就会去乡间。一个世纪以前，测量员在这个约 80 万平方千米的荒原上规划了庞大的道路网络。往北每隔三千米，就能碰到一条自东向西无尽延伸的石子路；往西每隔两千米，也都能遇到一条自北向南的路。因此我们永远不缺可以用来打发时间的驾驶路线。

除了开车乱逛，我们的另一个消遣选择就是参加派对。一些年纪稍大的人会在家里举办派对，然后那里就会成为各种不请自来者的临时住所。喝了酒之后，有些本来就讨厌的人会变得更加面目可憎。如果某个孩子的父母临时出差，并且被开车乱逛的人注意到屋里灯火通明，屋外却没有大人的车的话，这个孩子的家也会成为派对的临时举办场所。有时候，这种派对的局面会失控，甚至还会造成严重的后果。

我不喜欢青少年们的派对，也毫不怀念那些黯淡的场景。在阴暗的灯光下，自我意识被缩到最小。吵闹的音乐让人无法交谈，不过本来也没什么好说的。派对上总是充斥着一种凄凉和压抑的感觉，每个人都在肆无忌惮地抽烟和酗酒，一切都显得漫无目的。不过有时候也会发生些事情，比如有一次，我的一个性格异常内向的同学，在喝醉之后拿着一把子弹上了膛的霰弹枪四处挥舞；另一次，那个后来成了我妻子的女孩轻蔑地羞辱了一个持刀威胁她的男孩；还有一次，一个朋友从树上摔了下来，一分钟之后他的傻瓜跟班又做了一模一样的事情。

没人知道自己在这些派对里要做什么。希望看到女啦啦队员？等待戈多？虽然大家更愿意看到前者，但后者似乎更接近现实。比较浪漫地说，如果无聊透顶的我们有得选，一定会毫不犹豫地做一些有建设性的事情，但事实并非如此。我们过早地变得消极厌世、抗拒责任，觉得做任何事情都不够酷，我们也无法坚持参加成年人为我们组织的辩论社、航空青年团或学校体育队。我不知道 20 世纪 60 年代之前的青少年生活是什么样的，1955 年的小孩子能够全身心地投入一个社团吗？至少 20 多年后的我们好像是不行的。20 世纪 60 年代的“嬉皮士运动”先锋们建议年轻人“审视内心，关注社会，退出世俗”[①]。大多数人都做到了第一项和第三项，可并没能怎么做到第二项。

---

① “Turn On，Tune In，Drop Out”是美国 20 世纪 60 年代“嬉皮士运动”的经典口号。——译者注

摆脱“强迫性重复”

我想要离开这个地方，而且我不是唯一这么想的人。每一个最终离开费尔维尤的人在 12 岁时就知道自己将来要离开。我是知道的，和我在同一条街长大的妻子是知道的，我那些离开了的朋友们也都是知道的。对于迟早会去读大学的人来说，离开这里是一种心照不宣而又理所当然的事情，而对于文化程度较低的家庭来说，他们未来的规划中并不包括大学教育。这并不是因为缺钱，那时候高等教育很便宜，阿尔伯塔省也有很多高薪工作。1980 年，我在一家胶合板工厂挣的钱比之后 20 年在其他任何地方挣的都多。在 20 世纪 70 年代因为石油而富得流油的阿尔伯塔省，没有人会因为贫穷而上不了大学。

到了高中，我的第一帮挚友全部辍学了，于是我又认识了两个新来的学生。他们是寄宿生，因为在他们更为偏远的家乡熊谷镇（Bear Canyon），孩子们最多只能读到九年级。这两个人相对来说很有志向，他们坦诚可靠，也很酷、很好玩。当我离开家去 150 千米之外的格兰特草原地区学院（Grande Prairie Regional College）读大学的时候，其中一人还成了我的室友，而另一人则去了其他地方接受高等教育。他们都在往上走，而这也使我坚定了自己的选择。

来到大学之后，我很开心。我和室友遇到了一群志同道合的伙伴。我们对文学和哲学非常着迷，一起认真地管理学生会，创办报社，还通过各种讲座认识了学校政治学、生物学和英国文学的教授。老师们很欣赏我们的热情，也很好地引导了我们。

我彻底摆脱了自己的过去。在小镇上，每个人都认识你，你的过往就像绑在狗尾巴上的空罐子一样，你很难摆脱原有的生活轨迹。那时候，虽然一切都还没有被分享到互联网上，但所有事早已永久地铭刻在了每个人的记忆中。

当生活向前推进的时候，你会陷入暂时的混乱，这虽然会给你带来压力，但同时也会让你产生新的希望。

你被抛出了原来的轨迹，不再受自己或者他人思维定式的围困，你将和上进的人一起铺就更好的人生道路。我以为这是成长的自然规律，每个离开的人都会有凤凰涅槃般的体验，但事实并非如此。

我 15 岁时曾和克里斯还有另一个朋友卡尔一起去过埃德蒙顿市。埃德蒙顿市当时有 60 万人口，距离费尔维尤大约 650 千米。卡尔从没去过大城市，我则和父母去过好几次。我喜欢大城市带来的匿名性，喜欢从家乡惨淡、狭隘的同龄人氛围中逃离，喜欢新的开始，所以我说服了这两个朋友与我同行，但他们并没有获得和我一样的体验。我们刚到埃德蒙顿，克里斯和卡尔就想去买大麻。我们在一个和费尔维尤一般糟糕的区域找到了鬼鬼祟祟的街头贩子，最后我们在酒店房间里喝了一周末的酒。虽然远道而来，却哪儿都没去。

几年之后，我遇到了一件更过分的事情。当时我为了读完本科搬到了埃德蒙顿，和正在读卫校的妹妹一起租了一间公寓。她也是那种决心离开家乡的人，后来她的人生经历也十分丰富，比如在挪威种草莓，去非洲探险，将卡车偷运过图阿雷格人占据的撒哈拉沙漠，以及在刚果照顾大猩猩孤儿，等等。我们的公寓在一栋新建的大厦里，可以俯瞰萨斯喀彻温省北部宽阔的河谷及城市的天际线，我还一时兴起买了一架崭新的雅马哈钢琴。

有一天，我听说克里斯的表弟艾德也搬来了埃德蒙顿，于是邀请他来家里，想看看他的近况如何，是否实现了曾经我在他身上看到的潜力。但事与愿违。艾德变老了很多，头发也少了；他身姿佝偻，身上的年轻朝气早已不复存在，取而代之的是失落和颓废；通红的双眼暴露了他大麻成瘾的恶习。艾德从事着除草和景观美化的工作，这工作很适合兼职的大学生，但对于一个聪明人来说，却是一份挺可悲的职业。

艾德还带来了一位朋友，这个人让我印象深刻。他因为抽了太多大麻而神志不清，他的心智和我们漂亮、体面的公寓似乎不在同一个维度里。我的妹妹也在，虽然她认识艾德，以前也见过这样的场面，但我还是对艾德带来这样一位朋友而感到不悦。艾德坐了下来，他的朋友也稀里糊涂地跟着坐下，虽然因为大麻而迷糊，但艾德依然展露出了一丝难堪。我们喝着啤酒，而艾德的朋友则看着上方说道："我的灵魂已散落在整个天花板上了。"在这出悲喜剧的氛围里，这句话应当说是相当写实了。

我把艾德叫到一边，礼貌地请他和他的朋友离开，我说你不应该带这个废物朋友过来。他点了点头，理解了我的意思，同时也更加难堪了。艾德的表哥克里斯很久之后在给我的信里提起过类似的事情，克里斯在信中说道："我太早交友不慎了，任何一个人懂事之后，都没法再接受我的那些损友。"[1]我把这封信放在了我的第一本书《意义地图》里。

是什么让克里斯、卡尔和艾德不愿意搬走，放弃损友，改变自己的生活状态？这能完全归咎于个人局限、早期恶习或者过往创伤吗？毕竟人跟人的差异很大，这些差异也会对个人造成很大影响。比如，智商高低决定了一个人的学习和知识迁移能力；性格成熟与否则决定了一个人在行为上是主动还是被动，遇事时是焦虑还是沉稳；动力的大小也决定了一个人是追求上进还是自甘堕落。这些差异都会对人造成难以想象的影响。此外，精神或者生理上的疾病也会进一步影响人们的生活。

在内心经历了多年的混乱与动荡之后，克里斯在30多岁时精神病发作，然后没过多久就自杀了。对大麻的依赖是放大还是缓解了他的精神问题？也许大麻减轻了克里斯的痛苦，稳定了他的情况，也许是克里斯的虚无主义人生观为他最终的崩溃铺就了道路？这种人生观是克里斯身体每况愈下的结果，还是只是他逃避人生责任的借口？为什么克里斯、艾德还有他们其他许多朋友都在反复选择对他们没有好处的人和环境？

> **当一个人自我价值感很低或者拒绝为自己的人生负责时，便会选择与那些生活已经一团糟的人为友。**

这个人会认为自己不值得更好的，所以也不会主动去尝试获得，甚至更好的对他来说反而是种麻烦。弗洛伊德把对过去糟糕经历的无意识重复称作“强迫性重复”，有时人们通过这样的方式来更好地理解过去，以获得掌控感，但也有的时候他们这样做只是迫不得已。

我们用现有的工具创造自己的世界，而选错了工具就会带来错误的结果，即使反复尝试，也是依旧。不从过去的经验吸取教训就会重蹈覆辙。这究竟是因为命运、无能，还是刻意地拒绝学习？

拯救他人是高尚还是虚荣

乐于助人不一定是美德

有的时候，人们选择与糟糕的人做朋友只是因为想要拯救他们，这对于涉世不深的年轻人，以及一些缺乏立场或者太过天真、单纯的成年人来说是很常见的情况。也许你会反对说，我们应该看到别人好的一面，而且乐于助人是最崇高的美德。

> **并不是每一个失败者都是受害者，也不是每一个跌入谷底的人都想要努力往上爬。**

许多人的确想，也的确能做到，但也有人就此认命，他们甚至还会将自己和别人的痛苦放大，以此证明世界的不公正。失败者虽然地位低下，但他们中并不缺少幻想某一天自己能成为压迫别人的人。幻想起来虽然很容易，但若真朝这个方向迈进，那无疑是自掘坟墓。

面对身陷困境寻求帮助的人，要区分他是真的需要帮助还是想要借此利用提供帮助的人，并不是一件容易的事情，因为有的人的确同时抱有这两种目的。那些反复尝试、失败，然后被原谅的人，也通常希望所有人都相信自己真的努力过。

除了出于天真，拯救一个人的想法有时还出于虚荣和自恋。类似的例子出现在俄国著名作家费奥多尔·陀思妥耶夫斯基的经典作品《地下室手记》中。这部经典作品的开场部分写道："我是一个有病的人……我是一个心怀歹毒的人。我是一个其貌不扬的人。我想我的肝脏有病。"这部作品是一个傲慢又痛苦的人的自白。主人公蜗居在混乱又绝望的地下世界，无情地进行着自我剖析，但与自己深重的罪孽相比较，这种剖析也只是微不足道的弥补。在自以为完成了自我救赎后，主人公做出了更加糟糕的选择：去向一位真正不幸的人提供帮助。丽莎是一个妓女，住在地下室的这个人（以下将其简称为"地下室人"）邀请丽莎来家里，说是保证可以让她的生活重回正轨。在等待丽莎的过程中，"地下室人"救世主式的幻想越发强烈了：

> 然而过去了一天，两天，三天——她始终没有来，于是我也就安静了下来。每逢九点以后我就特别兴奋，兴奋得睡不着觉，有时甚至开始幻想，甜蜜蜜地幻想：比如说，我要挽救丽莎，就要让她常常来看我，而我则要告诉她……我要开导她，教育她。最后我发现她爱我，热烈地爱我。我假装不懂（不过我也不知道干吗要假装，大概，为了美吧）。最后，她非常不好意思而又十分妩媚地浑身发抖，哭着

扑到我的脚下，说我是她的救命恩人，她爱我胜过爱世上的一切。

“地下室人”的自恋被这样的幻想滋养着，而丽莎却被这种幻想摧残着。提供救赎所要求的责任感和成熟度大大超过了“地下室人”自身所有，他的人格不足以支撑他完成这种救赎。“地下室人”很快意识到了这一点，然而他却以同样快的速度将其合理化了。丽莎最终来到了他破旧的公寓，赌上了自己的一切，迫切地想要寻找出路。她告诉“地下室人”她想摆脱现在的生活，而“地下室人”的回应呢？

> “请问，你来找我干什么？”我气喘吁吁地开口道，甚至都不考虑我说话的逻辑次序。我只想把心中要说的话一股脑儿全说出来；我甚至不关心先说什么和后说什么。
>
> “你来干吗？你回答！回答呀！”我差点忘乎所以地叫道，“我来告诉你，亲爱的，你来干什么。你来是因为当时我对你说了几句可怜的话。于是你就马上变得娇滴滴起来，你又想来听‘可怜的话’了。那么对你明说了吧，要知道，我当时是取笑你。而且现在也在取笑你。你发什么抖？对，取笑你！在此以前我受了人家的侮辱，也就是跟我一起吃饭的那帮人，也就是当时比我先去的那帮人。我到你们那里去，为的是把其中的一个人、一个军官狠狠地揍一顿，但是没有揍成，他们走了；总得找个人出出气吧，把本翻回来，碰巧你赶上了，因此就迁怒于你，把你尽情取笑了一番。他们侮辱了我，因此我也想侮辱别人；他们把我撕扯成了一块抹布，因此我也想显示一下自己的威力……这就是那天发生的事，可是你却以为我当时存心来挽救你，是不是？你是这么想的吗？”
>
> 我知道，她可能思绪混乱，一时弄不清个中细节；但是我也知道，她肯定会清楚地懂得我说话的实质。结果还果然这样。她的脸变得像手帕一样煞白，她想说什么，她的嘴病态地扭曲了一下，她的两

腿仿佛挨了一斧子似的，猛地跌坐在椅子上。在随后的时间里，她听着我说话，一直张大了嘴，瞪大了眼睛，惊恐万状地哆嗦着。我说的极端卑鄙无耻的话把她压倒了……

“地下室人”的自我膨胀和鲁莽恶意摧毁了丽莎最后的希望。他完全知道这一点，更糟的是，“地下室人”从一开始就以此为目标，所有事情都是他有意为之的。

> **恶人并不会因为不作恶就变成英雄，英雄是积极正面的，而不仅仅是没有邪恶。**

你可能会反对，我怎么能侮辱他人助人的动机呢？但你又怎么能确定自己对他人的拯救不会让他们更加堕落？比如，你是一位出色的团队领导者，你的团队正为着共同的目标努力，每一个人都很勤奋、聪明、团结。与此同时，你刚好也在别处管理着一个表现不佳的员工，于是好心的你灵光一现，想将这个人纳入自己的优秀团队，让他受到上进氛围的熏陶。结果呢？相关心理学研究结果清晰地告诉我们，这个新来的人不会立刻“痛改前非”，反而会拖整个团队的后腿。[2] 他会一直处于愤世嫉俗和逃避的不稳定状态，会错过重要的会议，因为工作质量低下而拖延团队的工作进程，与此同时，他却和所有人拿着一样的薪水。那些努力工作的员工会由此产生怀疑：为什么自己在竭尽全力地完成工作的同时，这个新成员却可以游手好闲？当学校辅导员出于好意把一个品行不端的差生放到一群相对守纪的同龄人里去时，也会发生同样的情况。

> **恶习会传染，自律和稳定却不会[3]，因为堕落比奋进容易太多。**

拯救他人的人有可能确实是坚强、慷慨、成熟而又完美的，他们只是想做对的事情。但更多的时候，他们或者只是希望别人注意到他们那用之不竭的同情和善意；或者他们只是想通过拯救他人证明自己是有人格力量的，而不仅仅是依靠运气或是出身；抑或站在一个毫无责任感的人旁边能让他们显得更加高尚。

假设你是在做最容易而不是最困难的事情。你的酗酒成瘾让我的豪饮显得不值一提；我和你认真谈着你失败的婚姻，让我们都相信你已经尽力，而我也在全力帮助你。这样做看上去很努力，似乎也有些成效，但要想达到真正的改变，你们俩要做的可不止这么一点。你怎么能确定那个高呼求助的人不是在逃避自己虚无和堕落的痛苦，不是在选择比承担责任更容易的道路呢？你是在助长妄想和自我欺骗吗？有没有可能你的蔑视会比同情更加有益？

也许你并不打算拯救别人，你的交友不慎不是因为救世主和受害者之间的互利互惠，而是因为这是更容易的选择。你和你的朋友在不知不觉中一起走向了愚蠢的虚无、失败和痛苦，为了一时的享乐而牺牲了未来。你们心照不宣地约定，要避重就轻地活在当下的放纵里，并且不要点破彼此的这种行为，这样双方都可以更轻松地逃避责任。

不要盲目自我牺牲

在帮助一个人之前，你需要先弄明白他为什么身处困境。你不应该先假设他是不公正和剥削的无辜受害者，因为这往往是最不符合实际的解释。根据我的研究和生活经验，事情永远都不会这么简单。

如果你相信坏事是自己发生的，而受害者对此毫无责任的话，那你相当于也剥夺了这个人过去、当下和未来所有的主观能动性。

在绝大多数情况下，人会因为上进之路很难走而选择放弃，这甚至应该成为你在帮助他人之前的默认假设。你可能觉得这样想太苛刻了，但是你有没有想过，失败是很容易理解的，它的存在不需要任何解释。同理，恐惧、仇恨、成瘾、滥交、背叛和欺骗也不需要解释。染上恶习和失败都不难做到，你只要带着无作为和不在乎的态度，逃避责任和思考就行了。你完全可以不停地明日复明日，让自己长久沉溺在当下的廉价快乐里，就如同《辛普森一家》中臭名昭著的老爸在吞下一整罐蛋黄酱和灌完一整瓶伏特加之前所说的那样："这些都是未来的我需要担心的。天呐，我可一点都不羡慕他！"[4]

我要如何确定你不是在利用我的资源逃避问题？也许你根本不在乎即将来临的危机，也不愿意承认自己的不在乎；也许我的帮助不仅不能帮你解决问题，反而会延迟你的醒悟；也许你是想用你的痛苦压垮我，以减小堕落、沉沦的你与我的差距。我如何才能确定你没有在玩这样的把戏？我又如何才能确定自己没有一边在假装负责地提供徒劳的帮助，一边在逃避那些更困难却更有意义的事情？

也许你是想借痛苦表达对他人的嫉恨，因为他人在不断进步而你却在一直堕落；也许你是想借痛苦证明世界的不公，以此掩盖自己的罪过、疏忽和逃避；也许你是想在失败中永远痛苦下去，因为你需要用痛苦证明很多东西，或者报复自己的存在。处于如此境地的你，凭什么要我和你做朋友？

成功和美德的秘诀难以捉摸，失败则只需要你养成几个坏习惯，然后任其发酵，接下来你就会陷入恶性循环。失败会不请自来，而人的罪恶则会加快它的进程。

> **救赎并不是徒劳的尝试，但是将人拉出壕沟容易，救出深渊却很难。处在深渊底部的人可能已经没有什么救赎的价值了。在帮助一个人之前需要确认他是不是真的想要被帮助。**

著名的人本主义心理学家卡尔·罗杰斯（Carl Rogers）提出，如果求助的人自己都不想改善，那就不可能成功建立治疗关系。罗杰斯认为人们不可能说服一个人改变，具备改善的意愿才是进步的前提。我曾接收过一些被法院强制要求来接受咨询的来访者，这些人没有求助的意愿，所以咨询的过程既可笑又无用。

我有可能因为懦弱而无法果断离开你，但我又不想承认这点，于是只能继续和你保持不健康的关系。我继续帮助你，并且用这样的自我牺牲来证明自己是个好人。但事实并非如此，也许我就是个佯装高尚和努力，其实却在不断自欺欺人的人。

> **正确的做法是：结束这段关系，离开这里，到别处去，重新振作起来，然后再以身作则，激励他人。**

不过需要指出的是，不能用这一点来为自私找借口，抛弃真心需要帮助的人。

建立互惠关系

也许你可以这样理解，如果你都不会把某个人介绍给你的姐妹、父母或者子女，那么你为什么还要和这个人继续交往？你可能会说这是因为忠诚，但是忠诚并不等于愚蠢。

> **忠诚需要建立在公平和坦诚之上，友谊则应该是互惠的结果。**

你没有义务支持一个让世界变得更糟的人，你应该选择上进和对你有益的朋友，这并不是自私，而是为了能让彼此变得更好。

如果你身边都是支持你上进的人，那么他们就不会容忍你愤世嫉俗或者破罐子破摔的态度。他们会鼓励你善待自己和他人，并且会在适当的时候谨慎地鞭策你，坚定你认真做事的决心。相反，不上进的人会给戒了烟的人递烟，给戒了酒的人倒酒，他们会因为嫉妒你的努力和成功而收回对你的支持与陪伴，甚至有时还会主动惩罚你。他们会用真实或者杜撰的个人经历来打压你，这看上去像是在测试你的决心，但更多的时候是他们真的想要阻挠你，因为你的进步让他们相形见绌。

每个优秀的榜样对你来说都是一项重大挑战，而每位英雄都是一个出色的评判者。米开朗琪罗通过大理石雕塑的大卫对着每一位观众大喊："你可以超越你自己！"

> **上进的勇气既能让你发现当下的不足，又能为你揭示未来的希望。**

这会深深地触动他人，让他人明白自己没有理由感到愤世嫉俗或者无可奈何，并且也会提醒他们自己的颓废并非源自生活固有的苦难，而是因为自己不愿扛起人生的重担。和善良上进的人为友并不比和糟糕颓废的人为伍容易，因为前者代表了一种理想，和他们同行需要力量与勇气。你应该保持谦和、勇敢和独立思考，避免轻易产生不必要的同情和怜悯。

所以，与真心希望你好的人做朋友。

人们年轻的时候既缺乏独立也缺少认知，

因为还没来得及积累阅历与智慧、建立起个人标准，

所以只好和他人做比较。

法则四

RULE 4

战胜内心的批评家：和昨天的自己比，别和今天的别人比

COMPARE YOURSELF
TO WHO YOU WERE YESTERDAY,
NOT TO WHO SOMEONE ELSE IS TODAY

YOU ARE DISCOVERING WHO YOU ARE, AND WHAT YOU WANT, AND WHAT YOU ARE WILLING TO DO. YOU ARE FINDING THAT THE SOLUTIONS TO YOUR PARTICULAR PROBLEMS HAVE TO BE TAILORED TO YOU, PERSONALLY AND PRECISELY.

你需要认清自己是谁、
想要什么、愿意做什么，
然后你会发现，
解决自己特有问题的方案是需要量身定制的。

与自我博弈

当人们生活在小型、偏远的社区时，在某些事情上做到出色是比较容易的。有的人可以当返校节皇后，有的人可以当拼字比赛冠军，有的人可以当数学天才或者篮球明星。人们身边只有一两个机械工或者老师，这些本地英雄们可以在自己的领域里享受血清素被点燃后属于胜者的自信。也许正是这个原因，伟人中出生在小地方的人占比总是高于平均水平。[1]但如果你出生在今天的纽约，那么就算你优秀到百万里挑一，这座城市也有 20 个你，而大多数人当下都居住在大城市里。不仅如此，今天人们还通过互联网和全球 70 多亿人更紧密地联系在一起，因此攀登成就的高峰将会是越来越困难的事情。

不论你多么擅长某事，或者得到过多少荣誉，世界上总有人能让你相形见绌。也许你吉他弹得不错，但你不是英国著名吉他大师吉米·佩奇（Jimmy Page），也不是美国著名吉他手杰克·怀特（Jack White），你的表演肯定连本地酒吧的客人都无法征服。你擅长做饭，但是世界上还有很多大厨。你母亲的鱼头米饭也许在她的家乡大受欢迎，但这在威士忌味冰激凌的时代不具备什么竞争力。某个石油富豪拥有更奢华的游艇；某个爱财的 CEO 有一块更加复杂的自动机械表，并且他还把表保存在那更加昂贵的实木自动上链盒里；好莱坞最耀眼的女星最终都会变成“邪恶皇后”，偏执地担心着新的“白雪公主”的出现。而你呢？你的工作既无趣又没有意义，你的自理能力实属二流，你审美糟糕、身材臃肿，没人愿意来参加你的派对。当你身边站着美国总统的时候，谁还会在乎你是不是加拿大总理呢？

内心的批评家

每个人内心都存在一个似乎能洞悉一切的批评家。他向来吵闹，不断谴责着我们的平庸，常常令人难以忍受。更糟糕的是，这类批评有时候是必要的。世界上有太多没品位的艺术家、五音不全的音乐人、能毒死人的厨师、得了“官僚化人格障碍”的中层管理者、找人代笔的小说家和乏味僵化的大学教授。总之，世间万物都是参差不齐的。糟糕的音乐会折磨所有听众的耳朵，设计不完善的建筑会在地震中崩塌，不合格的汽车会让事故更为致命。

> **标准的存在非常重要，因为忽视标准、允许平庸的后果就是实实在在的失败。**

人与人之间永远都会有能力和成就的差异。一小部分人创造了世界上的大多数事物，赢家即便不会赢得一切，也会赢得大部分东西。底层永远不是个好地方，这里的人不快乐、疾病缠身、无人关注和关爱，最终只能在平庸荒废中过完一生。因此，人们内心的批评家一直在编织着这样一个可怕的故事，告诉我们人生是零和博弈，一无是处是默认的状态。除了选择性失明，还有什么能帮助人们免受这种尖刻的批评呢？因为这一点，整整一代社会心理学家都将“积极错觉”视为保持精神健康的唯一可靠途径[2]，他们的信条是让谎言做你的保护伞。事情已经糟糕到只有错觉才能拯救你的地步，恐怕没有比这更加凄惨和悲观的哲学了。

让我给你一个不同的角度，一个不需要错觉的角度。如果你总是抓不到好牌，那么你玩的牌局或许本来就是个骗局，甚至有的时候你自己也在无意识地做那个骗子。如果内心的批评家让你质疑自己的奋斗和人生的价值，也许你就不应该听从他。如果这个批判之声总是在贬低每一个人，不论他们成功与否，那么这个声音又能有多可靠呢？也许他只是在唠叨，而不是在提供充满智慧的箴言。

“总有人比你更好”是虚无主义的陈词滥调，就像另一句话说的：“现在重要的事情一百万年以后都不重要了。”对这个陈述的回应不应该是“好吧，一切都没有意义”，而应该是“任何白痴都能说出一个让一切都显得毫无意义的时间跨度”。

> **说服自己对什么都不在乎并不是在对存在进行深刻评判，而是在用理性思维玩一些低劣伎俩。**

保有自我独特性

好与坏的标准既不是虚构的，也不是多余的。你决定做某件事情，必然是因为你认定这是最好的选择。价值判断是行为的前提条件，因此，价值中立在概念上就是自相矛盾的。

每一个既定行为都有其特定的成功标准，任何可以完成的事情，其完成方式必然也有好坏之分。所以，无论做什么事情，其实都是在玩一个有着明确价值导向的游戏，不仅游戏完成的效率和方式不同，胜败的概率有别，最终完成的质量差异也无处不在。此外，如果没有好坏之分，任何行为都会失去价值，没有价值就意味着没有意义。如果努力并不会改善任何事情，那为什么还要费力呢？意义存在的前提就是更好和更坏的差异。既然如此，要如何平息内心中批判家的声音呢？他那看似无懈可击的逻辑里有什么漏洞吗？

我们可以先来看看成功和失败这两个非黑即白的用词。你要么是处于成功这么一种全面、单一且大体上良好的状态，要么是处于失败这么一种全面、单一且不可救药的糟糕状态。成功和失败这两个词排除了所有不同的或折中的可能性。但是在这个复杂的世界里，这是一种天真、不成熟甚至恶意的分析方式，这样的二元体系抹杀了许多重要的价值分级和层次，也必然会带来恶果。

首先，成败并不只存在于某一个游戏。世界上有很多游戏，包括很多好游戏，也就是那些与你天赋匹配，可以为你带来建设性人际关系，使你不断自我优化的游戏。对你而言，好游戏里的角色也许包括律师、水管工、医生、木匠或者老师。世界允许多种可能性的存在，如果你在某一个游戏里不成功，也可以随时换一个游戏，选择和你独有的专长、优点和经历更为匹配的游戏。此外，如果变换游戏也不管用，那你可以试着开发自己的游戏。我在一个选秀节目上看到过一位用胶带封住嘴巴的哑剧表演者，他用烤箱手套做了一系列荒谬的表演。那个表演出人意料又非常具有原创性，效果似乎也不错。

其次，你也不太可能只玩一个游戏。你有事业、朋友、家人，你也有渴望达成的个人计划、艺术追求和健身目标，所以你应该在判定成败的时候结合所有游戏。比如，你很善于做某些事情，在另一些事情上则表现平平，剩下的事情你都很不擅长，也许这就是你本该有的状态。你也许会反对说，我想要在所有事情上都成为赢家！

> **在所有事情上都成为赢家或许意味着你并没有展开任何新的挑战。你也许是在赢，却没有成长，而成长是赢最重要的前提。**

当下的胜利难道应该一直优先于长远的发展轨迹吗？

最后，你有可能发现你玩的所有游戏的细节对你来说都是如此独特和个人化，以至于和他人比较压根就不现实。也许你高估了自己没有的，也低估了自己已有的。感恩之心具有真实的好处，它能帮你抵御充满怨恨的受害者心态。你的同事比你表现得更好，但是他的妻子正背着他偷情，而你的婚姻则安稳又快乐，谁更成功呢？你仰慕的明星长期酒驾，内心偏执盲从，他的生活真的就比你的要好吗？

当你内心的批评家用这种比较来打压你的时候，他会优先选择一个单一而随意的比较维度，比如名气或者权力；然后他会让你觉得这是唯一重要的维度，并且将你和这个维度上某个真正优秀的人做对比；有时候他还会更进一步，用你和比较对象之间无法缩短的差距来证明生活的不公，这会充分打击你做任何事情的积极性。那些这样评价自己的人会将事情变得越来越复杂。

人们年轻的时候既缺乏独立也缺少认知，因为还没来得及积累阅历与智慧、建立起个人标准，所以只好和他人做比较。标准是必要的，没有标准会让人失去方向和目标。相比之下，人成熟后反而会变得更加与众不同，人生状态会更加个人化，也更难以和他人做比较。从象征意义上来说，人们应该离开“父亲”统治的家，独自面对个体存在的混乱。人们需要重新发现自我文化的价值，将其从无知的尘封中发掘出来，整合到自己的生活里，这样我们的存在才能获得完整的意义。

你是谁？你以为你知道，但也许你并不知道。比如，你既不是自己的主人，也不是自己的奴隶。你不能轻易命令自己必须做什么，或者强迫自己服从，就好像你无法用这样的方式对待你的妻子和儿女一样。你对不同事物的感兴趣程度是不一样的，你可以在一定限度内培养自己对某些事物的兴趣，但有的事物总是会很吸引你，而有的事物无论如何也不会。

如果你粗暴地压制天性，它也一定会不断反抗。你能强迫自己努力工作到什么程度？这努力的动力能保持多久？你对伴侣牺牲和付出到什么程度会让你的心甘情愿转变成怨恨？你真正渴望的是什么？在明确自己的价值标准之前，你应该先把自己当作陌生人去了解。什么对你有价值或者能令你快乐？你需要多少享乐和奖励才能弥补自己因忍辱负重所受的委屈？你应该如何对待自己，才不至于想要挣脱羁绊，放弃一切？你可以强迫自己过完痛苦的一天并在回家之后烦躁地踹自己的狗，眼睁睁看着日子一天天过去，但你也可以学会引导自己去做可持续的、有价值的事情。你会问自己想要什么吗？你可以和自己公平地谈判吗？抑或你就是个暴君，你的自我则是暴君手下的奴隶？

什么情况下你会讨厌自己的父母、伴侣或者孩子？这样的情况又应该如何改善？你对朋友和生意伙伴有怎样的期待？这并不只是你“应该”想要什么的问题，这里讨论的不只是他人的期待或者你的义务，而是你应该担负起的对自己的道德责任。“应该”可以是这个问题的一部分，因为你生活在一系列社会责任当中，但这不意味着你需要扮演哈巴狗一样顺从无害的角色。只有独裁者才希望自己的奴隶是这个样子。

相反，你应该敢于冒险和求真，敢于清晰地表达或至少认识到自己生活的真正意义。举个例子，你应该试着展现自己对伴侣的那些不敢言说的想法，甚至你只要愿意直视这些想法，你就会发现它们并没有你想的那么阴暗。你可能会发现自己只是因为害怕而故作高尚，也许满足心愿反而能避免让你误入歧途。你怎么知道伴侣会不喜欢更真实的你呢？蛇蝎美人和反派人物之所以性感是有原因的。

你希望被他人如何对待？你期待他人能给你什么？你因为责任、义务在忍受或者在装作喜欢着什么？你的怨恨虽然病态，却具有揭示性。傲慢、欺骗和怨恨是邪恶三合体，也是最具伤害性的存在。怨恨的产生永远意味着有两种可能：要么是因为一个人不成熟，那么他应该停止抱怨，继续努力；要么是因为一个人受到了压迫，那么他有道德义务大胆发声。

为什么呢？因为继续沉默的后果更糟糕。在当下，为了避免冲突而保持沉默当然更容易一些，但长远来看这是致命的。当有话要讲的时候，沉默就是在撒谎，而暴政往往就建立在谎言之上。

你应该在什么时候冒险反抗压迫？我的答案是：当生活不断被侵蚀，你开始酝酿复仇，内心充满吞噬和毁灭的意愿时。

多年前，我有过一个患有严重强迫症的来访者。他在睡觉之前必须将睡衣整齐排列，抖松枕头，整理床单，如此一遍又一遍地重复。我对他说："也许你的那个部分，那个模糊但是疯狂坚持的部分想要得到点什么。如果我们让它发声，它会说些什么？"来访者说："控制。"我说："闭上眼睛，让它告诉你它想要什么。别害怕，你只是在想象，并不是说你必须行动。"来访者说："它想让我揪住我继父的衣领，把他按在墙上，像甩一只老鼠一样地甩他。"也许是应该把继父当作老鼠一样甩，不过我提出了另一种相对文明的方式。只有天晓得我们在走向和平的道路上需要经历怎样的战斗。你会如何避免冲突？会用怎样的谎言来掩盖你认为无法直视的真相？你又会假装什么？

婴儿需要依赖父母满足所有的需求。健康的儿童可以偶尔离开父母去交一些朋友，他也许会因此牺牲一部分自我，但也会同时获得丰厚的回报。成功的青少年则需要完成分离的过程，离开父母，通过融入社会来超越孩提时代对父母的依赖。成功融入社会的成年人则需要学会如何保有自我的独特性。

和他人比较这件事情要小心对待。当你成年后，你就是一个独特的存在了。你在财务、亲密关系、心理等层面的特定问题，都镶嵌在你存在的独特情境中。你的事业是否适合你，这是一个非常个人化的问题，因为答案也和你生活中的其他细节息息相关。你需要据此决定如何分配自己的时间，以及决定要放弃什么，追求什么。

追求什么决定看见什么

> **人们的视线总是指向那些他们有兴趣靠近、试探、寻找或者拥有的东西。**

一个人要想看见，就得先瞄准，而人们一直都在瞄准的过程中。我们的意识建立在适应了狩猎采集的身体平台之上。狩猎是发现、追踪和捕获目标的过程，采集则需要目标明确。人类抛投石块、长矛和回旋镖；将篮球投入篮筐，将冰球击入网中；用弯弓、枪支和火箭将投射物推向目标；羞辱他人（hurl insults），启动计划 (launch plans)，推销创意 (pitch ideas)。得分和击中目标意味着成功，否则就是失败或犯罪，以至于 sin（罪）这个词都有“过失”的意思[3]。一个人必须有要瞄准的目标才能畅游这个世界。[4]

人们始终处在相对不那么理想的 A 点，并在不断朝着更好的、更符合自己价值判断的 B 点移动。我们眼中的世界总是充满缺点、需要校正的。即使已经达到了旧时的目标，我们也总是会更进一步提出新的目标；即使目前处于暂时满足的状态，我们也依然会保持好奇。人们生活的框架将当下定义为永恒的匮乏，将未来定义为永恒的美好。因为要是不这样，一个人就会完全无法行动。我们将会“失明”，因为要想看见就必须先聚焦，而聚焦的前提是要有一个最值得对焦的目标。

人可以看见，包括看见尚不存在的事物，因此人们能够畅想所有问题都被发现和解决的虚构世界。这么做的好处是能让人改变世界，让难以忍受的当下在未来得到改善。不过，具备这种远见和创造性的代价是长期感到紧张和不适，因为人们始终在把当下和未来做对比，也必须始终瞄准未来。

我们的目标有可能太高、太低或者太混乱，这会导致失败和失望，即使在别人看来你是成功的。那么，我们如何才能从自己的想象力和改善未来的能力中获益，同时又避免当下不够成功和不够有价值的生活一直被贬低呢？

或许你最先要做的就是厘清自己。你是谁？当你打算买房的时候，会雇佣房屋检查员客观、真实地罗列出房子所有的问题，你甚至会为他提供的坏消息而付钱，因为你需要发现房子的潜在缺陷，包括装修上的不完美和结构上的不足。你需要知道，因为你无法修复房屋未知的问题。同理，你跟要买的房子一样，也是有潜在问题的，也同样需要一个“检查员”。内心的批评家可以充当这个角色，只要他能正常工作，就能与你一起厘清自己。但你必须和他一起走遍你心里的每个角落，并且审慎地聆听他的评价。也许你就是一栋破败不堪的房子，但如果你的士气都已经被内心的批评家那冗长而苛刻的挑剔给打垮了，你又如何能够开始翻修工作呢？

给你个提示：未来和过去很相似。唯一的区别是，过去是固定的，但未来有可能变得更好。这种好或许可以是你在一天之内花费最小努力所能达到的。当下永远都是有缺陷的，但是你前行的方向比你的起点更重要。

> **也许快乐总是产生于改善的过程，而不是目标达成时那转瞬即逝的满足感。有希望就是快乐的，不论这希望产生于多么黑暗的深渊。**

在适当的时候，内心的批评家会建议你整改那些你能够和愿意，甚至乐意去改变的事情。问问你自己，在生活的所有混乱中，有什么是你能够且愿意去厘清的？你有能力也有意愿去修复这个看似不起眼的问题吗？你能现在就行动吗？想象一下，你需要和“自己”谈判，而“自己”是个懒惰、易怒、爱埋怨并且难以相处的人。要让这样一个人行动起来并非易事，你可能需要用个人魅力和一些幽默去打动他。或许你需要真诚地对他说：“不好意思，我打算减少一些痛苦，希望你可以帮帮我。不知道有没有什么事情是你愿意做的？对你的帮助我会很感激。”坦诚谦虚地询问，这么做其实并不容易。

或许你需要进一步谈判，这取决于你的心理状态。因为“自己”不信任你，认为你索取了一样东西之后还会再要求更多，但如果不服从，“自己”又会受到你的惩罚和伤害，而且你还会贬损已有的付出。谁愿意为这样一个暴君工作呢？这就是“自己”不愿意服从你的原因。“自己”是个坏员工，但你更是个坏老板。也许你需要和“自己”说：“好，我知道我们过去相处得不太好。我向你道歉，我也在试着改善。接下来我可能还会犯错，但我会聆听你的反馈，努力学习。我注意到就在刚才，你并没有对我的求助表现出很大的兴趣，你觉得什么可以让你更愿意与我合作呢？也许你把碗洗了，我们可以一起去喝咖啡？你喜欢意式浓缩，要不要来双份的？或者你还想要来点别的？”然后你可能会从心底听到一个声音，甚至是一个失联已久的孩子的声音，他会说：“真的吗？你真的想善待我吗？这不是在骗我吧？”

这时你就要谨慎了。

那个声音属于一个曾经被伤害而且非常羞涩的人，所以你必须认真地回复：“我真的会。我可能做得不太好，也可能不是个好伙伴，但是我愿意对你好，我保证。”一点小小的善意就可能带来长远的回报，审慎的奖励则可以作为强大的激励。然后你就可以牵着“自己”的手去把碗洗了，但最好别继续清理卫生间，而忘记喝咖啡、啤酒或者看电影，否则当你下次再想从内心深处请出被遗忘的“自己”时，就不太容易了。

你可以问问自己：“如果明天我要去改善和他人的关系，比如和我的朋友、兄弟、老板或者助理之间的关系，我应该说些什么？如果我想更好地迎接明天，今晚应该清理家里书桌上或者厨房里的哪些混乱？我应该从我的衣柜或者内心驱逐哪些蛇虫鼠蚁？”你的今天和其余每一天都是由无数小的选择和行动构成的，你能试着把其中一两件事做得更好吗？这里的“更好”是从你自己的角度和标准来定义的。你能把属于自己的特定明天和特定昨天做比较吗？你能否运用自己的判断，问问自己那个更好的明天是什么样的？

你要把目标定得小一点。你的才能有限，你已经习惯了自欺欺人、心怀怨恨、逃避责任，所以一开始不要给自己太大负担。你应该这样设定目标：到今天晚上为止，我希望自己的生活比早上有一丁点进步。然后问问自己：“我能够并且愿意做哪些事情来实现这一点？我希望得到怎样的奖励？”执行你的选择，不论做得好不好，然后用咖啡庆祝自己的胜利。你可能会觉得这么做有点傻，但是没关系，明天你还这样做，后天，大后天，一直持续做下去。随着时间的推移，你的比较基线会神奇地提升，就像复利一样。坚持三年，你的生活将会完全不一样。然后你就可以设定更大的目标、更远大的理想。你的双眼也会跟着清晰起来，并逐渐能够看清世界。

你追求什么，决定了你看见什么。

这话值得重复。你追求什么，决定了你看见什么。

走出认知困局

50多年前，丹尼尔·西蒙斯（Daniel Simons）① 用令人难忘的方式展示了我们的视觉是如何依赖目标以及决定目标的价值的。[5] 西蒙斯当时正在研究"非注意盲视"（inattentional blindness）这个现象。举个例子，他让被试坐在电视面前，给他们看一幅麦田的画面，同时偷偷地对画面进行调整。比如，他会让穿过麦田的道路逐渐消失，而且那条道路并不是容易被忽略的小道，而是占据画面三分之一的大路。神奇的是，大多数情况下被试都注意不到这个变化。

让西蒙斯出名的是另一个更令人难以置信的戏剧化演示。他先是拍摄了一段视频，视频中有两支分别由三人组成的团队。一队人穿着白衣服，另一队人穿着黑衣服，他们都站在离镜头不远的地方，这六个人占据了画面的大部分空间，他们的面部特征和表情都清晰可见。两支团队各有一个球，大家在本队成员之间相互传球，同时每个人都在镜头前的空间里四下移动。后来，西蒙斯把这个视频播放给被试，并要求他们记录白衣团队传球的次数。几分钟之后，被试报上了他们的记录结果，大多数人的结果都是"15"。这是正确答案，很多人也很开心自己答对了。哈！通过测试了！没想到西蒙斯却问他们："你们看到那个大猩猩了吗？"

这在开玩笑吗？什么大猩猩？

① 著名实验心理学家、认知科学家，其著作《看不见的大猩猩》的中文简体字版已由湛庐引进、北京联合出版公司出版。——编者注

然后西蒙斯说："再看一遍视频，但这次不要数传球次数。"事实是，视频播放后一分钟左右，有一个穿着大猩猩服装的人走到场地中央，开始模仿大猩猩捶打自己胸口的样子。竟然有一半被试在第一次看视频时没有注意到屏幕中央这个逼真无比、明显到几乎不可能被忽视的大猩猩。这还没完，西蒙斯又做了一个实验。这次他给被试播放的视频里有一个在吧台等候服务的人，服务生蹲到吧台下面去拿东西，然后又重新站起来。然后呢？大多数被试没发现任何异样，其实，站起来的服务生是另一个人！你可能会说："不可能！我肯定会注意到的！"但事实上你有很大概率注意不到，即使服务生的性别和种族同时发生了变化。你"失明"了。

"失明"

无论是从心理、生理还是神经层面来说，视觉都是珍贵的。你的视网膜上只有中央凹这一小部分具有高分辨率，也只有它可以履行面部识别等任务。这些稀有的中央凹细胞，每一个都需要在大脑视觉皮层里得到一万个细胞的支持，只有这样，它们才能完成视觉这个多阶段处理的第一阶段。[6]然后那一万个细胞各自又分别需要一万个细胞来完成第二阶段。如果你的视网膜全是中央凹细胞，那么你需要像低成本科幻片里的外星人那样有一个大大的脑袋来容纳你的大脑。所以我们不得不用预检分诊的方式来看见事物。我们把中央凹另作他用，把高分辨率的视觉指向那些被我们瞄准的具体事物，让除此以外的一切都退居二线，隐匿到背景当中。

若有什么东西唐突地冒出来，扰乱了聚精会神的你，那么它一定会引起你的注意，不然它就是"不存在"的。而西蒙斯实验中的被试关注的球完全没有被大猩猩或队员所遮挡。大猩猩正是因为没有干扰传球这个持续进行的精准任务，才会和其他事物一样完全没被盯着球的被试所注意到。

醒目的猩猩可以被安全地忽视，这体现了人们应对过度复杂的世界的方式：

精确地专注于自己在乎的事情，而忽视其他一切。你选择性地看见那些助你前行和达成目标的东西，识别路上的障碍，除此以外的一切你都视而不见，但是除此以外还包括很多东西，所以你是非常盲目的。

这是必然结果，因为这个世界包含的比你关注的多太多了，你必须认真分配有限的资源。

看见是很难的，所以你必须选择看见什么，忽略什么。

印度最古老的经典、印度文化的基石之一《吠陀经》将人们感知的世界称作 maya，也就是表象或者幻觉。这可以部分理解为人们被自己的欲望所蒙蔽，无法看清事物的本质，而这一点不仅仅在隐喻层面成立。眼睛是帮你达成愿望的工具，而你为聚焦能力付出的代价是对其他一切失明。当事事进展顺利的时候，这或许不是什么大事，虽然这也可能出现问题，因为一直心想事成可能让我们看不见更高层的需求。然而一旦人们遭遇危机，那个被忽视的世界就会变得很可怕，更别说事事不如意的时候了。幸运的是，这个问题自身已经包含了答案：既然你忽视了很多事物，那么一定还有很多未被你发现的可能性。

发现被隐藏的可能性

得不到想要的东西会让你不开心，而这种状态恰恰可能是由你想要的东西造成的。你被欲望一叶障目，当下的你正着眼别处，所以可能意识不到自己真正需要的其实就近在眼前。同时这也引出了另一个问题，即我们在得到自己想要的东西之前必须付出代价。可以这样理解，你用自己特定的方式来看待这个世界，建立起了一套过滤和屏蔽多余事物的方法，这套方法经过日积月累成为你的习惯。它不仅是抽象概念，也成了你的一部分，在这个世界为你指明方向。它是你最深层的价值观，而且通常隐藏在你的潜意识之中。它成了你生理结构的一部分，像是有生命一样不愿消失、变形或死亡。但有时候你也必须终结它们来让新的事物诞生，因此，人们在成长的旅途中需要学会放下。

如果生活不顺利，那么就像最悲观的格言所说的一样：人生皆苦，等待你的只有死亡。但是在被危机逼迫着这么想之前，你或许可以换个角度：生活没有问题，是你有问题。这样想至少能给你一些选择空间。

> **生活的不顺或许不是因为生活本身，而是源自你的无知。**

也许你的价值体系需要彻底重建，也许你想要的东西让你看不见其他所有可能性。也许你正紧紧抓住自己当下的愿望，以至于看不见其他任何事物，包括你真正需要的东西。

你满心嫉妒地想："我应该拥有我老板的那个职位。"如果你老板因为能力出色而稳稳地停留在他的位置上，那么你的想法会让你充满烦躁、不快和憎恶。

意识到这点后，你会告诉自己："我不快乐，但是如果我能满足自己的愿望，就能够摆脱不快乐。"但是你也许会继续想："等等，我的不快乐可能不是因为我没有得到老板的位置，而是因为我一直惦记着那个职位。"这不意味着你可以简单而又迅速地要求自己停止惦记，然后聆听并转变自己的观点。事实上你没法如此轻易地改变自己，你只有深入地剖析自己，才能改变得更加彻底。

你也许会想："我不知道该如何面对这愚蠢的处境。我没法就这么放弃自己的野心，那样我就无处可去了。但我对那个得不到的职位的渴望并不能帮上我分毫。”你或许可以选择一个不同的方法，一个既可以让你真正心满意足，又可以帮你摆脱当下嫉恨的方法。你可以这样告诉自己：“我要制订一个不同的计划。我要追求那些会让我生活得更好的东西，不论它是什么，而且我现在就要开始努力。即使我发现那东西不是我老板的职位，我也会坦然接受并继续向前。”

现在你的轨迹完全不一样了。之前你追求和渴望的是一些狭隘和具体的东西，你也因此被困住，并且感到很不开心。你需要放手，做出必要的牺牲，揭示一系列曾经被掩盖的可能性，而这样的可能性是很丰富的。

如果你的生活真的变得更好了，它会是什么样的？“更好”究竟是什么意思呢？也许你现在还不知道，不过没关系。因为当你真心想要更好的时候，会逐渐开始明白什么是更好。你会慢慢感知到那些之前被自己的预设和成见所埋没的事物，你也将真正开始学习。

只有当你发自内心地想要改善生活时，这样的方法才管用。你没法欺骗自己的内在感知，一点都不行。你指向哪里，它就瞄准哪里。如果想要重组、梳理和瞄准更好的目标，你就必须透彻地思考。

你需要洗刷自己的精神，将它清理干净；你也需要更加谨慎，因为改善生活意味着承担更多责任；同时你也需要更努力、更用心地生活，而不是继续愚昧地活在痛苦中，自以为是、自欺欺人又满心怨恨。

跳脱固有思维

有没有可能你越想变得更好，就越可以揭示更多这世上隐藏的美好？有没有可能当你站在更高、更广和更复杂的平台上时，就可以发现更多可能性和益处？这不意味着你只需要心想就能事成，或者一切都取决于看问题的角度，和现实无关。世界依然存在，依然有它的结构和边界。

> **你和世界互动时，它会合作或者反抗。但如果你的目标是与它共舞，尤其是当你德行兼备时，你甚至可以领舞。**

这不是神学或者神秘主义，而是实证知识。这也并不是魔法，或者说唯一的魔法其实就是人类的意识。

人们往往只会看见自己追求的事物，余下的大部分世界都会被他们隐藏起来。如果一个人开始追求不同的事物，比如“让自己生活得更好”，那么他的心灵会开始从之前隐藏的世界里发掘出新的信息，这些信息会帮助他前行，并且他也可以凭借这些信息来行动、选择、观察和提升。当一个人这么做并成功获得自我提升之后，或许他又会开始追求更加不一样、更高层的东西，比如“我想要得到比改善生活更好的东西”，然后他便会进入一个更加广阔、更加丰富的世界。

在那个世界，人们会关注什么？会看到什么？

你可以这样来理解。我们都知道自己渴望也需要一些东西，这是人性使然。我们都会体验饥渴、孤独、恐惧和疼痛，也都有攻击性，这些是生命中原始而又必不可少的元素。但是我们需要区分和整理这些原始欲望，因为世界是极端复杂而又无比真实的。我们没法既满足当下的渴望又实现心中始终存在的愿望，欲望会彼此冲突，也会不断让我们和他人以及世界产生冲突，所以我们需要看清自己的欲望，对它们进行细化、排序和分级。这会让欲望更为复杂化，也更能减少欲望带来的冲突。我们的欲望以这样的方式升华为有序和有道德的价值观，而价值观和道德感的产生正标志着成熟。

古典自由主义的西方启蒙运动认为仅仅服从是不够的。但现代人已经忘了服从其实是一个起点，如果你毫无纪律，也未经任何教导，是无法瞄准任何目标的。就算你勉强找到了目标，也会经不起风浪的影响而偏离方向，然后你会认定这世上没有值得瞄准的东西，并就此迷失。

因此，传统中教条主义的元素是有必要的。若无法提供稳定结构，就算指明通向更高秩序的价值体系又有什么用？若你不能内化这个结构，就算接受更高的秩序作为起点又能创造什么价值？如果你不提前做好准备，就会像一个巨婴一样，你不是真正的婴儿，因为你既不可爱，又不具备很大的潜力。这并不是说服从就足够了，但是一个能够服从的人，或者说一个被恰当调教的人至少是一件被出色锻铸的工具。当然了，你还需要有超越戒律和教条的视野，就像工具也需要有用途一样。

人们看见什么取决于他们相信什么。如果你读了陀思妥耶夫斯基的《罪与罚》，就能更好地明白这一点。在这本伟大的小说里，主角拉斯柯尔尼科夫决定做一名虔诚的无神论者，犯下了被他合理化为仁慈谋杀的罪行，并为此付出了代价。你的行动恰恰最准确地反映了你最深层的信仰。这些信仰镶嵌于你的存在当中，隐藏在你有意识的担忧、可表述的态度和表层的自我认知之下。要想知道自己真正相信什么，不能光局限于你认为自己相信什么，还要观察自己的所作所为，否则你就无法真正了解自己。你太复杂、太难以看清真实的自己了。

你需要用心观察、学习、反思和交流。你的所有价值观都是个人、文化和生物漫长发展过程的产物，你并不知道自己的所想和所见其实早已被宏大而又深刻的历史所影响，你也并不理解自己窥探世界所仰仗的每一个神经回路是如何被数百万年前人类祖先的伦理选择和在此之前数十亿年的所有生命存在所塑造的。

你什么都不明白。

你甚至不知道自己其实是“失明”的。

让我们回到你瞄准目标时被琐碎小事干扰的情况，也就是之前提到的对老板的嫉妒。正是这种嫉妒导致你看到的世界充满苦涩、失望和怨恨。如果你注意到了自己的不开心，对其反思并决定为之负责，敢于认定至少有一部分情绪是在你的掌控之下的，那么这时候你就成功睁开了一只眼睛。你期望更好的事物，放下琐碎，反省嫉妒，敞开内心。你停止诅咒黑暗，放进一丝光明。你决定追求更好的生活，而不是更大的办公室。

但你并不止步于此。你意识到如果你更好的生活会让别人生活得更坏，那么这样的追求就是错误的，所以你发挥创造力，决定玩一个更难的游戏。你决定在让自己生活得更好的同时，也让家人和朋友生活得更好，甚至还可以将这种好波及他们周围的陌生人。你的敌人呢？也要包括他们吗？你多半不知道该怎么做到这一点，但你明白“冤冤相报何时了”的道理，所以你也开始在原则上希望你的敌人生活得更好，虽然你并不能够掌控他们微妙的情感。

接下来你的视角会发生改变，超越过去那些不知不觉困住你的局限，你的生活也会出现新的可能性，然后你又会努力去实现它们。在你的生活得到改善之后，你开始想得更远：“更好，意味着我、家人和朋友，甚至敌人都变得更好。不仅如此，还意味着更好的今天、明天、下周、明年、十年后、一百年后、一千年后，直到永远。”

于是“更好”就变成了对最广义的存在进行最广义的改善，带着这样的想法，你决定冒险。你选择相信存在的意义和目标是嘉言善行，这样的存在主义信仰可以帮助你战胜虚无主义，战胜怨恨和傲慢，遏制所有你对人生的仇恨和恶意。这种信仰并不是对明知虚假之事的盲从，也不是对魔法的幼稚信任。

> **信仰意味着用对存在本质至善的非理性追求去平衡生活的非理性悲剧，有信仰的人敢于追求难以企及的理想，并且愿意为之牺牲一切，包括自己的生命。**

如何尝试践行信仰呢？你可以先从不思考开始，或者更尖锐地讲，先拒绝让你的信仰被自己当前狭隘的理性视角所征服。这不等于让自己变蠢。相反，这意味着你要停止耍花招、算计、说服、强求、逃避、忽视和惩罚，意味着你必须把老策略放在一边，前所未有地集中自己的注意力。

集中注意力，改善现状

> **集中注意力，关注你的物理和心理环境，注意到那些一直令你困扰，但你又有能力和意愿改变的东西。**

要发现这些东西，你可以问自己三个问题：

“什么在困扰我？”

“我有能力改变它吗？”

“我真的愿意改变它吗？”

如果其中一个问题的答案是否定的，那就换个问题，缩小范围，直到你找到困扰你，但你又有能力和意愿改变的事情。光是这一点就需要用不少时间。

也许你的桌上有一堆一直被你有意忽视的文件，你走进房间的时候甚至都不敢看它们。那当中隐藏着可怕的东西，比如报税单、账单，还有向你索取力所不能及之事物的来信。注意到你的恐惧，并同情你的恐惧，你害怕是因为那堆文件当中可能有一条会咬你的蛇，甚至那可能还是条九头蛇，你砍掉一个头，它又会长出 7 个头来，而你对此束手无策。

你可以问问自己："这堆文件里有什么是我愿意处理的吗？我愿意花 20 分钟查看其中的某一部分吗？"也许答案是否定的，那么试试花 10 分钟、5 分钟，甚至 1 分钟。然后你会发现，因为你看到了它的一部分，它的体量现在已经变小了。你也会发现，它其实是由很多部分组成的。在处理完目标任务之后，你也许可以给晚餐加一杯红酒，缩在沙发上看会儿书，或者看一部很傻的电影作为奖励，或者你可以让你的妻子或丈夫对你说"干得好"。这能够让你产生动力吗？你希望索取激励的对象或许不太善于表示激励，但是别因此放弃，一个人就算一开始很不熟练，但也是可以通过学习提高的。问问自己什么能够激励你完成工作，然后仔细聆听心里的答案。不要告诉自己："我犯不着用那样的方式来激励自己。"你真的了解自己吗？一方面你是整个宇宙最复杂的存在，另一方面你却连微波炉上的计时器都不会设置。不要高估了你对自己的认识。

你可以将一整天的任务变成沉思的素材，在早晨或者前一天晚上睡前进行沉思。向自己索取一份主动的付出，只要你礼貌地索取，然后坦诚地仔细聆听，就会得到反馈。这样坚持一段时间，或者坚持一辈子，用不了多久，你就会发现自己的境况与之前会有很大的不同。你会习惯性地问自己："要让生活变得更好，哪些事情是我能做也愿意做的？"不要强行界定什么是"更好"，你不应该用乌托邦主义者的方式对待自己，因为我们从历史中已经看到这不是好的选择。着眼更高层的目标，关注人生的改良，让你的心灵与真理和至善相连。宜居的秩序需要被建立，存在之美需要被创造。战胜邪恶，缓解痛苦，提升自我，都是你需要去完成的任务。

> **人类努力地提升对伦理的理解，将最初对孩童“你不可”的必要约束转化为明确、积极的个人愿景，这不光表现了令人钦佩的自控和自律，更表达了对世界负责的根本愿望。**

这不是罪的终止，而是罪的对立面，是本质的善。专注于今日，进而活在当下，完全且妥当地照料眼前的事物。但在这么做之前，务必先让你的内在闪现，只有这样，才能证明存在的合理，并且照亮世界。同时也务必先下定决心，愿意为了最高尚的善而有所牺牲。

意识带来觉醒。所以与其做暴君，不如集中注意力。你要忠于事实，不要摆弄是非；你要讨价还价，但不要主动牺牲或者欺压别人。你不再需要嫉妒别人，因为你不知道别人是否真的过得更好；你不再需要感到挫败，因为你拥有了耐心，学会了量力而行。

> **你需要认清自己是谁、想要什么、愿意做什么，然后你会发现，解决自己特有问题的方案是需要量身定制的。**

你不再那么关心他人的所作所为，因为你自己有很多要做的事情。

专注今日，并且追求至善，这样，你的人生轨迹就会让你充满希望。沉船的船员登上救生艇的时候都会感到很开心，谁知道他以后会到哪里。快乐地旅行或许比成功地到达更好。

索取，然后就能获得；敲门，然后门就会开。怀着渴望之心索取，怀着迫切之情敲门，你就有机会改善你的人生。这种改善有时是一点，有时是很多，有时甚至是全部。

和昨天的自己比，别和今天的别人比。

IF YOUR LIFE IS NOT GOING WELL, PERHAPS IT IS YOUR CURRENT KNOWLEDGE THAT IS INSUFFICIENT, NOT LIFE ITSELF.

生活的不顺或许不是因为生活本身，
而是源自你的无知。

儿童必须被塑造和教育，

否则就无法茁壮成长。

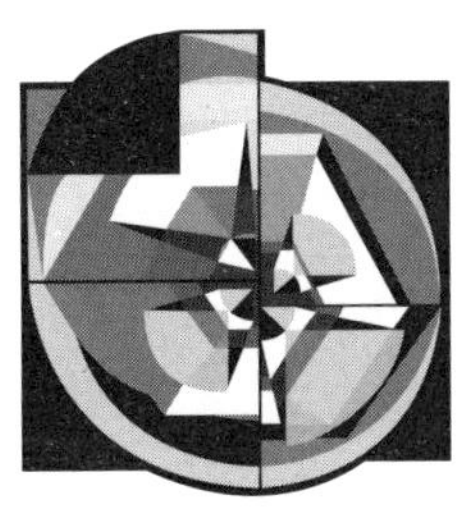

法则五

RULE 5

管教你家的小怪物：别让孩子做出令你讨厌他的事

DO NOT LET YOUR CHILDREN DO ANYTHING THAT MAKES YOU DISLIKE THEM

IT IS AN ACT OF RESPONSIBILITY TO DISCIPLINE A CHILD. IT IS NOT ANGER AT MISBEHAVIOR. IT IS NOT REVENGE FOR A MISDEED. IT IS INSTEAD A CAREFUL COMBINATION OF MERCY AND LONG-TERM JUDGMENT.

管教孩子是一种责任，
管教不是对不良行为的愤怒或者报复，
而是仁慈和长远判断的谨慎结合。

最近我见过一个三岁小男孩跟着父母穿过拥挤的机场，每隔5秒钟他就会发出疯狂的尖叫，更重要的是，他是故意这么做的，毫无自我控制的迹象。作为一个父亲，我可以从他的音调里听出这一点。他希望通过惹恼父母和周围数百个陌生人的方式来获得关注。也许他需要什么东西，但这并不是正确的索取方式，而他的父母理应让小男孩明白这点。也许你会反对说父母或许已经在时差和长途旅行的折磨下精疲力竭了，但是他们只要花30秒钟认真专注地处理就可以让这丢脸的行为立刻停止。

> **真正用心的父母是不会让自己最在乎的子女成为众人鄙视的对象的。**

我也见过一对无法对自己两岁的儿子说“不”的夫妻。他们在所有本可以愉悦度过的社交场合中都跟孩子形影不离，因为这个孩子会在缺乏密切关注的情况下做出严重的不端行为，以至于每一秒的自由对他来说都是危险的。这对父母本希望孩子能任意行事，结果却适得其反，他们剥夺了孩子独立行动的机会。当父母不敢教孩子“不”的意义时，孩子就感知不到合理的边界，从而无法知道什么行为是过分的。过度混乱势必导致过度秩序，而它们之间必定还会相互转换。我见过一对父母在家宴上因为自己肆无忌惮的孩子而无法正常交谈的情景。这两个孩子，一个 4 岁，一个 5 岁，他们完全控制了整个场面，而他们的父母只是看着他们，在感到羞愧的同时又无力干涉。

当我女儿还是个孩子的时候，有一次被一个男孩用玩具卡车打中了头。一年之后，我又看见这个男孩凶狠地将自己的妹妹推倒在一个易碎的玻璃茶几上。然而他的妈妈并没有安抚被惊吓的女儿，反倒是立刻把男孩抱起来，小声地告诉他不要做这样的事情，同时用一种显然是在表达认可的方式轻拍安抚他。她这是在塑造一个唯我独尊的小皇帝，而许多母亲其实都在不知不觉地这样做，包括许多支持性别平等的母亲。有的女性会厉声反对任何成年男性发出的指令，但是会一路小跑地回应儿子的要求，为沉迷游戏的他制作花生酱三明治。这样的男孩未来的伴侣一定会很恨她们的婆婆。尊重女性？那是对其他男孩和男人的要求，和她们自己的宝贝儿子无关。

类似上面这样的想法或许可以解释许多地区对男孩的偏好，有些研究者将这种偏好归因于文化规范中对男性的重视，但是并没有证据表明这完全是由文化导致的。对于男性态度的演变可能有心理和生理上的原因，不过这些原因从现代平等主义的角度来看可能会让人不太舒服。如果你因为环境所迫而必须将所有鸡蛋放在一个篮子里，那么从繁衍至上的进化论标准来看，儿子是更好的赌注。为什么呢？

一个生育力旺盛的女性可能会生八九个孩子。作为纳粹大屠杀的幸存者，伊塔·施瓦茨（Yitta Schwartz）在生育方面可谓是一个明星，而她的三代直系后代也都继承了她在生育方面的优势。伊塔在 2010 年过世的时候已经有大约两千个后代了。但是对生育上成功的男性来说，生育的可能性却是无限的，拥有多位女性伴侣意味着生育的指数式增长。据传闻，演员沃伦·比蒂（Warren Beatty）和运动员威尔特·张伯伦（Wilt Chamberlain）均和许多女性发生过性关系，类似的情况也普遍存在于摇滚歌星当中。因为现代避孕技术，他们没有因此拥有同等数量的后代，但是过去的人没有这个条件。例如，中世纪爱尔兰的伊尼尔王朝（Uí Néill dynasty）的男性后裔就多达三百万人，这些后裔最终通过移民的方式分布在爱尔兰西北部和美国。[1] 尽管我并不认定这些事情和性别选择有直接的因果关系，也不是在暗示其与文化无关，但从很深的生物学层面来看，父母的确有理由偏好儿子到甚至愿意放弃女性胎儿的地步。

男孩在成长过程中受到的优待甚至有助于其在今后成长为一个有吸引力、发展全面和自信的男人。精神分析之父西格蒙德·弗洛伊德说过："当一个男人无条件地被母亲当作最爱时，会一生拥有征服者的感觉，以及那种能够真的带来成功的自信。"[2] 这话虽然有道理，但"征服者的感觉"有时候却容易让人变成"实际的征服者"。进化生物学家理查德·道金斯（Richard Dawkins）① 提出了"自私的基因"这个著名的概念，认为基因会通过被偏爱的孩子一直延续下去。从这个角度来说，宠溺儿子的行为是有意义的。但是也不能排除溺爱会造成混乱而痛苦的局面，并最终带来难以形容的危险的可能性。

并非所有母亲都重男轻女，有时候母亲也会偏爱女儿，有时候父亲也会偏爱儿子。其他因素显然也可以占主导地位，比如无意识甚至是有意识的仇恨，这可能会使父母对孩子不闻不问，不论孩子的性别是什么，性格和所处环境如何。我曾经认识一个经常挨饿的四岁男孩，他的保姆受伤了，所以他被邻居们轮流照看。一天，男孩的妈妈将他送到我们家里，并告诉我们他一天都不吃东

---

① 英国皇家科学院院士，进化生物学家、著名科学作家，全球 100 名最有影响力的公共知识分子之一。其著作《道金斯传》的中文简体字版已由湛庐引进、北京联合出版公司出版。——编者注

西是没关系的，但显然这是有关系的。我的妻子很温和，她坚持不懈地喂男孩吃完了一整顿午餐，对他的合作行为始终予以奖励。这之后男孩变得非常黏人，一直紧跟着我的妻子，好几小时都不愿和她分开。

吃饭时，男孩一开始紧闭着小嘴，和我们一起坐在餐桌前，旁边还有我们的两个孩子以及另外两个我们帮忙照看的邻居家的孩子。妻子耐心地将勺子举到男孩面前等他张口，而他则通过摇摆脑袋来表示拒绝，这一行为让他看上去像一个不听话而且被忽视的两岁小孩。

但是，我的妻子没有放弃他。每次男孩吃一口，她都会轻拍他的头，用真诚的语气对他说："好孩子。"她的确是这么想的，这是个可爱却受了伤的孩子。接下来的10分钟没有之前那么痛苦了，男孩吃完了自己的午餐，而我们都专注地看着，仿佛这是一出生死攸关的戏剧。

妻子举起碗说："看，你全吃完了。"当我第一次见到这个男孩时，他只会不开心地躲在角落里，不和任何孩子互动，一直皱着眉头，我逗他也毫无反应。此刻他却绽放出了笑容，这让餐桌前的每一个人都感到很欣慰，甚至20年后当我在书写这一切时，依然会流下眼泪。之后，男孩一直像小狗一样跟着我的妻子，拒绝让她离开自己的视线。当妻子坐下时，他就跳上她的膝头抱住她，向世界重新打开自己，不顾一切地寻找着自己缺失已久的爱。

但好景不长，那天晚些时候，男孩的妈妈来接他了。当她走进我们所在的房间，看到自己的儿子正蜷缩在我妻子的怀里时，她嫉恨地说道："哦，真是个超级妈妈。"然后她就牵着那个注定不幸的孩子离开了，内心充斥着黑暗和凶恶。她是个"心理学家"。

> 有些东西也许真的令人难以直视，难怪许多人宁愿一直保持选择性失明的状态。

提升成本与收益比

我的来访者经常和我讨论他们家庭的日常问题。这些问题很具有欺骗性，它们总是像习惯一样有规律地出现，因而显得无足轻重。但是我们的生活就是由每天发生的事情构成的，不断重复的事情会以惊人的速度积累。一位父亲最近和我分享了他在哄儿子睡觉时的困难，他每天都要花 45 分钟在这个令他煎熬的事上。我们算了一下：一天 45 分钟，一周就是 5 小时多，一个月就是 22 小时，一年约是 264 小时。按照一周 40 小时的标准工作时间计算，这是一个半月的工作时间。

这位父亲每年要花一个半月的工作时间和他的儿子进行无效的争斗，而且显然双方都很痛苦。不论你带着怎样的善意，脾气多么温和、包容，也是没办法和每年要争斗一个半月的人保持良好关系的。怨恨会累积，而且就算不会，所有被浪费掉的不快乐时光本来是可以用在更有建设性、更轻松和更好玩的活动上的。面对这个情况该怎么办呢？错在孩子还是父亲，天性还是社会？我们又能做些什么呢？

有的人把问题归咎于成年人，他们认为无论如何，世上没有糟糕的孩子，只有糟糕的父母。当带着将儿童理想化的纯真想象时，这样的看法似乎是合理的。儿童美丽、开放、快乐、值得信赖和充满爱心的特质让人们觉得错都在成年人身上。但这种浪漫的态度其实是天真、片面和危险的，没法帮助父母面对难以管教的孩子。把人类的一切堕落不加批判地归咎于社会也不是一种好的选择，这只会把事情置于不可改变的境地，却起不到任何帮助。而且这种想法无异于异想天开。如果社会是堕落的，但身处其中的个体不是堕落的，那么所有的堕落从何而来，又是如何传播的？

根据社会是堕落的这一假设，又可以推演出一个更加糟糕的说法，即所有个体问题不论多么罕见，都应该通过激进的文化重构来解决。社会不得不持续地解构保持自身稳定的传统，以便将更多边缘人群包括进来。然而这些人很有可能根本无法适应我们认知形成所依据的范畴。这不是一件好事，私人问题不能都通过社会革命来解决，因为革命往往充满了变数并带有一定危险性。

举个例子，20 世纪 60 年代美国大幅放宽离婚政策真的是一件好事吗？这种试图追求假想自由的行为让很多孩子失去了稳定的生活，我不认为这些孩子会说这是件好事。我们的祖先用智慧修筑高墙，将可怕的事物隔绝在外，推倒这些墙将使我们暴露在危险中。我们正无意识地在薄冰上滑行，冰下是寒冷的深渊，潜伏着难以想象的怪物。

我看到今天的父母很害怕他们的孩子，这不仅仅是因为父母被视为假想社会暴政的直接代理人，还因为他们在培养孩子纪律、秩序和规范方面的功劳被无情剥夺了。这些父母在年轻时也许曾不安而又难堪地活在 20 世纪 60 年代青少年风气的强大阴影下，这十年的放纵曾使他们普遍瞧不起成年人，无理由地反抗权威，无法区分不成熟的混乱和负责任的自由。这导致他们在成为父母后对孩子短期的情感痛苦更加敏感，同时也更害怕自己会伤害或毁了孩子。你可能会说这总比反过来好，但无论是道德光谱的哪一端，都潜藏着灾难。

无知的“野蛮人”

有人说，每个人都在有意或无意地践行着某个著名哲学家的思想。儿童的内心在本质上是纯真的，只是在后天会被文化和社会所玷污，这种想法在很大程度上源于 18 世纪法国哲学家让 - 雅克 · 卢梭。卢梭热切地相信人类社会与私有制一样腐败不堪，并声称未进入文明状态时的人类才是最温柔、美好的。与此同时，在意识到自己没有能力做父亲之后，卢梭将自己的 5 个孩子都送去了那个时代既仁慈又致命的孤儿院。

卢梭这位高贵的“野蛮人”描述的是一种抽象、原型和宗教的理想，而不是他所认识的活生生的现实。神话般完美的圣婴永远只存在于我们的想象中，他代表了潜力无穷的年轻人、新生的英雄、被冤枉的无辜之人以及国王失散多年的儿子，他也暗示了人类曾经的不朽状态。但是人类既善良又邪恶，成年人灵魂中的阴暗面在孩童中也同样存在。一般来讲，人们会随着年龄的增长变好而非变坏，因为我们会倾向于变得更加善良、尽责，情感上也会更加趋于成熟、稳定[3]，像校园欺凌那样糟糕的行为在成人社会里也会较少出现[4]。因此，威廉 · 戈尔丁（William Golding）黑暗的无政府主义作品《蝇王》才会成为经典。

此外，有大量证据直接表明人类行为恐怖的一面不能轻易归咎于历史和社会。对这一点最痛苦的发现，或许要归功于灵长类动物学家珍 · 古道尔。从 1974 年开始，古道尔就发现她心爱的黑猩猩居然会主动做出自相残杀的行为。[5]因为这个发现的惊人性质和重大的人类学意义，多年以来古道尔都一直保守着秘密，担心动物不自然的行为是由自己引起的。即使后来古道尔刊发了自己的研究，许多人还是拒绝相信黑猩猩会那样做，但是不久之后，人们就发现古道尔所观察到的现象并不罕见。

黑猩猩们会以人们难以想象的残暴方式进行部落间的战争。成年黑猩猩的体型虽然比成年人类小，却比人类强壮 2 倍不止。[6]古道尔惊恐地记载，她研究的黑猩猩具有掰断钢索和杠杆的倾向。[7]黑猩猩强壮到可以把彼此撕成碎片，而且它们真的会这么做。这些不能归咎于人类社会和复杂的科学技术。[8]古道尔写道："当我在夜里醒来时，脑海里经常会浮现一些恐怖的画面。比如，我长期观察的猩猩撒旦把手窝成杯状放在斯尼夫的下巴下面，接住并且饮用从斯尼夫脸上的巨大伤口中涌出的鲜血；若莫从德的大腿上撕下一长条皮肤；菲根反复地殴打他的儿时英雄戈利亚特那受伤、颤抖的身体。"[9] 以年轻雄性为主的黑猩猩群体会在自己的领土边缘游荡，一旦遇到外来者，即使对方曾经也是它们的一员，只要占有数量优势，黑猩猩群体就会无情地围攻和杀害外来者。黑猩猩没什么超我，而且严格地讲人类的自控能力或许也被高估了。

尽管同样拥有社群生活和本土文化，狩猎采集者比他们城市化、工业化的后代还是要凶残得多。现代英国每年的谋杀率约为 0.000 01%。[10] 这一数字是美国的 1/5 到 1/4，是现代国家谋杀率最高的洪都拉斯的九十分之一。但有确切证据表明，随着时间的推移、社群的扩张及秩序化，人类变得更加和平了。20 世纪 50 年代伊丽莎白 · 马歇尔 · 托马斯（Elizabeth Marshall Thomas）笔下的"无危害人民"[11]，即非洲的昆桑族，过去的年谋杀率高达 0.000 4%，而当他们开始接受政府管理后，年谋杀率降低了 30%。[12] 这是复杂社会结构降低人类暴力倾向的极好例子。巴西的亚诺玛米人以强大的攻击性而闻名，他们的年谋杀率高达 0.003%，但这还不是最高的。巴布亚新几内亚的年谋杀率为 0.001 4% ～ 0.01%。[13] 但是最高纪录的保持者似乎是美国加利福尼亚的 Kato 原住民部落，在 1840 年左右，他们的年谋杀率居然达到了 0.014 5%。[14]

社会化

儿童和成年人一样不是只有善良的一面，所以他们不会因为无人照管、不受社会的影响而成长为完美的人。即使是狗，想要被群体接受，也必须先社会化。儿童比狗复杂得多，所以如果没有经过训练、管教和适当的鼓励，儿童更有可能误入歧途。这不仅意味着将人类的暴力倾向全部归咎于病态的社会结构是错误的，事实上，认为人类的这一倾向本身是落后的也是错误的。

社会化这一重要过程能够避免伤害，培养善良。儿童必须被塑造和教育，否则就无法茁壮成长。

儿童的行为也清晰地反映了这一事实：孩子们渴望得到同龄人和成年人的关注。这种关注非常重要，因为它能使孩子们成长为成功和成熟的社会成员。

缺乏深入关注给孩子带来的伤害甚至超过虐待所带来的伤害。有些自诩仁慈的父母会因为不专心而无法让孩子保持敏锐和清醒，以致使孩子一直停留在无意识和未分化的状态，这无疑会伤害孩子。有些负责照顾孩子的成年人因为害怕冲突或不快也不敢指导和纠正孩子，这也会伤害孩子。我能够轻易地识别出被这样对待的孩子，他们看上去往往软弱无力、漫不经心、稀里糊涂、呆滞沉闷，不像其他孩子一样活力四射。他们像是未经雕刻的石材，被永远困在等待成形的状态中。

这样的孩子会因为无趣而长期被同龄人忽视，成年人对这类孩子也会表现出同样的态度，尽管他们拒绝承认这点。我在职业生涯的早期曾在一家日托中心工作，中心里那些相对被忽视的孩子会以笨拙而又不太礼貌的方式拼命靠近我，似乎他们对保持适当的人际距离和进行专注的互动毫无意识。不论我在做什么，他们都会毫不在乎地在我旁边或我大腿上一屁股坐下。他们强烈渴望得到成年人的关注，因为这样才能催化他们进一步成长。我虽然很同情这些孩子，也理解他们所处的困境，但我很难不对他们持续的幼稚行为感到厌烦，甚至想要把他们推开。这样的反应虽然是糟糕和苛刻的，却是人们在与社会化不足的儿童建立关系时普遍会收到的危险警告信号。这种危险包括立刻形成的不恰当依赖以及接受这种依赖所需要消耗的大量时间和精力。面对这样的情况，本来友善的、愿意靠近的同龄人或成年人很可能会把注意力转向其他孩子，因为直言不讳地讲，其他孩子的成本与收益比会低得多。

建立规则与结构意识

忽视和虐待都是源于管教方式的不恰当甚至缺失，有时候这可能是被误导的父母有意识做出的选择。但更常见的情况是，父母害怕孩子会因为惩罚而不喜欢自己，甚至不再爱自己。父母太渴望和孩子建立友谊，甚至到了愿意牺牲自己尊严的地步。这是不对的。一个孩子会有很多朋友，但是只有一对父母，父母的角色远比朋友重要。孩子不太能意识到某一行为的长期不良后果，而且朋友在引导方面的能力也有限，所以父母必须采取必要的措施，并还要学会容忍孩子对他们的暂时性愤怒和怨恨。父母是社会规则的仲裁者，孩子只有先从父母那里学会恰当的行为方式，然后才能和其他人进行有意义、有价值的互动。

> **管教孩子是一种责任，管教不是对不良行为的愤怒或者报复，而是仁慈和长远判断的谨慎结合。**

恰当的管教需要花费大量的精力，因为认真关注孩子、判断对错及分析原因、树立公正而充满关怀的管教原则并让其他照顾孩子的人共同遵循，每一点都是很困难的。正因为管教集责任和挑战于一身，所以“管教会伤害孩子”的观点才特别受欢迎。接受这种观点的父母不但会抛弃帮孩子尽快社会化的责任，还会假装这样做是为了孩子好。这是一种极为有害的自我欺骗行为，是懒惰、残忍且不可原谅的。但是人们的自欺欺人还不止于此。

人们还假设规则会永久性地抑制孩子无限的创造力。但是研究早已清楚表明：第一，非凡的创造力极为罕见[15]；第二，严格的限制其实有利于创造力的养成[16]。相信规则和结构具有绝对破坏性的人，通常也相信儿童如果能够自由展现他们的完美天性，自然也会对何时睡觉和吃什么做出正确的选择。这都是毫无根据的假设。小孩子完全有可能为了吸引他人的注意力、获得能量或者害怕尝试新事物而只吃热狗、炸鸡或者果脆圈；他们不会主动乖乖地上床睡觉，反而会一直无意识地与睡眠做抗争，不到精疲力竭绝不罢休；他们也非常愿意挑衅成年人，以此探索社会环境的复杂轮廓，摸清边界在哪里，就像少年黑猩猩在它们的群体中也很喜欢骚扰成年黑猩猩一样。[17] 少年黑猩猩和人类儿童都能根据戏弄和嘲讽的后果来设定自己的行为边界，这个过程虽然会导致暂时的失望和挫败，但是能避免因过度自由而产生的混乱，增加安全感。

我记得有一次我带着两岁的女儿去游乐场玩，她当时正双手抓着云梯，悬挂在半空，一个和她同龄、看上去特别淘气的小坏蛋刚好站在女儿抓着的铁杆上方。我看着小坏蛋靠近我女儿，我们的目光相遇，然后小坏蛋故意缓慢地踩在女儿的手上，一边瞪着我，一边越发用力地踩。他完全知道自己在干什么，他心里一定想着："去你的，大老爹。"小坏蛋已经认定成年人是可以被蔑视的，并且自己可以安全地挑战他们，可惜他注定也会成为成年人，而这就是他父母为他打造的绝望未来。接下来我做了一件让小坏蛋震惊但对他有好处的事情：我把他从云梯上举起来，扔到了 10 米开外的地方。

不，我并没有。我只是把女儿带去了别的地方。但如果我真那么做或许对他更好。

想一想，一个小孩为什么会反复打他母亲的脸？这是个愚蠢的问题。答案很明显，小孩是想凌驾于母亲之上，看看自己能否摆脱惩罚。暴力并不神秘，自制力才是神秘的。因为实施暴力很容易，而要想获得自制力，必须经过一系列努力。人们经常在一些基本的心理学问题上将重点放错。其实，人们为什么焦虑不是个谜，人们为什么保持平静才是个谜。人类生而脆弱，终有一死，并永远无法料到下一秒会发生什么。因此，人们理应每一秒都害怕得魂不守舍才对，但他们并没有这样。与抑郁、懒惰和犯罪相关的问题也可以从这个角度来理解。

明确界限

如果我可以伤害和制服你，那么我就可以在你面前随心所欲。我可以通过折磨你来满足我的好奇心，我可以夺走别人对你的关注并主宰你，或者偷走你的玩具。儿童之所以会打人，一方面是因为攻击性是天生的，尽管强度因人而异，另一方面是因为攻击性会增强欲望。将攻击性视为一种习得行为是一种愚蠢的想法。蛇不需要学习如何攻击，那是野兽的本性。从统计数据来看，两岁的孩子最具暴力倾向。[18] 他们会通过踢打、撕咬和偷窃来表达自己的愤怒与挫败，满足自己的冲动愿望。更重要的是，他们会通过这样的方式来探索恰当行为的边界，不然他们要怎么弄清楚什么行为是被允许的呢？

> **小孩子就像寻找墙面的盲人一样，需要不断地前进和尝试，然后才能发现边界在哪里，况且这些边界往往和人们声称的位置不一样。**

对这类行为的持续纠正可以向儿童指明合理攻击的界限所在。缺乏界限只会让他们更好奇，所以如果一个孩子具有攻击性和控制欲，他会一直踢打撕咬，直到触碰到界限为止。我能用多大力气打妈妈？直到她反对为止。因此，如果父母希望孩子不对自己动手，那就应该尽早纠正。同时，这也能帮助孩子明白打人是一种次优的社交策略。如不纠正，小孩子便不会努力管理自己的冲动行为，也就无法控制自己内心不同的冲动并更好地融入外部环境。要整理好内心并非易事。

我儿子在两三岁的时候特别难对付。当我女儿还小的时候，我可以用凶狠的目光将她吓到不敢动，但这一招对我儿子不管用。他 9 个月大的时候就开始在吃饭时和我妻子争夺勺子的控制权了，我们本以为这是好事，因为我们早就厌倦了给他喂饭。但是这个小讨厌鬼却只会乖乖吃上三四口，然后他就会开始搅拌碗里的食物，把食物倒在婴儿餐桌上，再看着食物掉到地上。他或许只是在探索，但因为进食不足而导致睡眠不足的他会在午夜用哭声唤醒我们，让我们也因为睡眠不足而变得暴躁。他让他妈妈感到挫败，而他妈妈又会把气撒在我身上。

在经历了几天的混乱之后，我做好了上战场的准备。我留出充足的时间，准备夺回勺子的控制权。这虽然听上去很可笑，但一个耐心的成年人是可以打败一个两岁的孩子的。一定程度上是因为对于一个两岁的孩子来说，时间是非常缓慢的，我的半小时可能是我儿子的一个星期。因此，我对自己十分有信心，他或许难缠，但我可以比他更难缠。我和儿子面对面坐下来，碗摆在他面前，我们都知道决战时刻要到了。儿子拿起了勺子，但我将勺子夺走，舀了一勺食物后往他嘴里送。儿子用游乐场小怪物一样的眼神看着我，紧闭双唇，拒绝任何东西进入。他来回扭着头，而我则用勺子追赶着他的嘴。

我还有更多招数。我用另一只手戳着儿子的胸口，想故意惹恼他。他没有让步，于是我反复戳他，虽然力道不重，但也无法忽视。大约戳了十几次之后，儿子张开嘴打算进行愤怒的抗议。哈，破绽来了！我趁机将勺子伸入他嘴里，他想把食物吐出来，于是我用食指压住他的嘴唇。最终儿子还是吐出来了一些，但也吃掉了一些。老爸得一分。我轻拍儿子的头，真诚地赞美他是个好孩子。当人们做到了你想让他们做的事情时，一定要及时给予奖励，这样才能让胜利不带怨恨。在经历了一小时的挣扎、愤怒和哀号之后，儿子终于吃掉了所有食物。他疲惫不堪地倒在我胸口上，我们一起小睡了一会儿。没想到当儿子醒来之后，居然比被教训前更加喜欢我了。

这样的现象很常见，而且不光出现在对付我儿子的时候。过了一段时间，我们开始和另一对夫妻轮流照看孩子。我们将所有孩子集中到一对夫妻家里，这样另一对夫妻就可以出去吃饭或者看电影。一天晚上，另一对夫妻来到我们家，带来了他们个头很大的两岁儿子。

孩子的父亲告诉我他的孩子不愿意睡觉，每当家长把他放到床上，他都会自己下床跑到楼下，而父母在这种情况下通常会给他播放《芝麻街》视频。

我心想，我绝不会这样奖励这个不听话的小孩，也肯定不会给他放任何视频。当然了，我没有对孩子的父母说什么，在他们准备好聆听之前说什么也没用。

2 小时之后，我和妻子让孩子们上床了，5 个里的 4 个很快就睡着了，但是“芝麻街爱好者”没有。我把他放在婴儿床里，让他没法逃脱，但是他依然可以大叫。对他来说，这是个好策略，既能让人烦躁，又可以吵醒其他孩子，让他们跟着一起叫。我来到卧室命令他躺下，没有效果，我再次警告他躺下，否则我会强迫他躺下。虽然在这样的情况下和小孩子说理没什么用，但我相信有必要事先警告。“芝麻街爱好者”没有躺下，反而还故意再次大叫。

小孩子经常这么做，目的是让害怕的父母以为他们是因为难过或是受到了伤害。然而这并不是事实，研究者对正在哭泣的儿童进行面部肌肉分析后发现，愤怒是哭泣的最常见原因之一。[19] 愤怒的哭泣和受伤或恐惧的哭泣看上去不一样，听上去也不一样，认真观察就能够区分。愤怒的哭泣通常是一种支配行为，所以也应该以相应的方式予以回应。我把“芝麻街爱好者”举起来，然后让他平躺在床上，我的态度温柔、耐心，但也十分坚定。他反复地站起来，我就一次次让他躺下，当他再次站起来时，我让他躺下并且这次把手放在他身上。他用力挣扎，但毕竟体型只有我的十分之一，所以无济于事。我一边按住他，一边轻柔地赞美他是个好孩子，让他放松下来。我给了他一个奶嘴，然后轻拍他。他开始放松，眼睛也闭上了。我移开了手。

没想到这孩子立刻又站了起来。我被惊讶到了，他可真顽强！我再次把他举起来，然后放下，并对他说道："躺下，小怪物。"同时继续轻拍他的背。孩子累了，准备好投降了，他闭上了眼睛。我站起身来悄悄走向门口，最后回头看了他一眼，他又站起来了！我用手指着他严肃地说："躺下。"他马上躺下了，我关上了门。我和他之间的联结变强了。这一晚上我们都没有再被这个孩子打扰。

"孩子怎么样了？"孩子的父亲晚些时候来接他时问我。"挺好的，"我说，"完全没问题，他正在睡觉呢。"

"他有起来过吗？"他父亲问。

"没有，"我说，"他一直睡着。"

他父亲看着我，像是想要知道我是如何做到的。但他没问，我也没讲。

俗话说，不要对牛弹琴。你可能觉得这么说有点刻薄，但是训练你的孩子不睡觉，并且用奇怪的木偶剧奖励他，这种行为也好不到哪儿去。就让我们以各自的方式"糟糕"下去吧。

管教和惩罚

父母现在都非常害怕看到两个经常同时出现的词：管教和惩罚。这两个词让人联想到监狱、士兵和长筒靴。管教与压迫，惩罚与折磨，这之间的界限的确很模糊，因此，管教和惩罚需要谨慎地进行。人们对两者恐惧是正常的，但它们都是必不可少的。你无论如何都绕不开它们，区别只在于你是否会恰当而有意识地使用它们。

这并不是说通过奖励来管教是不可能的，事实上奖励对于良好行为的保持非常有效。著名的行为主义心理学家斯金纳就是这种方法的伟大倡导者。他利用奖励教会了鸽子打乒乓球，虽然鸽子只会用鸟喙来啄乒乓球，以使其来回滚动，不过毕竟只是鸽子，所以也很不容易了。第二次世界大战期间，斯金纳甚至在名为“鸽子计划”（Project Pigeon，后改名 Orcon）的项目中教鸟儿控制导弹。[20] 在电子制导系统发明以前，斯金纳的确取得了许多成就。

斯金纳会非常认真地观察他所训练的动物，任何接近目标行为的举动都会立即被给予适当的奖励，这些奖励既不至于微不足道，也不至于令动物就此满足。这样的方法对儿童也很管用，比如，你希望孩子学会帮忙布置餐桌。这可以让孩子变得更自信。你可以把目标行为分解成不同部分。布置餐桌的一部分工作是将盘子从碗柜拿到桌子上，如果你的孩子依然在蹒跚学步，那么这也许很难实现。但你可以先给他一个盘子，再让他把盘子还给你，然后轻拍他的脑袋以示奖励。或者把这个过程变成游戏，先用你的左手递盘子，然后再换到右手，你也可以在递之前先把盘子在背后绕一圈。你在把盘子给孩子后可以倒退几步，这样他就需要先往前走几步才能递还盘子。这样，你的孩子就可以被训练成“递盘子大师”，身为“大师”的他也不再会像以前那样笨手笨脚了。

你可以用这种方法教任何人做任何事情。先想清楚你想要什么，然后仔细观察身边的人，一旦看到任何接近你目标的行为，便立刻给予奖励。比如，你的女儿在进入青春期后变得很保守，你希望她可以多说话，于是，让女儿更健谈就是你的目标。一天早上吃早餐的时候，女儿与你分享了一则学校里的轶事，这是关注和奖励她的好时机，所以此时你要放下手机认真聆听，除非你希望她不再告诉你任何事情。

让孩子感到快乐的干预行为可以被用来塑造行为，同样的方法也适用于经营夫妻和同事关系。然而，斯金纳是个现实主义者。他指出，这种使用奖励的方法实施起来其实是非常困难的。观察者需要耐心地等待目标自发地做出所需要的行为，然后再予以强化，而等待会消耗大量的时间。此外，斯金纳也不得不将动物饿到只有正常体重的四分之三，只有这样，才能确保它们对食物足够感兴趣。纯正向激励的缺点也不止如此。

其实，消极情绪和积极情绪一样也能帮助我们学习并成长。人们必须通过学习来克服自己的愚蠢和脆弱，通过畏惧死亡来防止自己主动寻死。所以，虽然消极情绪令人不适，但感到受伤、恐惧、羞耻和恶心却可以保护我们免受伤害。人们很容易产生消极情绪，事实上，一个人从损失中体验到的消极情绪比从同等程度的收获中体验到的积极情绪要更强烈。痛苦和焦虑比快乐和希望更有力量。

> **不论是积极情绪还是消极情绪，最后都会以两种很有价值的形式表现出来：一种是满足感，它告诉人们过去的行为是好的；另一种是希望，它告诉人们令人愉悦的事物即将到来。**

疼痛会警示我们，让我们不再重复损害个人或者导致个人被排斥的行为，而焦虑则让我们远离有害的人或者环境。人们需要平衡所有的情绪，结合情境对情绪做出谨慎判断，但是每一种情绪对我们的生存都至关重要。因此，对孩子最有效的教育方式是利用他们拥有的一切，包括以尽可能仁慈的手段利用他们的消极情绪。

斯金纳知道威胁和惩罚可以阻止无用行为，而奖励则可以强化有用行为。当人们害怕自己会干涉儿童的自然发展时，讨论管教和惩罚是很困难的。可如果儿童的行为不用塑造，那么他们也就不需要在成熟之前有那么长的发展周期，在跳出子宫后就应该准备好进行股票交易了。儿童无法完全不受恐惧和痛苦的影响，他们弱小又无知，即使在学习走路这样基本的技能时，也会不断受到打击，更不用说与兄弟姐妹、朋友和固执的成年人打交道了，他们只会体验到更多挫败感。

> **最根本的道德问题不是如何保护孩子免受不幸的痛苦和失败，而应该是如何以最小的代价换取最大的收获。**

在迪斯尼电影《睡美人》中，国王和王后经过漫长的等待，终于生下了女儿奥罗拉公主。为了让世人迎接奥罗拉公主的到来，国王夫妇策划了一场隆重的洗礼仪式，邀请了所有爱奥罗拉并尊重奥罗拉的人，唯独没有邀请女巫玛琳菲森。玛琳菲森是冥界女王，代表着以消极形象出现的大自然。从象征层面来看，这意味着国王夫妇在过度保护自己心爱的女儿，希望她不受任何负面事物的影响。但是这并不能保护奥罗拉，反而会让她更脆弱。玛琳菲森诅咒奥罗拉，在 16 岁时会因被纺锤的针刺伤而死去。旋转的纺车是命运的转盘，而针刺带来的鲜血则象征着童贞的失去，是女孩变成女人的标志。

幸运的是，一位代表大自然积极面的善良仙女把死亡诅咒成功减轻为沉睡魔咒，并且该咒可以被真爱之吻所打破。惊慌失措的国王和王后宣布全国禁用纺车，然后他们把奥罗拉公主交给了三位善良的仙女。仙女们继续用同样的方式保护着奥罗拉，帮她排除一切危险。毫无疑问，这只会让奥罗拉一直幼稚而脆弱下去。在 16 岁生日的前一天，奥罗拉在森林里遇见了一位王子并爱上了他。坠入爱河的奥罗拉大声哀叹着自己不得不嫁给小时候已经订婚的菲利普王子。奥罗拉在被带回父母的城堡过生日时情绪崩溃了，而那一刻，玛琳菲森的诅咒实现了。城堡中开启了一个传送门，里面出现了一架纺车，奥罗拉被刺破了手指，失去了意识，陷入了沉睡。这一过程象征着奥罗拉选择停留在无意识当中，以避免进入可怕的成人世界。类似的情况经常发生在被过度保护的孩子身上。他们不理解，也无法抵御失败和恶意，并会在初次体验到这些之后感到挫败，然后渴望回到无意识的幸福当中。

举个例子，一个三岁的女孩不懂得分享，在自己的父母面前表现得非常自私，而父母对她太好，不去干预她。这对父母其实是在回避问题，也是在回避教会女儿该如何正确行事。他们会在她拒绝和自己的妹妹分享时感到生气，却依然假装一切都好。但事实并不是这样，这对父母会在之后因为一些完全不相关的事情对她大发脾气，而这只会让女孩感到更加受伤和困惑，同时她还学不到任何东西。更糟糕的是，因为缺乏足够的社交成熟度，她会交不到朋友。同龄人会因无法接受她的不合作态度，而与她争斗或者孤立她。那些孩子的家长也会注意到她的笨拙和不当行为，并不会欢迎她继续和自己的孩子玩耍。她会感到孤独和被拒绝，由此产生抑郁、焦虑和怨恨的情绪，而这将导致她一味逃避现实生活，渴望回到无意识中。

拒绝承担管教责任的父母以为他们可以避免子女教育中的必然冲突，因为他们不想当坏人，但是这并不能让自己的孩子免受痛苦。恰恰相反，社会的无情和冷漠只会给孩子施加更加严厉的惩罚。

> **你可以选择管教你的孩子，也可以选择把责任转交给严酷、冷漠的社会，而后者的行为动机绝不能与爱混淆。**

你可能会像有些父母一样反对：孩子为什么要服从父母的专横支配？事实上，现在有一种说法叫作“成人主义”（adultism）[21]，这是一种堪比性别歧视或者种族主义的偏见与压迫形式。要谨慎对待有关成年人权威的问题，而这就需要对问题本身进行详尽分析。

让我们来分解上段提出的问题。

为什么孩子需要服从？很简单。每个孩子都必须得到不完美的大人们的照顾，他们需要听大人的话，因为这样的行为更有可能换来大人真心的喜爱和善意。更好的情况是，儿童的服从能够确保他们得到成年人最优的关注度，从而让他们当下和未来的发展都受益。虽然这样做要求很高，但是对孩子来说，这是最有利的选择，所以服从行为非常值得倡导。

每一个孩子也应该学会娴熟地遵循文明社会的期待。这并不是说要盲目地服从，而是说父母必须奖励孩子的那些能够换来成功的态度与行为，并通过威胁和惩罚去消除会招致痛苦与失败的行为。父母要及时抓住每一个实施奖惩的机会，因为这方面的机会着实有限。

如果一个孩子在四岁的时候还没有学会如何恰当地行事，那么他可能永远都很难交到朋友，研究表明，人在四岁以后主要是依靠朋辈来展开社会化进程的。如果一个孩子被朋辈排挤，他就会停止成长，越来越落后，最终成为孤独、反社会和抑郁的青少年或者成年人。心智健全在很大程度上是顺利融入社会的结果，所以人们需要不断被提示选择恰当的思考和行为方式。当一个人偏离轨道时，那些在乎他的人会以各种方式将他拉回正轨，所以和在乎自己的人在一起是很有必要的。

回到为什么要服从支配的问题，有一点需要注意：成年人的支配并不是完全专横的，除非在一个混乱的极权主义国家。在开放的文明社会，大多数人都有序地遵守着以互惠互利为目标的社会契约，或者至少也是以追求和平为目的共存的。即使是一套配置很低的规则体系，只要考虑到了各种因素，也必然不是专横武断的。如果一个社会对有益的亲社会行为没有给予足够的奖励，坚持以专横和不公平的方式分配资源，纵容偷窃和剥削，那么它将无法保持长久的和平。如果一个社会的等级制度大多建立在权力而非解决问题的能力之上，那么它也会在不久后崩溃。就连更为简单的黑猩猩等级制度也是如此，而这正证明了社会契约在根本的生物学层面上不是专横武断的。[22]

社会化不足的儿童的生活将会很艰难，所以保证孩子的充分社会化很重要。社会化的一部分可以通过奖励来完成，但并非全部，因此，问题就不在于是否使用惩罚和威胁，而在于使用的时候是否有意识并考虑周全。所以儿童应该如何被管教呢？这是个很难回答的问题，因为每个人的性情都有巨大差异。有些孩子比较听话，他们渴望取悦他人，但是会因此而害怕冲突，变得依赖；有的孩子更加自我和独立，随时都想为所欲为，管教起来比较困难。有的孩子极度需要规则和结构，即使在很死板的环境里也能感到满足；有的孩子则不那么在乎可预测性和规律，甚至对纪律的最基本要求都不愿意服从。有的孩子拥有天马行空的想象力和创造力，而有的孩子则现实又保守。这些重要的差异深受生物学因素的影响，也难以被社会环境改变。面对如此丰富的多样性，受益于谨慎运用社会控制的我们的确是幸运儿。

管教五原则

管教原则一：限制规则数量

这里我想提出我的第一个个人见解：规则不应该超过必要的数量。换句话说，糟糕的法律会破坏人们对良好法律的尊重。这就是伦理和法律层面的“奥卡姆剃刀”。奥卡姆剃刀定律认为，最简单的才是最可取的。

所以第一条原则是：不要用太多规则来妨碍孩子们和他们的管教者，那样只会适得其反。

限制规则的数量，等到其中一条被打破的时候再去想该怎么办。建立普适和无视情境的惩罚尺度虽很困难，但是人们可以参考英国普通法的一个思路，这可以帮我们建立第二条有用的原则。

管教原则二：用最小必要力量

英国普通法允许你以合理的方式捍卫自己的权力。比如，有人闯进了你的房子，而你有一把上了膛的手枪，那么你最好分阶段捍卫自己的权力。万一闯入者是喝醉酒的邻居，你肯定不能直接朝他开枪。你应该说："站住！我有一把枪。"如果对方既不解释也不后退，你可以鸣枪警告，如果他继续前进，你则可以瞄准他的腿。我们可以用一个极为实用的原则推导出所有逐步升级的反应方式，这个原则就是最小必要力量。所以现在我们有了两条关于管教的通用原则：第一，限制规则的数量；第二，用最小必要力量去执行这些规则。

针对第一条原则，你可能不确定具体如何设定规则。以下是一些建议。你可以告诉你的孩子：除非自卫，否则不要咬人或者踢打别人；不要折磨和欺凌其他孩子，这样长大后你才不会成为罪犯；带着感恩之心文明地进餐，这样人们才会再次邀请你；学会分享，这样其他孩子才会喜欢和你玩耍；认真听大人讲话，这样他们才不会讨厌你，才会乐于与你分享有用的信息；安静地睡觉，这样父母才可以有一些私人空间，才不会讨厌你的存在；看管好你的个人物品，因为这是一项重要的能力，而且拥有这些物品是你的幸运；在玩耍的时候做个好的伙伴，这样别人才更乐于和你在一起；以令人愉悦的方式为人处世，让人们愿意待在你身边。一个懂得这些规则的孩子走到哪里都会受到欢迎。

关于第二条原则，你可能不明白什么是最小必要力量，它可以被理解成一个从最小干预方式开始实验的过程。有的孩子只要被瞪一眼就不敢再妄动，有的受制于口头命令，还有的则需要你用食指弹打一下他的小手。最后一种方法在餐厅等公共场合尤其适用，你可以悄悄地执行，既有效又不会让冲突升级。不这么做的话，孩子就可能会通过愤怒地哭泣来要求得到关注，这无疑会让周围人反感。孩子如果不受管束地到处乱跑、打扰大家的话，不仅会让他自己和父母蒙羞，还会导致他未来出现更多不当行为。因为孩子们在做实验，他们想看看老规矩在新的环境里是否也适用。尤其是三岁以前的孩子，他们不会通过语言来获得自己想要的答案。

当我们的孩子还小的时候，他们外出吃饭时总能吸引来自他人的微笑。孩子们可以安静、礼貌地坐着吃饭，虽然只能坚持 45 分钟左右，但我们约定好，会在他们开始坐立不安的时候带他们离开。邻座的食客会告诉我们他们很开心看到这么快乐的家庭。虽然我们并不总是快乐的，有时候孩子也会调皮，但大多数时候孩子们还是听话的，而人们也会积极地对孩子们做出回应。这对孩子很有好处，当感受到人们对自己的爱意时，良好的行为就会被奖励强化了。

如果你给他人机会，他人也会发自内心地对你的孩子表达出喜爱。在我们的第一个孩子，也就是我女儿出生之后我就发现了这一点。当我们用婴儿车推着她走在蒙特利尔的街道上时，那些高大的路人会停下来朝她微笑，他们会温柔地与她说话，对她傻笑或者做鬼脸，这样的画面往往会让你的心中涌现一股股暖流。当孩子在公众场合听话懂事时，这些美好也会被相应放大，而这一切的前提是谨慎、有效的管教，所以你需要对奖励和惩罚都有清晰的了解。

> **了解孩子会如何回应管教，进而实施有效的措施，这是和孩子建立关系的一部分。**

将“没有必要体罚孩子”或者“打孩子会让他们变暴力”这样的陈词滥调挂在嘴边是很容易的。让我们先来看看前一种说法。首先，绝大多数人都同意盗窃和伤害等恶行是应该受到制裁的。其次，几乎所有形式的制裁都可以分为心理上的和生理上的两种。囚禁和社会孤立会产生和身体创伤类似的痛苦，从脑神经科学层面来看，大脑中的同一片区域对这三种体验都会有反应，而这种反应的强烈程度是可以被阿片类药物所控制的。[23] 就算不涉及任何暴力，关监狱也显然是在体罚，尤其是关禁闭。再次，如果不立即有效制止某些不良行为，更糟糕的事情就会发生。比如，当孩子将叉子插入电源插座，或者在拥挤的停车场调皮奔跑时，最恰当的惩罚方式是什么？答案很简单，采用在合理范围内能够制止这种行为的最快方法。

在停车场，这么做的原因显而易见，但是同样的情况也会在人际关系中发生，这就引出了关于体罚的下一个论点。那些本可以在童年被及时纠正的不良行为，会随着孩子年龄的增长为孩子招致越发严厉的惩罚。尤其是那些到四岁为止都还没有充分社会化的孩子，他们会在青少年和刚成年时遭受社会的直接惩罚。那些行为冲动的四岁儿童很可能在两岁时就展现出了过度的攻击性，从统计上来说，他们更容易比同龄人做出伤害他人的行为。男孩中有大约 5% 是这样的，女孩中的比例则要小很多。[24] 不假思索地否定体罚也会让人误以为青少年时期的恶行是从曾经天真的小天使们身上突然出现的。如果你的孩子天生就更具攻击性，那么忽略他的不当行为是非常错误的选择。

最后，否定体罚等于是在假设人们可以在没有任何威慑力的情况下成功地拒绝他人。一个女人之所以可以对一个强壮又自恋的男人说“不”，是因为她拥有社会、法律和国家的支持。父母之所以可以对想吃第三块蛋糕的孩子说“不”，是因为他们比孩子块头更大，同时也被法律赋予了监护者的权威。归根结底，拒绝意味着“如果你继续这么做，就需要承担令你不适的后果”，否则拒绝就是毫无意义的，会被孩子视为来自大人的废话，甚至会让孩子相信所有成年人都是软弱无能的。这对孩子来说是很糟糕的教育方式，因为每个孩子都会长大成人，而且在成长中也都需要依赖大人的指导，否则就只能通过碰壁吃亏来学习。当一个孩子轻蔑地忽视成年人时，他对生活能有怎样的期待？长大又有什么意义呢？这就是彼得·潘的故事，彼得·潘就认为所有大人都和霍克船长一样，既蛮横又懦弱。只有在两个文明人之间，拒绝才有可能以非暴力的方式完成。

“打孩子会让他们变暴力”这个观点又该如何看待呢？这个观点的错误太显而易见了。用“打”来概括父母的管教行为是非常肤浅的，如果这个词能够概括所有类型的体罚，那么雨滴和原子弹之间也就不会有任何差别了。只要我们没有透过有色眼镜或者抱着过度天真的态度去看待体罚，就可以知道体罚也是要看强度和具体情况的。每个孩子都知道无缘无故被恶狗咬和淘气地抢夺宠物狗的骨头时被咬之间的区别。当说到“打”的时候，轻重和原因都是不能被轻易忽视的因素。另外，时机也很重要，如果当你两岁的儿子用积木砸了还是婴儿的妹妹的脑袋时，你立刻用手指弹了他的额头，那么他会建立这两个行为的联系，未来也就不太会再犯。这是一个积极的结果，他肯定不会因为自己额头被弹而继续欺负妹妹。他不过是个嫉妒、冲动而又单纯的孩子，并不愚蠢。如果你不这么做，就没法保护你的女儿，你只会使她长期受欺凌。你回避着有碍和平的必要冲突，对欺凌睁一只眼闭一只眼。也许某天当那个受欺凌的孩子质问你时，你会说你并不知情，但其实你只是不想承认自己逃避了管教的责任，并持续用和蔼可亲的态度来掩饰这种逃避罢了。

讨论这些是为了说明我们可以选择有效或者无效的管教方式，但不能彻底忽视管教本身，因为孩童时代未经纠正的错误会让孩子在未来受到社会更加严厉的惩罚。

有一个很实用的管教手段：隔离反省（time-out）。

这是一种极为有效的惩罚方式，尤其是在培养孩子情绪自控能力的时候。让耍脾气的孩子单独待着，直到他恢复平静为止，然后再允许他回归至正常生活，这可以让孩子学会管理自己的愤怒。平静下来以后可以立刻回到父母身边，这样的规则对孩子、父母和社会都是非常有益的。你能够判断他是否恢复了自控力，也不会继续生他的气。如果你还在生气，要么是因为孩子没有完全悔改，要么便是你自己有记仇的毛病。

如果你的孩子是个顽固的淘气鬼，即使在隔离反省时也会到处乱跑，那么你可能需要对他进行身体上的约束。你可以小心而又坚定地抓住他的手臂，直到他停止扭动，认真听话为止。如果这还不管用，那么你可能需要把他脸朝下放在自己膝盖上，如果他继续调皮，你需要打一下他的屁股来让他了解你的严肃态度。当孩子非常顽固、调皮，或者做了非常糟糕的事情时，即使是这样的惩罚也是不够的。如果你从没有充分考虑过这些事情，也许你就是个不称职的家长。你主动把脏活留给了别人，而别人只会更加不留情面。

管教原则三：父母同时管教

让我们来复习一下。管教原则一：限制规则的数量；管教原则二：用最小必要力量。

下面来看看管教原则三：父母应该同时参与管教。[25] 抚养小孩很消耗精力，所以家长很容易犯错误。失眠、饥饿、争吵、宿醉或者工作不顺都足以让父母变得不讲理，要是这些情况叠加起来就更危险了。因此，必须有另一个人在一旁观察、介入和拿主意。有的时候，这也能够避免牢骚不断的孩子和失去耐心的家长之间的矛盾彻底激化。父母共同参与管教也可以让孩子父亲照顾一下刚做了妈妈的妻子，避免她因为连续 30 天被婴儿搞得夜不能寐而做出傻事。我们必须承认，父母俱全的家庭形式的确更好。

管教原则四：了解自己的阴暗面

管教原则四和人的心理更为相关：家长应该了解自己的阴暗面，明白自己有苛责、报复、压迫、憎恨、发火和欺骗的可能性。人们很少会故意去做糟糕的父母，但是糟糕的管教时刻都在发生。这是因为人们作恶的能力和为善一样强大，而许多人都对这个事实视而不见。人们可以善良又体贴，也可以好斗又自私，因此拥有等级性和掠食性的成年人是无法真的容忍自己被一个刚出生的孩子支配的。复仇终将发生。一对过于和蔼的父母由于无法阻止孩子在超市里大发脾气，因此10分钟之后当孩子兴奋地跑来展示自己的最新成就时，父母也许会用冷漠的态度去报复孩子。在经历了足够多的难堪、违抗和被挑战之后，即使是最无私的父母也会变得满心怨恨，然后真正的惩罚就开始了。父母的憎恨会滋养复仇的欲望，他们会心安理得地减少给孩子的爱和成长机会，并流露出一种微妙的冷漠态度。虽然大家表面上相安无事，却在暗地里酝酿着一场全面的家庭战争。

这种情况很常见，但应该尽量避免。只有当一个家长清楚地了解自己耐心的限度和被激怒后的反应时，他才能规划恰当的管教策略，尤其是当一旁还有同样细心的伴侣在监督的话，亲子关系就更不会堕落到彼此仇视的地步。

有着病态关系的家庭到处都是。这些家庭从不制定规则，也从不约束不良行为，家长总是会毫无征兆地爆发。而孩子就生活在这样的混乱中，要么因怯弱而被压制，要么因顽固而叛逆。这种家庭氛围足以摧毁人生。

管教原则五：让孩子看清世界

管教原则五是适用最广的：父母应当成为孩子了解真实世界的窗口，父母可以仁慈并充满关爱，但是也必须让孩子看清世界。这个责任比让孩子快乐、培养孩子的创造力和提升孩子的自信心更为重要。父母的主要职责是让孩子成为受人喜欢的人，这会给他带来更多机遇，让他产生更多自我价值感和安全感。这甚至比培养个性还重要，因为追求个性的前提是要具备高度的社交成熟度。

一个经过良好培养的三岁孩子是礼貌、讨人喜欢而又不卑不亢的，她能引起其他孩子的兴趣，得到成年人的欣赏。她生活在这样一个世界里：其他孩子竞相争夺她的关注，大人们乐于对她发出真诚的微笑，带领她探索这个世界。比起只会逃避冲突和管教的懦弱父母，这一切将更好地帮助这个孩子塑造个性。

和你的伴侣或者朋友讨论你对孩子的好恶，不要害怕自己会不喜欢孩子，你是能够明辨是非、区分善恶的。在厘清了自己的姿态，评估了自己计较、傲慢和怨恨的可能性之后，你就可以着手对孩子进行管教，为他们的纪律性负责，也为自己在管教中所犯的不可避免的错误负责。你可以在犯错的时候道歉，然后努力做得更好。

毕竟你是爱你的孩子的。如果他的行为让你厌恶，想想那些不如你那么在乎你的孩子的人又会怎么样，那些人可能会更加严厉地惩罚或者抛弃你的孩子。为了避免这类情况发生，你最好能尽快帮助你的孩子学会如何与人相处，使他们更加成熟地面对家庭之外的广阔世界。

一个专注、活泼、积极、幽默、礼貌和诚信的孩子，无论他走到哪儿，都不会缺朋友。他会获得父母和老师的喜爱，得到大人们的关注和悉心指导，在一个充满敌意、很容易变得冷酷无情的世界里茁壮成长。

清晰的规则能让孩子感到安全，让父母保持平和理性；赏罚分明能够平衡仁慈与公正，最大限度地促进孩子社会化与心智成熟的进程；恰当的管教可以为孩子、家长和社会带来长期稳定的秩序，让人们免受混乱、焦虑、绝望和抑郁的困扰。这是坚定而勇敢的父母可以为孩子做出的最了不起的奉献。

别让孩子做出令你讨厌他的事情。

THE FUNDAMENTAL MORAL QUESTION IS NOT HOW TO SHELTER CHILDREN COMPLETELY FROM MISADVENTURE AND FAILURE, SO THEY NEVER EXPERIENCE ANY FEAR OR PAIN, BUT HOW TO MAXIMIZE THEIR LEARNING SO THAT USEFUL KNOWLEDGE MAY BE GAINED WITH MINIMAL COST.

最根本的道德问题
不是如何保护孩子免受不幸的痛苦和失败，
而应该是如何以最小的代价
换取最大的收获。

生活很艰难，

每个人都注定要遭受痛苦和伤害。

有时候痛苦显然源自个人过失，

比如选择性失明、决策不当或者心怀怨恨。

法则六

RULE 6

当痛苦到想诅咒一切：批判世界之前先清理你的房间

SET YOUR HOUSE
IN PERFECT ORDER
BEFORE YOU CRITICIZE THE WORLD

YOUR HEAD WILL START TO CLEAR UP, AS YOU STOP FILLING IT WITH LIES. YOUR EXPERIENCE WILL IMPROVE, AS YOU STOP DISTORTING IT WITH INAUTHENTIC ACTIONS. YOU WILL THEN BEGIN TO DISCOVER NEW, MORE SUBTLE THINGS THAT YOU ARE DOING WRONG. STOP DOING THOSE, TOO.

停止用谎言填充头脑，
头脑就会变得更清晰；
停止用不坦诚的行为扭曲生活，
生活就会得到改善。
随后你就能发现和纠正那些更微妙的错误。

存在的价值

2012年，在美国康涅狄格州纽敦（Newtown）的桑迪胡克小学（Sandy Hook），一个年轻歹徒持枪袭击了20名儿童和6名学校员工。这不禁让人联想到美国科罗拉多州奥罗拉市剧院和杰斐逊县科伦拜中学的枪击案。

枪击案背后那些凶残的歹徒认为，存在是极为不公正和苛刻的，而人类的存在尤其令人鄙视。这些歹徒将自己任命为最高审判者和终极批评家，认为现实存在许多需要被批判的不足。对于这样的人来说，经验世界既贫乏又邪恶，所以不如破罐破摔！

人们为什么会这样思考呢？歌德创作的伟大戏剧《浮士德》便探讨了这个问题。该剧的主角是一个叫海因里希·浮士德的学者，他将自己的灵魂出卖给了恶魔墨菲斯托，作为回报，浮士德在有生之年可以得到任何他想要的东西。在歌德的戏剧中，墨菲斯托是一切存在的永恒敌人，他持有这样一个核心信念：

我是永在否定的精灵！
一切事物只要它生成，
理所当然就都要毁灭，
所以还不如无所发生。
你们管这叫破坏、罪行，
简单扼要说就叫作恶，
这就是我本质的属性。[1]

歌德将这种仇恨情绪视为构成人类报复性和破坏性的核心元素。他非常重视这种情绪，以至于多年后在创作该剧的第二部分时，又让墨菲斯托以略微不同的方式将他的信念重述了一遍。[2]

人们经常会有墨菲斯托这样的想法，但绝大多数人不会像那些杀人狂一样真的把这些想法转化为残忍行动。每当我们遭遇真实或臆想的不公、突然被悲惨砸中、发现被人欺骗或者因为自己的局限而感到痛苦时，内心深处都会发出对存在的质疑和诅咒。为什么无辜的人要受罪？这个该死的世界到底怎么了？

> **真相是，生活很艰难，每个人都注定要遭受痛苦和伤害。有时候痛苦显然源自个人过失，比如选择性失明、决策不当或心怀怨恨。**

虽然你可能会说这是人们自作自受，但就算事实如此，这样想也并没有什么意义。有时候人们只需稍微做出一些改变，生活中就会少一些痛苦，但是人的掌控能力毕竟是有限的，因此，绝望、疾病、衰老和死亡总是接踵而至。归根结底，我们的脆弱似乎并不是由自己引起的，那么这到底是谁的错呢？

一个人如果饱受病痛的折磨，那么他很有可能会问自己上面这个问题。在税务审计或者无休止的法律诉讼中身陷官僚主义的人也会问自己这样的问题。同时，问这种问题的并不是只有命运坎坷、需要寻找指责对象的人。处在名誉、影响力和创造力巅峰的列夫·托尔斯泰在自传《忏悔录》中也质疑过人类存在的价值：

> 我的处境十分可怕。我知道，除了否定生命，我在合乎理性的认识的道路上什么也找不到。在宗教中，除了否定理性，我同样是什么也找不到，而这比否定生命更难做到。根据合乎理性的认识得出的结论是：生命即恶，人们知道这一点，死取决于人，而人们一直生存着，现在仍然生存着。虽然我早就知道生命毫无意义，而且是一种恶，我自己也一直生存着。[3]

经过努力尝试后，托尔斯泰只能找到四种摆脱这种想法的方式。第一，退回至儿童一般的无知当中。第二，盲目地追求享乐。第三，在知道不会有任何结果的情况下，继续延续邪恶而无意义的生活。托尔斯泰认为第三种逃脱方式是软弱的表现：这类人知道死比生强，但他们无力采取合理行动，即尽快地结束这场欺骗并将自己杀死……

只有第四种逃脱方式富含力量，即在意识到生活的邪恶和无意义后主动地毁灭它。托尔斯泰继续冷静地思考着：

> 为数不多的坚强和理性的人是这样做的。一旦了解对他们开的玩笑是何等愚蠢，了解到死者比生者更幸福，最好不存在，他们就这样做，立即结束这个愚蠢的玩笑。好在有的是办法：上吊、投河、用刀子刺破心脏、卧轨。

托尔斯泰还不够悲观。生活在我们身上开的愚蠢玩笑不光会导致自杀，还可能带来以自杀为结局的大规模杀戮，而后者是一种更加极端的存在主义式抗议。虽然这听上去令人难以置信，但是截至 2016 年 6 月，美国在过去的 1 260 天里总共发生了 1 000 起有 4 人以上中枪的大规模杀戮事件[4]，这相当于连续 3 年，每 6 天中就有 5 天会发生一起这样的屠杀。

人们对此表示无法理解，但托尔斯泰在一个多世纪前就看清这一切了。可即使对于托尔斯泰这种知识渊博的人来说，问题也是无解的。多年以来，托尔斯泰都把自己的枪隐藏起来，也不会带着绳子出行，以免自己上吊。但最终连他都认输了，我们这些普通人又能怎么办？

一个清醒的人如何才能避免对世界产生愤怒的情绪？

痛苦时如何抉择

相信无神论的人可能怪罪命运或者时运的残酷，有信仰的人可能会因为神明显而易见的不公正和漠视绝望地挥拳抗议。此外，还有人会将自己“大卸八块”，试图找出痛苦背后隐藏的人格缺陷。这都是同一个主题的不同体现方式，其根本的心理特征是一样的。为什么会有这么多痛苦和残酷行径？

或许这真的是源于不公正又无意义的命运。我们的确有很多理由这样想，但如果你真的这么想会发生什么？杀人狂相信存在的痛苦可以使审判与复仇合理化，就像科伦拜枪击案的凶手明确表达的那样：

> 我会在背叛自己的想法之前先死掉。在离开这个毫无价值的地方之前，我会先杀死那些不适合任何事情，尤其不适合活着的人。如果你以前惹过我，我会让你死。你也许可以去惹别人，并且最终逃脱，

但是对我不行。我不会忘记冤枉过我的人。[5]

报仇雪恨或既往不咎

卡尔·潘兹拉姆（Carl Panzram）是20世纪最具报复性的杀人狂之一。当他作为一名少年犯被送到美国明尼苏达州的一个专门机构进行改造时，不幸遭到了性侵、殴打和背叛，他心中难以估量的愤怒最后使他成了一个强盗、纵火犯、强奸犯和连环杀手。潘兹拉姆有意识、有计划地进行毁灭，甚至还记录下了自己烧毁的房屋的商业价值。一开始他只恨那些伤害过他的人，但随着仇恨的积累，他最终与所有人为敌。潘兹拉姆通过强奸、谋杀和焚烧来表达对存在的愤怒，他的行为似乎在假设造物主应该为一切负责。这是人类报复心达到极致的最真实体现。

潘兹拉姆的所作所为似乎可以被理解，而这也正是事情的可怕之处。从他写下的细节中可以看出，潘兹拉姆性格坚强、理性而且无所畏惧，并且拥有与自己信念相符的勇气。像他这样的人，怎么可能忘记和原谅自己身上发生过的事情？人们在经历过相当可怕的事情之后，自然会试图报复，这时候的复仇在道德上似乎是必然的，也难以和伸张正义区分开来。在经历了暴行之后，原谅岂不是懦弱和缺乏意志力的表现？这样的问题折磨着我。但是也有人在经历了痛苦之后选择成为善良的人，这样的人在我看来就像超人一样。

我认识一些做到了这一点的人。其中有一位出色的艺术家，也是从类似潘兹拉姆所描述的“恐怖学校”里出来的。不同的是，他在还只有5岁时就被扔进了那里，在此之前他因为同时患有麻疹、腮腺炎和水痘而长期住院。语言能力低下、家人的刻意隔离、持续的虐待、挨饿和各种折磨，使他变成了一个愤怒而又扭曲的年轻人。这之后，他用毒品、酒精和其他自残行为不断伤害着自己。他憎恨所有人，包括无常的命运。但后来他主动终止了这一切。他停止了酗酒，停止了仇恨，即使愤怒，依然会偶尔闪现。他重新发扬了自己民族传统中的艺术文化，还培养了继承他事业的年轻人。他设计并建造了一个 15 米高的图腾柱来纪念自己的生命历程，还制作了一艘 12 米长的独木舟。他把家人团聚在一起，举办了一次盛大的宴会。通过这场由数百人参与、持续了 16 小时的宴会，他发泄了自己的不快，并与过去达成了和解。他决定做一个好人，而且最终排除万难做到了这一点。

我还有过一个来访者，她在一个糟糕的家庭中长大。她的母亲在她还很年幼的时候就去世了，所以她一直跟着祖母生活，但祖母是一个暴躁、刻薄而且虚伪的人。祖母一直虐待她，因为她的创造性、敏感性和灵活性等特质而惩罚她，以此发泄对自己人生的不满。这个来访者和父亲的关系稍微好一点，但她父亲是个瘾君子，而且在被她照顾期间还悲惨地死去了。这个来访者有一个儿子，但她完全没有让任何不幸在孩子身上延续。她的儿子成长为一个真诚、独立、勤奋又聪明的人。她没有将自己继承的创伤继续扩大和传递，而是将它缝合。她摒弃了长辈们的罪过，而这是有可能实现的。

无论是精神、身体还是心智上的痛苦，都不一定会带来彻底否定人生价值、意义和愿望的虚无主义。这样的痛苦总是可以从不同角度去理解的。

这是尼采的观点。他认为面对过邪恶的人的确有可能继续推进邪恶，让它持续存在，但是经历邪恶也有可能让人学会善良。一个被欺凌的男孩可以选择模仿折磨他的人，也可以从自己的经历中明白，欺负他人和制造痛苦是错误的。比如，一个被自己母亲折磨的人能够体会到做个好家长的重要性。许多虐待孩子的成年人小时候也被虐待过，但是大多数儿时被虐待过的人并不会虐待自己的孩子。这个显而易见的事实可以用很简单的计算来证明：如果一个家长虐待了 3 个孩子，然后每个孩子长大后又生了 3 个孩子，以此类推，那么第一代子女里有 3 个虐待者，第二代有 9 个，第三代有 27 个，第四代有 81 个。一直这样发展下去，到了第20代，就有超过100亿人在童年时被虐待过，这比整个地球的总人口还要多。但事实恰恰相反，虐待会在代际间消失，因为人们会限制它的延续。这证明人心中的善是能压倒恶的。

报复心无论多么有理，都会阻碍内心的成长。

英国诗人艾略特在他的诗剧《鸡尾酒会》中解释了原因。剧中的一位女性过得很不开心，她将自己深深的怨念倾诉给了一位精神科医生，说希望所有的痛苦都是自己的错。医生听了后很惊讶，问她为什么，她说经过漫长的思考，她得出了这样的结论：如果都是她的错，那么她也许能做点什么，但如果是神明的错，如果这个世界本身就是错的，如果是现实执意要她痛苦，那么她就彻底没救了。她无法改变现实，但也许可以改变自己的生活。

亚历山大·索尔仁尼琴在20世纪中期被囚禁时，也完全有理由质疑存在的本质。他曾作为苏军士兵参加第二次世界大战，还立了功，但后来被逮捕、殴打并投入监狱，在狱中又不幸罹患癌症。索尔仁尼琴本可以变得满心怨恨，因为他一直生活在不幸中，浪费了大量宝贵的时间，目睹了亲友遭受无意义而又屈辱的折磨后死亡，然后自己又患上了重病。索尔仁尼琴是有理由诅咒这个世界的。

但是这位伟大的作家并没有允许自己的内心走向仇恨和毁灭，而是睁开了双眼。索尔仁尼琴在多次经受审判的过程中遇到了许多在恶劣境况下依然保持高尚的人，他深入思考了这些人的行为，然后向自己提出了一个极难回答的问题：我主动给自己的人生施加过苦难吗？如果有，是怎样施加的？索尔仁尼琴想起了自己年轻时坚定不移的立场，重新审视了自己的一生。过去自己为什么没能预见这些不幸？自己做了多少违背良心的错误选择？背叛和欺骗了自己多少次？过去的罪孽有可能在这泥泞的地狱里得到修正吗？自己还能赎罪吗？

索尔仁尼琴仔细梳理了自己的生活细节，并进一步提出了两个问题：我现在可以停止犯错吗？我现在可以修补由过去失败给自己带来的伤害吗？索尔仁尼琴学会了观察和聆听，并发现了一些令他钦佩的人，那些无论如何都对自己坦诚的人。索尔仁尼琴彻底剖析了自己，清除掉了那些不必要和有害的部分，并最终获得了重生。

分崩离析或重组优化

有时候人们会坚定地拒绝批判现实与存在。在一个智者的领导下，一群人组建起一个繁荣、富强的团体、部落甚至国家。财富的积累成功孕育了骄傲与傲慢，整个群体沉迷于权力与享乐，结果遭受了战争与奴役。他们反思自省，奋发图强，重建文明，然而历史再次上演。古往今来，这样的故事不断上演。

这就是生活。人们建立起生活的结构，组建家庭，成立国家，并且提炼出承载这些结构的基础原则，最终形成信仰体系。一开始人们安居于这些结构与体系当中，但是成功会让人变得自满和忘乎所以。

> **习惯了拥有的一切，看不见世事的变化和腐败的滋生，然后一切就会分崩离析。**

这是现实或者神灵的错吗？还是因为人们没有给予足够的重视？

当飓风袭击新奥尔良的时候，洪水淹没了整座城市。这是天灾吗？荷兰人以抵御万年一遇的风暴为标准重新设计了他们的排水系统，如果新奥尔良也这样做，悲剧就不会发生。这并不是因为没人预见到灾难。美国 1965 年的《防洪法》就要求改进阻挡庞恰特雷恩湖（Lake Pontchartrain）的堤防系统，并要求在 1978 年完工，然而 40 年后，该工程仅完成了 60%。可以说，是选择性失明和腐败摧毁了这座城市。飓风是天灾，但是在明知道需要准备的情况下不作为则是罪行，而罪行的代价便是死亡。

在一切崩溃时，主动为自己的失败负责，直面现实，这是极端负责任的表现。而另一种选择是，批判现实的缺陷和存在的本质，然后陷入仇恨和复仇的欲望当中。如果你感到痛苦，这其实是正常的。人是不完美的，生活是悲惨的，但如果痛苦变得无法忍受，你也开始堕落，那么你应该想想以下的事情。

清理你的生活

观察你周围的环境，从小事开始。你是否充分利用了所有的机会？你是在努力发展事业，认真工作，还是在让怨恨拖你的后腿？你和自己的兄弟重归于好了吗？你尊重你的伴侣和孩子吗？你有破坏健康和幸福的坏习惯吗？你主动承担责任了吗？你对亲友坦诚吗？你做了那些你能够做到，也能够让你的生活变得更好的事情吗？你清理过你的生活吗？

如果答案是否定的，或许你可以试试看先停止做那些你明知是错误的事情，今天就停下来。如果你确定那是错误的，就不要浪费时间怀疑你是如何判断对错的。不合时宜的质疑不会带来启示，只会制造困惑，阻碍你的行动。你是可以在不清楚原因的情况下判断事情的对错的，因为你的整个存在会告诉你一些无法解释或无法表达清楚的事情。每个人都很复杂，以至于每个人都很难完全看清自己，但我们都拥有自己无法理解的智慧。所以，只要你有一丁点停止的想法，那就立刻停止。

> **停止卑鄙的行事方式，停止令你感到懦弱和羞耻的言语。只说让你感到强大的话，只做令你为之骄傲的事。**

你可以运用自己的判断标准，依赖自我的指导。不需要拘泥于某些武断的外界行为准则，不过你也不应该忽视自己所遵循的文化准则。人生是短暂的，你没有时间想清楚所有的事情。过往的智慧来之不易，祖先们可能给你留下了很有用的东西。

不要一味责怪，不要在整理好自己的人生之前就试图去干预别人。保持谦虚，如果你没法齐家，又怎敢治国？让你的内心指引你，看看接下来的日子会发生什么。你会开始对同事坦白想法，告诉家人自己的真正需求，当你有未完成的事情时，你也会立刻弥补遗漏。

> **停止用谎言填充头脑，头脑就会变得更清晰；停止用不坦诚的行为扭曲生活，生活就会得到改善。随后你就能发现和纠正那些更微妙的错误。**

经过数月或者数年的努力尝试，你的生活会变得更简单，判断力也会变得更好，在从过去的混乱走出来之后，你会变强大，也会更少有怨言。你会自信地面对未来，不再为生活增加无谓的困难。然后你就只需要面对生活那赤裸裸的悲剧，但它们将不会再与怨恨和欺骗混淆在一起。

也许你会发现，现在这个没有那么堕落的自己并没有你想的那么脆弱，似乎也可以承受一些必要的、不可避免的悲剧了。你甚至可以学会以更好的方式面对它们，从而让悲剧只是悲剧，而不会升级为痛苦的地狱。那些可怕的焦虑、绝望、怨恨和愤怒都可能会消退，而你的内心也会将自己的存在视为一种真正的善，虽然脆弱，但值得庆祝。这会使你变成无比强大的、和平的、善良的散播者。

你会发现，如果每一个人都这么做，世界就不会那么糟糕，甚至在人们持续努力之后，世界也不会再那么可悲。谁知道如果我们都尽力而为，存在将会变成怎样的状态？谁知道如果我们被真理净化之后，可以在这堕落的地球上创造出怎样的天堂？

批判世界之前先清理你的房间。

THE DESIRE FOR VENGEANCE, HOWEVER JUSTIFIED, ALSO BARS THE WAY TO OTHER PRODUCTIVE THOUGHTS.

报复心无论多么有理，
都会阻碍内心的成长。

每个想要减轻世间痛苦、完善存在的缺陷、

实现最美好未来和创造人间天堂的人，

都会做出最巨大的牺牲。

法则七

RULE 7

苏格拉底的选择：追求意义，拒绝苟且

PURSUE WHAT IS MEANINGFUL (NOT WHAT IS EXPEDIENT)

MEANING SIGNIFIES THAT YOU ARE IN THE RIGHT PLACE, AT THE RIGHT TIME, PROPERLY BALANCED BETWEEN ORDER AND CHAOS, WHERE EVERYTHING LINES UP AS BEST IT CAN AT THAT MOMENT.

意义的出现表明了
你在正确的时间和地点，
恰当地平衡了秩序与混乱，
让一切都实现了最好的可能性。

生活是痛苦的，这是一个非常清晰和难以辩驳的事实。一个人到底要怎么面对痛苦的生活？最简单的答案就是追求享乐。跟随冲动、活在当下、及时行乐，尽你所能地撒谎、作弊、偷窃、欺骗、操纵，但不要被抓住。在一个毫无意义的宇宙里，做不做这些事情没什么区别。这绝不是一个新奇的想法，长久以来，生活的悲惨和痛苦一直都被用来合理化上述那些自私的即时满足行为。

及时行乐虽然只是一时的，但其带来的快乐至少可以用来暂时抗衡存在的恐怖与痛苦。为什么不在有机会的时候尽情索取呢？这样的生活方式似乎也不错。或者，是否还有另一种更强大、更吸引人的生活方式？

我们的祖先早已就此得出了非常复杂精妙的答案，但我们尚不能完全理解，因为这些答案通常隐含在仪式和神话当中，没有被明确地表达出来。古时的人们通过行动去体现这些答案，或者用故事去描述它们，但还没有智慧到能够清晰阐释它们的地步。人类就像一群大猩猩或一个狼群，通过经验了解行为准则和关系状态，而这些经验正来自人际互动的过程。人们建立了可预测的惯例和行为准则，但我们并没有真的理解它们的本质和来源，因为这些准则的形成经历了漫长的岁月。虽然人们一直在告诉彼此要如何行事，但还没有人对此明文规定过。不久之前，人类觉醒了，注意到了自己一直以来的行为，然后开始用身体进行戏剧化的模仿，并发明了仪式来加以展现。接着人们开始讲故事，将对生命事件的观察编写于其中，那些镶嵌在人类行为中的信息因此得以呈现。但迄今为止，我们还并不理解这些信息的全部意义。

关于人类起源的故事深刻地描述了存在的本质，并指出了与这一本质完美匹配的思维和行为模式。而关于奉献的故事则提出了牺牲的概念：经过苦苦思索，挣扎的人类意识到自己可以通过正确的牺牲来得到宽恕。

延迟满足的价值

在做出牺牲的时候，人类的祖先开始用行为演绎一个可以被这样描述的命题：如果当下放弃一些有价值的东西，未来就可以有更好的收获。在人类发现了脆弱和死亡这些存在的不完美时，也同样发现了未来。人终将一死，而工作可以延缓死亡，当下的牺牲从长远来看是有价值的。因为这样，牺牲的概念紧随人类的堕落而出现。牺牲和工作几乎没有区别，都是人类独有的行为。有的时候动物也显得像是在工作，但它们其实只是在遵循自己的本性。海狸之所以会建造水坝，那是因为它们是海狸，它们不会一边建造一边想：“我宁可和女朋友去墨西哥的沙滩度假。”

通俗地说，牺牲和工作就是延迟满足，不过用这样的语言来描述意义如此深远的事情未免过于世俗。人类在意识到满足能被延迟的同时也发现了其与时间的因果关系。在很久以前，人们开始意识到现实的构造决定了它好像是可以讨价还价的，如果控制住自己当下的冲动，体谅他人的困难，那么就会在未来获得奖励。于是人们开始抑制、控制和组织自己的本能冲动，以免干扰他人以及未来的自己。这和组建社会是一个道理。

> **在发现了当下努力和未来回报之间的因果关系后，我们才有了制定社会契约的动力，而这种契约让我们能够放心地储存当下的工作结果。**

理解通常发生在能用语言描述之前，就好比一个孩子在能够解释父母角色的含义之前就已经可以演绎父母的角色了。[1] 人类经过了漫长的历程，才从只会在饥饿时大快朵颐发展到为自己或他人储备食物。学会储存和分享需要花很长时间，而且这两种行为本质上是一样的，因为储存就是和未来的自己分享。相比之下，自私地狼吞虎咽目之所及的一切要容易得多。人们要经过同样漫长的历程，才能够不断地加深对延迟的理解和运用，从短期分享到未雨绸缪，然后用记录和货币来反映储存的多少，并最终发明银行和其他社会机构。在经历了许多过渡性的阶段之后，人们对牺牲和工作的全面理解和应用才在今天成为现实。

更大的牺牲 = 更好的未来？

人类的祖先演绎了一出虚构的戏剧，他们人格化了掌管命运的力量，把它当成一个人来对待，并与之交涉和交易。神奇的是，这么做是有效的，因为未来在很大程度上也是由其他人类组成的，通常这包括那些仔细观察和评估你过去行为细节的人们。这和高高在上地审视并记录一切的神灵并没有太大的差别，所以将未来比喻成一个爱评判的父亲是一个很有建设性的想法。这是个好的开始，不过还伴随着两个根本问题，而且都与牺牲当下、收获未来的终极逻辑有关。

第一个问题是：什么应该被牺牲？小的牺牲可以解决小问题，但更大也更全面的牺牲或许可以一并解决一系列复杂的问题。这很难，但或许这是更好的选择。比如，读医学院所必需的自律会严重影响热衷派对的本科生放肆的生活方式。放弃玩乐是一种牺牲，但的确能让你在未来养活一家人。从长远来看，这解决了很多问题。

要改善未来，更大的牺牲会带来更好的结果。

第二个问题则包括了一系列小问题。我们确立了牺牲改善未来的基本原则，但是任何原则及其意义都需要被具体和全面地理解。例如，在最极端的情况下，这个原则意味着什么？这个原则有底线吗？在所有可能的牺牲里面，什么样的牺牲是最大、最有效、最令人满意的？如果这样的牺牲可以实现，那么最好的未来可能是什么样的？

在古老的故事中，该隐和亚伯必须工作，并用祭坛和恰当的仪式来奉献供品，以取悦上帝。但是情况慢慢变得复杂，亚伯的奉献取悦了上帝，该隐的却没有；亚伯不断获得奖励，而该隐却一无所获。虽然造成这种结果的原因不明，但故事细节明显暗示该隐并没有非常用心地去准备。也许该隐的供品质量不高，也许他带着怨气，抑或上帝只是当时心情不好。这一切其实都非常反映现实。

并非所有牺牲都能换来同样的回报，有时候更大的牺牲之后并不一定会有更好的未来，而且很难解释为什么。

为什么他不开心？怎样才能让他开心？这些问题很难回答，但每个人一直都在这样问，即便人们自己没有注意到这点。

其实，提出这样的问题就是在思考的表现。

分享的本质是交换

人类能够发现延迟满足的价值是非常不容易的，因为延迟满足和我们古老的动物本能有着直接的冲突。本能驱使人们寻求即时满足，尤其是当人们面临不可避免而又常见的贫乏状态时。

> **延迟满足的前提是人类文明稳定到能够确保延迟行为在未来会得到奖励。**

如果你的所有储备都有可能被毁灭或者被偷窃，那么储存就是没有意义的行为。因此，狼才会一次性吃下 10 千克生肉，但它既不会讨厌自己暴饮暴食，也不会为下周储备余粮。所以，延迟满足和社会稳定这两个必须同时达成的成就，究竟要如何实现呢？

以下是从动物到人的发展历程，虽然细节上不是很严谨，但是足以帮助人们思考上述的问题。首先，猎捕猛犸象或者其他大型食草动物会产生多余的食物。在猎杀了一只大型动物后，吃不完的部分可以留下来在今后食用。一开始这是偶然行为，但是人们逐渐发现了此举的价值，因此有了对牺牲的初步概念："虽然现在我想把食物都吃掉，但是如果保留一部分，那么之后我就不会挨饿。"这种概念接下来升级为："之后我和我照顾的人不会挨饿。"然后发展为："我没法吃掉整只猛犸象，也没法把食物储存太久。也许我可以把食物分享给别人，而他们有可能会记住我的分享。这样当他们有食物而我没有的时候，他们也会给我食物，我也就不会挨饿了，而且我和他们也可以建立起相互信任的持续交换关系。"通过这样的方式，猛犸象成了"未来的猛犸象"，然后"未来的猛犸象"又成了个人声誉。社会契约就这样出现了。

分享并不意味着放弃自己在乎的事物却得不到任何回报，只有拒绝分享的小孩子才会有这样的担心。分享的本质是交换，一个无法分享和交换的孩子不会有朋友，因为友谊就是一种交换形式。本杰明·富兰克林曾经建议人们在搬到新家之后去找邻居帮自己做一件事情，他说过这样一句话："相比那些被你帮助过的人，那些曾经帮助过你的人会更愿意再帮你一次。"[2]富兰克林认为，这个向他人索取适当帮助的行为是建立社会关系最快速有效的方法。这种索取不仅给予了邻居展现友好一面的机会，而且对于邻居来说，因为帮助过对方，未来自己在求助时也会更容易。双方的互惠互信因此增加了。这样一来，双方也都可以克服对陌生人本能的畏惧。

> **有比没有好，而慷慨分享你拥有的则更好，比这还要好的是因慷慨分享而广为人知。**

思考至此，可靠、诚实和慷慨等概念以及道德准则的存在基础已然成形。勤劳而又真诚的分享者就是好人的原型。最高尚的道德原则就是这样从"保存食物有好处"的简单概念里发展起来的。

我们可以如此描述人类的发展历程。人类先是存在了很长一段时间，之后才拥有文字记载的历史和故事。在此期间，延迟和交换的行为缓慢而又艰难地出现了，然后开始在仪式和传说中以抽象的形式体现出来："你应该坚持练习奉献和分享，直到习以为常，然后你的生活就会幸福顺利。"在此之前没有人像这样直观地描述过这种规律，但它如今的的确确隐含在了人们的行为和故事当中。

如何放弃才能更好地拥有

行为必然是首先出现的，因为当我们还是动物的时候就可以行动，只不过没有思想罢了。行为中也包含了未被识别的价值，这些价值在思想出现前并未显现出来。人们对人生的成败观察并思考了数千年，然后做出了“延迟满足并与未来讨价还价会使人成功”的结论。接下来，一种极为重要的思想随着故事越发清晰地展现出来：成功与失败之间的区别是什么？成功者愿意牺牲，只要持续牺牲，就能得到越来越好的结果。接着问题变得更加精确、宏观：最大的牺牲是什么？最好的结果是什么？此时答案也越发深刻。

我们先要看清一个不言自明的真相：人生有时候就是很不顺。这看上去像是与这个充满瘟疫、饥荒、暴行和背叛的世界有很大关系，但有的时候不顺其实是由我们主观上最在乎的事物引起的。为什么？人们通过自己的价值体系感知这个世界，如果你看见的世界不是你想要的样子，那么你就该审视自己的价值观了。

> **你需要放下当前的预设和执念，甚至需要牺牲你最在乎的东西，才能够实现自己的潜力，而不是始终停滞不前。**

有一个关于捕捉猴子的古老故事可以很好地解释这一点。如果你打算抓一只猴子，那么需要找一个大的窄口瓶，瓶口要刚好能让猴子把手伸进去。你需要往瓶子里装入石子，直到瓶子重到猴子无法搬动为止。然后你需要将一些食物撒在瓶子附近以吸引猴子，并且将大把食物放在瓶子里。猴子过来之后会将手伸进瓶里去抓取食物，但是因为握着食物，它没法把手从瓶子里抽出来，除非它选择松手，放弃已经拥有的东西。但是猴子肯定不会这么做，于是捕猴者就可以大摇大摆地走到瓶子旁抓住猴子。动物是不懂得放弃部分来保全整体的。

回到上边的问题，什么才是最大的牺牲？一块上好的肉，一头最好的牲畜，还是珍贵的财物？还有比这价值更高的吗？也许是对个人来说极为重要和无法割舍的东西。比这更大的牺牲是什么？有什么牺牲是关乎一个人的整体而非部分呢？终极的奖励需要通过怎样的终极牺牲来换取？

在这个问题上，牺牲孩子和牺牲自我是两个不相上下的选项。本章开头插画里的雕塑是米开朗琪罗的著名作品《圣殇》，这座雕塑深刻地描绘了母亲牺牲自己的孩子，并将其奉献给世界的过程。将孩子带到这个可怕的世界是正确的选择吗？每个女人都会问自己这个问题。

> **每个想要减轻世间痛苦、完善存在的缺陷、实现最美好未来和创造人间天堂的人，都会做出最巨大的牺牲。**

这样的事情真有可能做到吗？这样的要求对于一个人来说不会太过分吗？别担心，不那么神化的例子还是存在的。古希腊哲学家苏格拉底一生都致力于追寻真理和教育同胞，但最终还要面临家乡雅典对自己的审判。苏格拉底的指控者给了他许多逃离麻烦的机会，但这位伟大的哲学家断然拒绝了。苏格拉底的同伴赫莫杰尼斯（Hermogenes）看见苏格拉底和人们讨论着各种话题，唯独不谈审判的事，于是问他为什么这么淡定。苏格拉底先是回答说他已经花了一生的时间来准备为自己辩护，然后他又表达了更为神秘和深刻的想法：当考虑如何想方设法获得无罪判决，以及在审判中要做什么的时候，自己听见了一个从内心深处发出的声音。苏格拉底在审判时也提到了这个声音，他说自己与其他人的一个最大区别在于，他绝对愿意听从这个声音的警告，并在它持反对意见的时候终止自己的言行。

因为内心的声音，苏格拉底反对逃离并放弃为自己辩护，同时这也彻底改变了他对审判的看法，他开始相信审判不是诅咒，而是祝福。他告诉赫莫杰尼斯，自己意识到内心的声音是在给他提供一种离开人世的妥善方式，这种方式既不会困扰他的朋友们，也可以让他在离开的时候身体健全、心存善意，不受疾病和年迈的困扰。苏格拉底对命运的接受使他在面临死亡的时候毫无畏惧，在审判、判决，甚至行刑期间都是如此。苏格拉底明白自己的生活已经充实到可以被优雅地放下了。他有机会在离开前理顺生活中的种种事务，也可以避免受到衰老的缓慢折磨。他意识到这一切或许都是上天的恩赐，因此他无须在指控者面前为自己辩护，力争清白，逃避命运。相反，他扭转了局面，通过面对法官的陈述让人们准确地理解了城市议会处死他的原因，然后便义无反顾地服下了毒药。

苏格拉底拒绝了权宜之计和相应的操纵手段，选择在最严峻的情况下保持对意义和真理的追求。2 500 年过去了，我们始终铭记着他的选择并从中获得宽慰。我们能学到什么？

> **如果你停止说谎，遵从自己的良心，那么即使面对死亡，也能保持高贵。如果你真诚勇敢地追寻最崇高的理想，获得的安全感和力量将远胜于任何目光短浅的自我保护。如果你以正确、充实的方式生活，就能发现你已强大到足以克服死亡的恐惧。**

这一切是真的吗？

死亡，劳役与邪恶

自我意识的存在是悲剧，会带来不可避免的痛苦。这种痛苦反过来又会让人们渴望获得自私的即时满足，也就是权宜之计。不过，牺牲和工作远比短期的冲动享乐更能抵挡痛苦。社会和自然针对脆弱个体的武断苛求并非痛苦的唯一来源，甚至不是主要来源。人们还需要考虑邪恶的问题。世界注定是和我们作对的，但是人类的不人道却更加可怕，这也让牺牲变得更加复杂：工作、奉献和放弃的意愿不仅仅要用来应对贫困和死亡。

人类意识到了自己的脆弱、疾病和死亡的威胁，以及对生存的渴望，于是只有不停地工作。一旦看见了未来，就必须为之做准备，否则就会生活在逃避和恐惧之中。因此，人们只能为了更好的明天而牺牲今天的快乐。但是死亡和工作的必要性并不是我们的先祖得到的唯一启示，他们也获得了对善恶的了解。

我花了几十年才明白这意味着什么。当你意识到自己的脆弱后，也就理解了人类的脆弱本质。在你了解了自己是如何产生恐惧、愤怒、怨恨和痛苦的情绪之后，也就知道了该如何让别人也有这样的感觉。因此，作为有意识的存在，人类获得了绞尽脑汁主动折磨他人的能力。

一个不做任何牺牲的人，失败是情理之中的事，虽然他会感到怨恨，但心里明白责任在自己，而这样的觉悟能限制他的愤怒。但如果他已经放弃了当下的快乐，努力辛劳却没有好结果，那么就等于同时失去了当下和未来，之前的牺牲也变得毫无意义。在这样的情况下，他眼中的世界会变得黑暗无比，而他也会愤怒地反抗命运。通过刻意的破坏和报复，表达对存在的抵制和对人生无常的抗议。

存在包含一系列悲剧，如贫穷、资源匮乏、暴力、疾病和死亡。这样的存在足以让任何一个勇敢的人变得厌恶生活，但是我的经验告诉我，人类是可以承受存在中隐含的灾难的。我在个人生活、教学及临床工作中都反复看到过相应的证据。

> **人们能够战胜地震、洪水、贫穷和癌症，但是人性之恶却为这个世界的痛苦增加了全新的维度。**

避免陷入故意作恶的恶性循环

有意的恶行可以击垮连悲剧都无法撼动的心灵。我曾经和一位来访者分析她是如何因为酒鬼男友愤怒的表情而常年遭受创伤后应激障碍的折磨的。男友的“怒容”清晰地表明他有伤害她的意图，因此来访者每天都担惊受怕，她也因此而长期失眠。是来访者的过度天真让她过于脆弱，但这不是重点，重点是如果人类有意的恶行可以如此深刻而长久地伤害一个人，那么究竟是什么激发了这种邪恶?

邪恶并非源自艰难的生活，也并非源自失败带来的失望和怨恨。但如果一个人的牺牲始终被拒绝，这便会放大人生的艰苦，并且有可能将他变成内心扭曲的怪物，让他故意作恶，以制造痛苦为目的地折磨自己和他人。这会形成一个真正的恶性循环：勉强的牺牲和马虎的奉献被现实拒绝，让人陷入怨恨和复仇的状态，并且更加勉强地牺牲，甚至完全拒绝牺牲，而这种螺旋式下降的最终目的地就是地狱。

正如英国哲学家托马斯·霍布斯（Thomas Hobbes）所说，生活的确是污秽、粗暴和短暂的，而人的邪恶则会令事态雪上加霜。所以生活的核心问题就不仅仅是通过牺牲来减轻痛苦，而是同时还要减轻由刻意、主动和报复性的邪恶带来的巨大痛苦。

摒弃权宜心态，走出灵魂的暗夜

根据《圣经》的描述，在被钉上十字架之前，耶稣走入荒野并被魔鬼诱惑。他在沙漠中的逗留象征着心灵的暗夜，而这是一种人们都经历过的状态。当生活分崩离析、亲友疏远、绝望和虚无降临时，我们都会到内心中这样的一个地方去。根据故事描述，耶稣连续 40 个日夜在荒野中不吃不喝。在阴暗、困惑和恐惧里，40 天已经长到足以让我们看清地狱的样貌。每一个愿意认真面对自我和邪恶的人都应该到这里去看一看，你可以看到凶残病态的意识，以及带有这种意识的人类，有血有肉的人类。这一切的存在就是这个沙漠故事在现代社会的真实体现。

西奥多·阿多诺（Theodor Adorno）曾说："奥斯威辛之后，诗歌已不复存在。"他错了，诗歌应该存在，只不过都应该是关于奥斯威辛的而已。在过去的一百年里，人类可怕的毁灭性足以让任何一个未经救赎的苦难相形见绌，而要解决这些苦难中的一个，势必就要同时解决另一个。

罗马剧作家特伦斯（Terence）曾经说过："我对人类的一切都不感到陌生。"伟大的精神分析家卡尔·荣格补充道："只有根基深入地狱的树才能生长至天堂。"[3]在这位了不起的心理学家看来，对善的追求是以对恶的了解为前提的，也因此启蒙是很罕见的，毕竟谁愿意去了解恶呢？你真的愿意看到最邪恶的想法是从哪里来的吗？让我们看看美国科伦拜中学枪击案凶手在犯罪前一天写下的话："有意思的是，当我处于人类形态，知道自己会死时，一切都显得微不足道了。"

士兵在战争中患上的创伤后应激障碍通常不是由他们的所见引起的，而是因为他们自己的所作所为。[4]眼睁睁地看着自己作恶，而且心中某个阴暗的部分甚至还有些享受，这是最难忘怀的部分，也是随后完全无法与自己还有这个世界调和的部分。

在伟大的古埃及神话中，荷鲁斯（Horus）也经历过类似的事情。[5]他曾经与企图篡夺他父亲奥西里斯王位的邪恶叔叔赛特（Set）对抗。荷鲁斯是全知的埃及鹰头神，拥有代表至高君权的荷鲁斯之眼。他勇敢地与赛特交战，但是在战斗中他意识受损，并且失去了一只眼睛。相较于一个如此强大的神，一个普通人做出同样的尝试后又会失去什么呢？也许当荷鲁斯失去对外部世界感知的同时，也会获得同等的对内觉知。

魔鬼代表了对牺牲的拒绝，他是傲慢的拟人化存在，浑身散发着怨恨、欺骗、残忍和有意识的恶意。他代表了对人类和存在的绝对仇恨。他知道自己在做什么，尽管如此，他也还是会在破坏欲的驱使下尽可能地作恶多端。当这个邪恶的原型决定诱惑耶稣这个善良的原型时，自然会在最艰难的情况下向耶稣提供所有人最渴望的东西。

魔鬼先是将沙漠里的石头变成面包，以此诱惑饥饿的耶稣。然后他建议耶稣跳下悬崖，并呼唤上帝和天使们来拯救他。耶稣对第一个诱惑回应说："人不是只依靠面包而活的。"这意味着即使在最匮乏的条件下，有一些事情仍然比食物重要。换句话说，对于背叛了自己心灵的人而言，在饥饿的情况下，即使是面包，也是于事无补的。耶稣本来可以运用自己的能力来获得面包，填饱肚子，或者说在更广义的层面上创造财富，从而永远温饱。但这么做的代价是什么呢？好处又是什么？道德荒漠中的狼吞虎咽恐怕是最可悲又痛苦的盛宴了吧。如果我们放下权宜之计，每个人都生产、牺牲、表达和分享，那么饥饿就会从人间消失。这就是饥饿问题在荒芜的沙漠中得以最终解决的方法。

魔鬼说："跳下悬崖，如果上帝存在，如果你真的是他的儿子，他一定会来救你。"这是第二个诱惑。上帝当然应该在自己唯一的孩子面临饥饿、孤立和巨大威胁的时候伸出援手，但那样就破坏了生活的规律，甚至从文学角度来讲也是不合理的。

> **为英雄雪中送炭的桥段是故事创作者们最廉价的写作手法，它嘲弄了独立、勇气、命运、自由意志和责任感。**

耶稣也拒绝放弃对自己生命的责任，拒绝用强求这种非常个人的方法来解决凡人的脆弱，因为这并不能帮助所有人解决他们的问题。另外，这也是在拒绝面临诱惑时从精神失常中获得的安慰。在恶劣环境里，将自己视为救世主的疯狂想法很有诱惑力，但我们应该拒绝相信生存需要依靠自恋的优越感。

最后是第三个诱惑，也是最难抵抗的一个。权势被摆在了耶稣的面前，他可以借此到达支配等级的顶峰，这里有人们所渴望的万人之上、富丽堂皇、力压四方和极情纵欲。这是最大程度的权宜之计，不仅如此，地位的提升也会赋予人类展示内在阴暗面的机会。能满足杀戮和毁灭等欲望也是权力吸引人的原因之一。人们不光会为了避免痛苦、贫乏和生老病死而渴望权力，权力也能够帮你复仇、压迫和粉碎敌人。

在支配等级顶峰的上方，还存在一个更高的、值得用任何世俗成就来交换的地方。这虽不是一个地理意义上的地点，却是真实存在的。我曾经在脑海里见过一个无限向地平线延伸的广阔景象，我悬浮在空中俯视着一切，发现到处都遍布着大小不一的玻璃金字塔。它们层次分明，有的重叠，有的独立，就好像现代都市的摩天大楼一样。金字塔里都是不断攀登顶峰的人。

在每个顶峰之上，还存在着另一个位置。那是当你选择自由翱翔在尘世之上时所获得的高瞻远瞩，是放下支配欲后对一切竞争的超越。那是纯粹和不受约束的觉察，在超然、警觉、全神贯注地等待着天时地利的行动机会。

如同《道德经》所说：

为者败之，执者失之。是以圣人无为故无败，无执故无失。[6]

第三个诱惑其实是在强有力地号召人们要保持正确的存在方式。要实现这一点，每一个个体都必须拒绝即时满足，放下极具诱惑的本能和阴暗欲望，抵抗邪恶的诱惑。

> **邪恶会放大生活的灾难，大大增加我们用权宜之计来应对人生悲剧的动机。**

平凡的牺牲多少可以克服人生悲剧，但是战胜邪恶则需要一种特殊的牺牲。数个世纪以来，人们都在通过不同方式，尽力描述着这种特殊的牺牲，但是为什么预期的效果没有实现呢？为什么人们仍不相信最好的方法是抬头向上，追求至善，并且为这个目标牺牲一切呢？我们是没有办法理解，还是有意偏离了正道？

自由需要建立在约束之上

卡尔·荣格假设，欧洲文明之所以主动发展现代科学的认知技术去探究物质世界，是因为他们已经暗中认识到宗教对精神救赎的强调无法解决人类当下的痛苦。这种想法在文艺复兴前的三四个世纪里变得尤其尖锐。因此，西方集体意识的深处出现了一种奇怪而又深刻的补偿性幻想，最开始这体现为炼金术的奇怪思维，在几个世纪之后才发展成为清晰的科学体系。[7] 炼金术士是最早认真研究物质转化的人，他们希望发现健康、财富和长寿的秘诀。包括牛顿在内的科学家们认为，物质世界里隐藏着能够化解人类痛苦和不完美的秘密。这种愿景在怀疑精神的驱动下，为现代科学的发展提供了来自个人和集体的巨大动力，而对于个体思想家来说，专注和延迟满足在此时也变得尤为重要。

随着宗教改革的进行，那些不可能解决的难题逐渐从视野中消失了。这就是问题解决的结果，在解决方案实施之后，就连问题存在过的这一事实也会一并消失。在这之后，那些遗留下来的不太能被解决的问题才开始占据人们思考的中心位置。这些问题推动了科学的发展，试图解决身体和物质上的疾苦。汽车污染的问题只有在内燃机引擎解决了一系列更糟糕的问题之后才开始获得公众的关注。贫穷的人不关心二氧化碳水平，并不是因为这无关紧要。当你在贫瘠荒芜的土地上拼命劳作、勉强维持生计时，它就会显得无关紧要。同理，在拖拉机被发明出来、数百万人不再挨饿之前，它也是无关紧要的。总之，当19 世纪末尼采出现时，单凭信仰解决不了的问题已经重要得无以复加了。

毫不夸张地说，尼采是一个拿着锤子进行哲学思考的人。[8] 尼采从两个方面对基督教做出了进一步的毁灭性批判。尼采认为基督教对真理标准的崇高追求导致了对自身根本假设的质疑和破坏，这在一定程度上是因为道德和真理的区别尚未被完全理解，所以本不需要存在的真理与非真理的对立才会被提出。但是，这并不影响尼采的观点。卡尔·荣格在几十年后延续了尼采的论点，指出欧洲在启蒙运动期间从基督教的梦境中醒来，然后发现一切习以为常的事物都可以也应该被质疑。尼采说："上帝死了！上帝殉难了！……谁能清洗我们身上的血迹？"[9]

根据尼采的观点，当开始关注真理时，原来人们所信仰的核心教条就已经不再可信了，尼采认为保罗以及后来被新教徒追随的路德推卸了道德责任。尼采写道："基督徒从未遵循耶稣规定的行为准则，对于至高无上的'因信称义'，之所以会出现不恭又喋喋不休的讨论，无非是因为教会缺乏勇气和意愿来信奉耶稣所要求的善行。"[10] 尼采的确是一个无与伦比的批评家。

对尼采有深远影响的陀思妥耶夫斯基也批判过制度化的基督教。在陀思妥耶夫斯基的杰作《卡拉马佐夫兄弟》里，无神论者伊凡讲述了一个"宗教大法官"的故事，让我们来简要回顾一下这个故事。[11]

伊凡瞧不起兄弟阿廖沙做修道院院士的追求，所以跟阿廖沙讲了一个耶稣在西班牙宗教裁判所存在的时代回归地球的故事。救世主的回归引起了轩然大波，他医治病人，复生死者，而这一切很快引起了宗教大法官本人的注意。宗教大法官立刻拘捕了耶稣，将他投入牢笼。随后大法官在狱中拜访了耶稣，告诉他，世人已不再需要他，而他的回归对教会来说是巨大的威胁。大法官说耶稣要求人类虔诚而真实地活着，这对凡人来说太难做到。出于怜悯，教会淡化了这一点，不再要求信徒成为完美之人，允许他们在简单仁慈的信仰和后世中寻求解脱。这样的工作耗费了好几个世纪，而教会最不愿意看到的就是那个要求人类担负责任的人又回到世间。耶稣默默地听着，当大法官要离开时，他拥抱和亲吻了大法官。大法官震惊得面色惨白，没锁牢门就离开了。

这个故事的深刻性和作者伟大的创作精神令人叹为观止。作为伟大的文学天才之一，陀思妥耶夫斯基在他所有的作品中都选择义无反顾地直面那些最巨大的存在主义问题。在《卡拉马佐夫兄弟》里，无神论者伊凡以无比清晰热忱的方式反驳了基督教的预设，而支持教会的阿廖沙根本无法反驳兄弟的任何一个论点。陀思妥耶夫斯基承认基督教已被理性打败，而且毫不避讳这个事实。

宗教大法官描述的教会和尼采批判的教会是一样的——幼稚、道貌岸然、父权、服务统治阶级，代表了现代基督教批判者仍在反对的一切。尼采虽然充满智慧，但他允许自己的愤怒不受理性判断的控制。这恰恰是我认为陀思妥耶夫斯基真正超越尼采的地方。陀思妥耶夫斯基的文学创作超越了尼采纯粹的哲学论述。陀思妥耶夫斯基笔下的大法官非常真实，他是个机会主义者，一个愤世嫉俗、善于操纵的残忍审讯者，他为了迫害异教徒甚至不惜折磨并杀死他们。大法官也知道自己传播的教条是虚假的，但是陀思妥耶夫斯基依然让耶稣亲吻了他。同样重要的是，在被亲吻之后，大法官没有锁上牢门就走了，这样耶稣就能逃脱即将到来的处决。陀思妥耶夫斯基认为，教会这座庞大而又腐化的大厦仍然在设法为其创始人的思想腾出空间。这是一个明智而又深刻的灵魂在对不完美的智慧表达感激之情。

对尼采和陀思妥耶夫斯基来说，自由需要约束，因此他们都认识到了教条存在的必要性。在能够自由出色地行动之前，个体必须先受到严谨体系的限制、塑造，甚至很大程度的毁灭。当一个父亲恰当地管教儿子时，显然会干涉孩子当下的自由。他会限制儿子的自主表达，强迫他成为一个文明的社会成员。这样的行为虽然会让父亲显得具有破坏性，像是在用单一的现实取代儿童神奇的多样性，但如果父亲不这么做，儿子就会一直长不大，做一个彼得·潘那样的梦幻国统治者。这在道德上是不可接受的。

> **长时间的不自由和对单一解释框架的坚持是自由思想发展的必要前提。**

教条的死亡带来的是更加糟糕的虚无主义，以及对乌托邦的危险期待。陀思妥耶夫斯基和尼采都预见到了这样的结果。尼采认为人们必须在上帝死后发明自己的价值观，但从心理学上来说，这是他思想最薄弱的部分：人们无法发明自己的价值观，因为我们无法将自己的信念强加于心灵之上。这是荣格在深入研究了尼采提出的问题之后的伟大发现。

人们会像反抗极权主义一样反抗自己。一个人无法要求自己或者他人唯命是从。“我要停止拖延”“我要坚持健康饮食”“我要停止酗酒”，人们虽然这么说，却不一定这么做。一个人也没法把自己变成思想中构建出来的样子，尤其是当他的思想受到意识的影响时。

> **每个人都有天性，而我们必须发现这种天性，只有与之抗衡，我们才能与自己和解。**

最真实的自我究竟是什么？在知道了问题的答案之后，自我又究竟能变成什么样子？这些问题的答案只有在事物的最根本层面获得。

超越当下，着眼未来

为存在找到合适的基石

在尼采诞生之前300年，伟大的法国哲学家笛卡儿就开始将怀疑当作一个严肃的学术使命。他将事物分解，提炼本质，试图建立无法被自己的怀疑所渗透的命题。他想要为存在找到合适的基石，并最终在“我思故我在”那个有自我意识的“我”中找到了。不过这个“我”的概念在很早以前就被提出过了。

数千年前，有意识的“我”是全知的荷鲁斯之眼，荷鲁斯借助它发现和直面腐败，重建国家。在那之前，则是美索不达米亚的创造之神、拥有环绕头颅的眼睛的马尔杜克（Marduk）。之后，“我”则转变成了代表世界可理解规律的逻各斯（Logos）。笛卡儿将逻各斯去宗教化，变成了“有意识和有思想的存在”。简单地说，这就是现代的“自我”概念。不过自我到底是什么呢？

如果愿意，人们可以在一定程度上理解自我的可怕之处，但是它的好则难以定义。自我的一面是意识形态舞台上恶魔的扮演者，是奥斯威辛、布痕瓦尔德和达豪集中营的创造者。这都是必须以极严肃的态度来对待的，但自我的另一面是什么呢？邪恶的存在会让它的对立面显得更加真实和易于理解，那么这个对立面究竟是什么？

在这个问题上，即使是被反传统人士钟爱的理性思维在一定程度上也和人类的传统有一定相似之处。科学哲学家卡尔·波普尔（Karl Popper）将思考视为进化过程理所当然的延伸。无法思考的生物只能完全肉体化自己的存在，在当下根据本能行动，如果行动无法满足环境的要求，那它就会死去。但人类可以产生处于潜在存在状态的抽象思维，在想象力的剧场中创造一个想法，然后通过自己、他人和世界来验证这个想法。如果验证失败，人们就会放弃它。就如同波普尔所说，人们能够让想法为了自己的利益而死。然后那个创造想法的自我就可以摆脱先前错误的限制继续前进。

> **只有相信自我的某些部分不会因为这一系列死亡而改变，自我才能够开始思考。**

想法和事实不同，事实本身就是没有生命的东西，没有意识、权力、意志或者行为。死亡的事实不计其数，互联网就是死亡事实的坟场。但是占据自我的想法则是活的，它想要表达自己，想要存在于世，因此诸如弗洛伊德和荣格这样的深度心理学家们才坚信人类的心灵是思想的战场。一个想法是有目标的，它需要一些东西，也代表了一个价值体系，相信它追求的比当下拥有的要好。

> **想法将世界简化为那些有助于或者有碍于目标实现的部分，并同时忽视其他一切不相关的事物，由此区分形象和背景。想法是一个人格，而不是一个事实。**

当想法在一个人身上表现出来时，它会让这个人成为自己的化身，并通过行动将它表现出来。有时候这种驱动力会强大到让人愿意用死亡来换得想法的存活。不过这往往是个错误的决定，因为通常来说需要死的是那个想法，而人应该停止扮演想法的化身，改变自己并且继续活下去。

在我们祖先的戏剧化理解里，当痛苦难以忍受时，往往就意味着改变需要发生，那些最根本的信念需要被牺牲了。当下恰当的牺牲可以让未来变得更好，其他物种从未想过这一点，而人类也是花费了数十万年才想明白的。接下来，人们又通过数千年的观察、英雄崇拜和研究将这个想法提炼成故事，之后又花费了同样漫长的时间来评估和整合这个故事。直到今天，我们才能够简洁地说："如果你自律，并且愿意为了未来牺牲当下，那么你就能让现实变得对你有利。"

但是如何最好地实现这一点呢？

1984 年，我开始了和笛卡儿一样的道路。那时我不知道我与笛卡儿走的是同一条路，也并没有试图把自己和伟大的哲学家相提并论，但我确实与笛卡儿一样深陷怀疑。当我可以理解达尔文主义的基本原理时，便无法再局限于肤浅的宗教。随后我被新兴的思想所吸引，但是随着时间的推移，我同样意识到新兴思想的问题。新兴思想认为，如果换了不同的人拥有金钱，困扰人类的问题就会消失。这分明就是错误的，世界上有许多金钱无法解决，甚至还会使之恶化的问题。有钱人也会离婚、疏远自己的子女、承受存在主义的焦虑、罹患癌症和失智症、孤独而可悲地死去。金钱会让试图戒断的瘾君子重新一发不可收，无聊会令没有目标的人几近窒息。

与此同时，我也被战争所折磨。它让我着迷，也为我带来了一系列噩梦，将我赶入心灵深处黑暗的荒漠中。我无法理解世界上不同的派别为什么要试图毁灭彼此。是因为不同的系统都同样专断和腐败，还是只是因为观点不一致？所有的价值体系都只是权力的外衣吗？大家都疯了吗？没人能回答我的这些问题，我像笛卡儿一样充满了怀疑，搜寻着一切无法被辩驳的事物。我需要找到自己信仰的基石，而最终是怀疑帮我找到了它。

有什么是我无法怀疑的？就是苦难的真实性。虚无主义者无法怀疑它，强权主义者无法禁止它，愤世嫉俗者也无法逃避它。痛苦是真实的，而为了让他人痛苦刻意进行的折磨则是错误的，这成了我信仰的基石。在探索了人类思想和行为的下限，理解了自己也有作恶的可能之后，我明白了“承担世间罪孽”的意义。每个人都有极大的作恶潜力，人们天生就知道什么是不好的，但不一定知道什么是好的。

> **如果不好的事情存在，那么好的事情也一定存在。如果最糟糕的罪恶是为了制造痛苦而折磨他人，那么善就是与之截然相反的、阻止这种罪恶的东西。**

有意义地生活

我由此得出了自己基本的道德结论。为善，集中注意力，修复你能修复的，不要因为自己的知识而傲慢。尽力保持谦和，因为强权主义的骄傲会在不包容、压迫、折磨和死亡中体现。意识到自己的不足，如怯弱、恶意、怨念和仇恨，在指责他人和试图修复世界之前先看清自己凶残的内心。也许错不在世界，而在你自己。你失败了，错过了目标，这是你犯的罪，而这一切都是你在为世间的邪恶添砖加瓦。最重要的是，永远不要撒谎。

你应该将缓解不必要的痛苦视为一种关于善的人生准则：我会尽我所能地减少不必要的痛苦。这样你就能在自己的道德金字塔顶端放置一系列意在改善存在的预设和行动。为什么这么做？因为我们了解不这么做的严重后果。

> **将缓解不必要的痛苦当作自己的最高价值追求，等同于是在完善社会形态和优化个人心态。**

荣格认为建设这样的道德体系是不可避免的，即使这个体系有可能包含混乱和自相矛盾。对荣格来说，处在一个人道德金字塔顶端的是他的终极价值，是他深信和正在践行的东西。体现这个东西的不是一个事实，而是一个人格，或者更精确地说，是两个对立人格之间的选择，是福尔摩斯或者莫里亚蒂、蝙蝠侠或者小丑、超人或者莱克斯·卢瑟、X 教授或者万磁王、雷神托尔或者洛基。如果践行的目标是崇高的存在，那就是选择了善；如果是为了毁灭存在和散播不必要的痛苦，那就是选择了恶。

权宜之计是只考虑短期利益的盲目冲动，往往通过欺骗来实现，这样的行为不考虑后果，是狭隘、自私、幼稚而不负责任的。意义是比权宜更成熟的替代品，会在冲动被调节、整理和整合之后出现。当这个世界的无限可能性和内在运作价值结构相互作用时，意义就会显现。如果价值结构的目标是建立更好的存在，那么显现的意义将会是维系生命的。这样的意义能够缓解混乱和痛苦，让一切变得有价值，也变得更好。

如果你行为得体，这会整合你的今天、明天和未来，让自己、家人和身边的人受益。一切都会累积叠加、秩序井然，然后产生最大程度的意义。人类能够感知到这种累积，因为我们能够体验到超越当下由具象感官输入的东西。意义胜过权宜之计，能满足当下和未来的所有冲动，所以我们能够觉察到它的存在。

如果你相信自己虽然遭遇了不公平和痛苦，但是不应该就此产生对存在的怨念，那么你就能发现哪些事情可以帮助你减少不必要的痛苦。你会问自己应该做些什么来让一切变得更好一点，而你得到的答案可能包括处理未拆的信件，整理自己的房间，或者心怀感恩地为家人烹饪美味的食物。

当你遵循这样的道德义务，将改善世界作为终极价值的时候，就能体会到越发深刻的意义感。那种感觉不是幸福或者快乐，更像是在救赎你破碎而又罪恶的存在，在偿还你那难以想象的奇迹般存在所欠下的债务，在为自己作恶的可能性承担责任，主动成为善的传播者。

权宜之计是把骷髅藏在衣柜里，用地毯覆盖你刚刚洒下的鲜血，这是逃避责任的表现。这是懦弱、肤浅和错误的选择，不断重复则会让人变成恶魔。追求权宜之计是在将你遭受的诅咒转移给他人或者未来的自己，而这会让你和世界的未来都更加糟糕。这样做的人毫无信仰、勇气和牺牲精神，意识不到行动和预设的重要性，也看不清组成世界的价值体系。拥有有意义的生活胜于得到想要的东西，因为你可能不知道自己想要什么，或者真的需要什么。意义是自然显现的，你可以为它创造前提条件，然后在它出现的时候跟随它，但你无法刻意地制造意义。

> **意义的出现表明了你在正确的时间和地点，恰当地平衡了秩序与混乱，让一切都实现了最好的可能性。**

权宜之计只会一时管用，它是及时、冲动而又局限的。相比之下，意义是将原本的权宜之计整理为存在的交响曲。意义是贝多芬的《欢乐颂》所传递的内容，是比言语更有力的表达，是诞生于虚无的优美旋律，其中每种乐器各司其职，训练有素的声音叠加其上，涵盖了人类从绝望到兴奋的所有情感。

意义产生于不同层次存在的完美协作。从原子到细胞，从器官到个体，从社会到自然和宇宙，当每一个层面的行为巧妙地相互促进时，过去、当下和未来就能被同时救赎和调和。意义的美妙和深刻就像是一朵从虚无中绽放、向阳光打开自己的玫瑰花蕾；意义是奋力向上生长，穿越阴暗的湖底并在水面绽放的莲花；意义是万物为了让现实得到不断深刻改善而共同进行的狂舞。当这舞蹈热烈到一定程度时，所有过去的恐怖和人性的痛苦挣扎都会变得不可缺失、重要万分，因为它们都成了创造神圣至善过程的一部分。

意义是终极的平衡。

一边是带来变化和可能性的混乱，另一边是创造规则的纯粹秩序。这种平衡通过混乱创造出更加完美的秩序，从而实现混乱和秩序之间更持久的平衡。意义是道，是一条丰富多彩的生命之路，是在爱和真理的指引之下，你所到达的不受任何欲望侵扰的世外桃源。

追求意义，拒绝苟且。

IT'S TIME TO RID YOURSELF OF YOUR CURRENT PRESUPPOSITIONS. IT'S TIME TO LET GO.IT MIGHT EVEN BE TIME TO SACRIFICE WHAT YOU LOVE BEST, SO THAT YOU CAN BECOME WHO YOU MIGHT BECOME, INSTEAD OF STAYING WHO YOU ARE.

你需要放下当前的预设和执念，
甚至需要牺牲你最在乎的东西，
才能够实现自己的潜力，
而不是始终停滞不前。

存在究竟是好是坏？

你需要冒很大风险，

活在真相或谎言中，直面后果，

然后才能得出结论。

法则八

RULE 8

不买醉鬼卖的东西：说真话，或者至少别撒谎

TELL THE TRUTH — OR, AT LEAST, DON'T LIE

IF YOUR LIFE IS NOT WHAT IT COULD BE, TRY TELLING THE TRUTH. IF YOU CLING DESPERATELY TO AN IDEOLOGY, OR WALLOW IN NIHILISM, TRY TELLING THE TRUTH. IF YOU FEEL WEAK AND REJECTED, AND DESPERATE, AND CONFUSED, TRY TELLING THE TRUTH.

如果你的生活不尽如人意，
试着说真话；
如果你拼命地坚持某种意识
或者沉迷于虚无主义，
试着说真话；
如果你感到脆弱、无用、绝望和困惑，
试着说真话。

我是在加拿大蒙特利尔的麦吉尔大学受训成为临床心理学家的。在校期间，我有时会和同学一起去道格拉斯医院，也是在那里，我们第一次直接接触到了精神病患者。道格拉斯医院占地数十平方千米，由几十栋建筑组成，为了保护员工和患者免受蒙特利尔无尽寒冬的影响，许多建筑之间都修有互相连接的地下通道。道格拉斯医院曾经收容了数百位长期住院的患者，但是随着抗精神病药物的出现和20世纪60年代大规模的去机构化运动，可长期收纳患者的精神病院被大量关闭，看似重获自由的患者往往会因此面临更加悲惨的流浪生活。当我在20世纪80年代初第一次来道格拉斯医院时，大多数患者已经出院了，留下来的那些病情最严重、性情最古怪的患者，聚集在遍布地下通道的自动售货机附近，看上去就像黛安·阿勃斯（Diane Arbus）照片里或者希罗尼穆斯·博斯（Hieronymus Bosch）笔下的人物。

有一天，我和同学们站成一排，等待着负责临床培训的那个古板的德国心理学家安排任务。一位看上去虚弱不堪的长期住院的患者靠近队伍中的一位女同学，用友善和带点稚气的语气问她："你们为什么站在这里？你们在做什么？我可以和你们站在一起吗？”青涩害羞的女同学疑惑地问我：“我应该跟她说什么？”我和她都被这个孤独可怜的人提出的请求吓了一跳，但我们很快便开始思索该如何回应，毕竟我们完全不希望流露出任何拒绝或者谴责的意思。

我们暂时进入了一个无法受任何社会规范指导的“无人之地”。我们都是刚接受临床训练的新生，并未准备好在精神病院里应对精神分裂症患者天真、友好的社会归属请求，特殊的情境也不允许我们和她随意闲聊。在这种正常社交规则完全不适用的情况下，我们应该怎么做？

我很快判断出我们只有两个选择，要么为了不伤患者的面子精心编造一个故事，要么如实回答。“我们的小组只能带 8 个人”和“我们现在要离开医院了”算是第一种，这样的回答表面上看不会让任何人不开心，也可以掩盖我们和她的地位差异，但这是不诚实的，所以我并没有这样做。

我简单直白地告诉患者，我们是受训的心理系学生，因此她无法加入我们。这个答案凸显了我们和她的差异，也拉远了彼此的距离，比精心编造的善意谎言更冷漠。但是我有种预感，如果我撒谎，不论多么友善，都有可能带来意想不到的结果。我的回答让那位患者垂头丧气了一小会儿，然后她似乎理解了什么，于是事情就这样过去了。

逃避还是说出真相

我在这次临床训练之前的几年里曾有过一些奇怪的经历。[1] 我发现自己内心有时会产生一些相当暴力的冲动，虽然从未付诸过行动，但这也让我深感对自己了解太少，所以我开始认真观察自己的言行，结果令我深感不安。我把自己分成了两个部分：一个是说话的部分，另一个是更为超然、专注和具有判断力的部分。我很快意识到，自己说的几乎所有的都是不真实的，而这么做的动机只是为了赢得辩论和他人的认可，或者获得地位的提升和需求的满足。我通过语言来逼迫这个世界向我提供自认为重要的东西，我是个虚伪的人。意识到这点之后，我开始练习只说内心不会反对的话，也就是真话，或者至少不撒谎。这个能力在你不知所措的时候非常有用，因为那时你应该做的就是说真话，我在道格拉斯医院的那一天就是这么做的。

后来，我有过一个偏执、妄想而又危险的来访者。和偏执的人交流是充满挑战的，他们总是相信有股神秘的阴谋势力在暗中操纵他们。患有偏执性妄想的人也极为警醒，对非语言线索的专注程度超乎常人。他们虽然会因为妄想而错误地解读他人的意图，但同时又几乎都在识别不纯动机、评判事物和分辨谎言方面拥有不可思议的能力。如果你想让一个这样的人向你敞开心扉，那么你就必须非常认真地聆听并且说真话。

我认真并坦诚地接待了我的来访者。他时不时会向我描述报复仇人的血腥幻想，而我会观察自己的反应，注意他说话时我脑海里产生的画面和想法，并实时和他分享。我的目的不是控制或引导他，而是尽可能坦诚地让他知道，他的言行会直接影响到除他以外的至少一个人，也就是我。我的专注和坦诚并不意味着我不受干扰或者对他表示认同。当他让我感到害怕的时候，我会让他知道他的言行是错误的，并且他会因此深陷麻烦。

虽然我的回应不太鼓舞人，也对他的想法持反对意见，但这名来访者依然信任我并愿意和我交流，因为我至少是专注和坦诚的。他患有偏执性妄想，但并不愚蠢。他知道自己的行为不被社会认可，任何体面的人都会对他的疯狂幻想感到恐惧。不过，因为我的反应方式，他选择信任我，当然，没有这种信任，我也无法理解他。

来访者的麻烦通常始于银行这样的机构，当他去办理一些诸如开户、还款之类的简单业务时，时不时会遇见一个态度不太好的人。那个人可能不接受他提供的身份证明，或者要求他提供一些多余或难以获取的信息。在这类机构中，官僚式的互踢皮球是不可避免的，但有时候细微的权力滥用则会让事情不必要地复杂化。我的来访者很在意这样的事情，对他来说正义比安全、自由或者归属感都重要。因此他不允许任何人对他有哪怕一丁点的贬低、侮辱或者打压。这种顽固姿态很容易引火烧身，我的来访者已经因此被下了好几道人身限制令了，但是限制令只对那些永远不需要限制令的人管用。

在这样的情况下，我的来访者经常会说："我会成为你最可怕的噩梦。"我在遭遇了烦人的官僚障碍之后也经常很想这么说，但通常更好的办法是让事情过去，不过我的来访者都是认真的，他往往说到做到。有的时候他真的会成为某个人的噩梦，就像电影《老无所依》里的那个坏人一样。就算你只是不小心惹了他，他也会一直跟踪你，让你记得自己做错了什么，吓得你魂不守舍。他容不得被骗，而我的坦诚却让他冷静了下来。

我在租房的时候遇到过一个房东，他曾是当地摩托车帮派的头领，我和妻子塔米住在他隔壁。房东的女朋友身上有因自残而留下的伤痕，这是患有边缘型人格障碍的典型体现。最终在我们住在那儿的那段时间，她结束了自己的生命。

房东丹尼斯是个强壮的法裔加拿大人，留着灰色的胡子，是个挺有天赋的电工，同时他也有一些艺术天赋。丹尼斯以制作带有定制霓虹灯管的木框海报为生。他从监狱出来后尝试过戒酒，但从没成功过。丹尼斯的酒量大得惊人，曾在两天的狂欢里喝掉五六十杯啤酒而且还没有醉。这虽然难以置信，却是事实。我那时候在做家族酗酒行为的研究，受访者的父亲们一天喝掉 1 升多伏特加的情况并不少见。他们每天都要买一瓶伏特加，周六的时候还要买两瓶，这样就能度过周日商店关门的时间。

丹尼斯有一条小狗，当他在进行马拉松式狂饮期间，我和塔米有时会在凌晨四点听见他和狗在后院里一起对着月亮疯狂嚎叫。每隔一阵子，丹尼斯就会因为狂饮而花掉积攒下的每一分钱，然后他会在夜里敲开我家的门，摇摇晃晃但又头脑清醒地站在门前。他这时手里通常会拿着烤面包机、微波炉或者自己做的海报，想把这些东西卖给我，以换钱继续喝酒。我曾装作仁慈地买过一些东西，但最终塔米说服我不要继续这样做，因为她为这样的事情感到紧张，也担心这样做对丹尼斯不好。塔米的要求虽然合情合理，但也让我陷入了一个尴尬的处境。

当一个严重醉酒又有暴力倾向的摩托车帮派头目凌晨出现在你家门口，想要把他的微波炉卖给你时，你应该对他说什么？这比应对医院里的精神病患者或者患偏执性妄想的来访者还要困难，但是答案却是一样的：在你清楚什么才是真话的前提下，说真话。

我和妻子谈过之后不久，丹尼斯又来敲门了。他像很多常惹麻烦的酒鬼一样，虚着眼睛看着我，那眼神好像在要求我证明自己的清白。丹尼斯一边轻微地前后摇晃，一边礼貌地问我是否有兴趣买他的烤面包机。在确认了我的心灵深处不带有任何居高临下或者道德优越感之后，我用尽可能直接而又谨慎的方式告诉他，我不想买。我没有耍任何花招，在那一刻，我不是一个受过教育、讲英语、生活幸运并且正在向上努力的年轻人，丹尼斯也不是一个血液中酒精浓度超标、有过前科的魁北克摩托车帮派头目。我们只是两个在为做正确的事情而共同奋斗的过程中试图帮助彼此的善良人。我说，他曾提到过想要戒酒，如果我给他钱，那便是害了他；此外，他是尊重塔米的，但他这么晚过来又醉醺醺地卖东西，只会让塔米感到紧张。

丹尼斯一言不发，严肃地瞪了我足足15秒。我知道他正从我脸上搜寻着任何讽刺、欺骗、轻蔑或者自鸣得意的微表情，但是我仔细考虑过一切，这些话也是发自我内心的。我谨慎择言，像是在险恶的沼泽中摸索着一条半淹没的石头路一样。然后，丹尼斯转身离开了。不仅如此，他虽然严重醉酒，却记住了我们的对话，从此他再也没有向我们卖过任何东西，我们本已不错的关系也因此变得更加稳固了。

> **逃避或者说出真相，不仅仅是两个不同的选择，更是两条人生道路，两种完全不同的存在方式。**

拒绝欺骗

你可以通过语言来操纵世界、满足自己的需要，即所谓的圆滑处事。圆滑是肆无忌惮的销售推广人员、广告商、花花公子、满嘴口号的乌托邦信仰者和反社会人格者的专长。圆滑的大学生写论文时不会清晰地阐述自己的观点，而是会去取悦教授。圆滑的人会为了得到自己想要的东西而虚伪地奉承和取悦他人，圆滑有时候等同于耍诡计、喊口号和鼓吹宣传。

当人们被不良的欲望主宰时就会以这样的方式生活，所有的言行都是为了满足不良欲望。这些不良欲望通常包括：将自我意识强加于人、强行证明自己是对的、抬高自己的地位、逃避责任、抢夺别人的功劳、被破格提拔晋升、确保被所有人喜欢、获得殉难者的光环、合理化地愤世嫉俗、为自己的反社会倾向辩解、维持天真、利用自己的脆弱性、维持圣人形象，或者将所有问题归咎于缺爱的子女。这些都是奥地利心理学家阿尔弗雷德·阿德勒（Alfred Adler）所谓的“人生谎言”（life-lie）。[2]

活在“人生谎言”中的人会试图用感知、思想和行动来操纵现实，以实现狭隘的预设结果。这样的生活方式通常有意无意地建立在两个假设上：第一，当前的知识足以定义什么能永远被称作正确；第二，现实如果任其发展，将会变得无法容忍。第一个假设在哲学上是无法辩解的，你当下的目标有可能不值得实现，就好像你当下的行为有可能是错误的一样。第二个假设更荒谬，除非现实在本质上是无法容忍的，同时又能够被操纵和扭曲。这样的言论背后的傲慢和自以为是在英国诗人约翰·弥尔顿看来，和魔鬼没什么区别。人类的理性有危险的骄傲倾向：我所知道的就是所有需要被知道的。

骄傲使人爱上自己创造的思想，并且还会试图使之绝对化。

做一个敢于说“不”的人

我见过那些定义了自己的乌托邦，然后强扭生活，试图使之成为现实的人。一个学生接受了“时髦”的反权威姿态，在接下来的 20 年里满怀怨恨地试图推翻他想象中的风车。一个 18 岁的女孩武断地决定在 52 岁时退休，于是她花了 30 年时间来实现这个决定，却没有注意到做这个决定的时候自己几乎“乳臭未干”。青少年时代的她，怎么可能了解 52 岁的自己？即使在多年后的今天，她对自己退休生活的打算也非常模糊不清，而她对此也视而不见。如果一开始那个目标就是错误的，那么这一生又有什么意义呢？她害怕打开充满麻烦的潘多拉之盒，虽然盒子里也包含着希望。相反，她扭曲了自己的生活，将它强行塞进一个天真的幻想当中。

出于天真制定的目标会随着时间的推移变质为险恶的人生谎言。一个四十多岁的来访者和我分享了他年轻时的想法：“我会在退休后坐在热带沙滩上，一边喝玛格丽特鸡尾酒一边晒太阳。”那不是一个计划，而是海报上的场景。在喝了 8 杯鸡尾酒后，等待你的就只有宿醉了；在过了三个星期全是玛格丽特鸡尾酒的生活后，你会无聊到厌恶自己；一年后，你会变得可悲。这并不是可持续的晚年生活方式。这种过度简化和自欺欺人的行为在意识形态主义者中尤为典型，他们相信一些单一的公理：政府是坏的，移民是坏的，国家是坏的，父权制度是坏的。然后他们过滤筛选自己的人生体验，并且狭隘地坚信一切都可以被这些公理所解释。在这些荒谬理论的背后，他们自恋地认为如果自己掌有控制权，整个世界都会变得完美。

人生谎言还有一个根本问题，尤其是当谎言的动机是基于逃避的时候。

> **已知是错的但还去做是明知故犯，允许本可以阻止的错误发生则是玩忽职守。**

人们通常认为前者比后者更糟糕，我却不这么认为。

比如，一个人坚信自己拥有完美的生活，她避免矛盾，笑脸迎人，唯命是从，躲藏在自己的小圈子里，从不质疑权威或直抒胸臆，更不会在被欺负时发出抱怨。她像鱼群中的鱼一样努力地隐藏自己，但是一种隐秘的骚动在蚕食着她的内心。她并不快乐，因为她生活得很痛苦。她感到隔绝、孤独和空虚，感到自己变成了奴隶和被人利用的工具。因为不敢表达自己，所以她得不到自己想要的东西，于是她的存在变得没有价值，她也无法平衡人生的种种麻烦，而这也让她更加厌恶自己。

当你服从的律条逐渐衰退萎缩时，首先消失的或许是那些吵闹的麻烦制造者，但接下来被牺牲的将是那些隐藏自我的人。隐藏自我的人是没有生命力的，因为生命力来自原创的贡献。隐藏不能让循规蹈矩的人免于疾病、精神错乱、死亡和税务，甚至反而会压抑他们那未实现的潜力，而这正是问题所在。

> 如果你不能向他人展现自己，也就不能向自己展现自己。

这不仅意味着你在压抑自我，也意味着你将永远无法实现自己本可实现的潜力，这一点不论在生物学层面还是概念层面，都成立。一方面，当你大胆探索和主动面对未知时，你能够用新获取的信息来更新自己；另一方面，科研人员发现，当一个生物体进入新的环境时，中枢神经系统里新的基因也会被激活。这些基因为新的蛋白质编码，搭建大脑里的新结构。这意味着从生物学的角度来说，自我的大部分都还处于发展的状态，而停滞不会对其有任何好处。你需要通过新的言行和体验来激活自己，否则你就会停留在不完整的状态，而生活对于不完整的人来说是非常艰难的。

当你能够对老板、伴侣或者母亲说“不”的时候，你就已经把自己变成了一个在必要的时候可以说“不”的人。如果你在应该说“不”的时候说了“是”，则会将自己变成一个在显然应该说“不”的时候也只能说“是”的人。

如果你不明白为什么体面的普通人也会作恶，那么这就是问题的答案。到了急需说“不”的时候，能说“不”的人已经不复存在了。

如果你背叛了自己，说了谎话或者做了亏心事，那么你的人格就会被弱化。而人格脆弱的人会在逆境不可避免地降临时被摧毁，到时你会发现自己已无处可躲，最后只能开始做可怕的事情。

聆听本真的声音

只有最悲观和绝望的哲学思想才认为现实可以通过伪造来得到改善。这样的哲学会批判存在和成长的缺陷，谴责真相的不足，将诚实视为被迷惑的结果。这种思想不仅会带来世界的腐化堕落，而且会为这种堕落辩护。这样的情况下，根本问题便不在于伪造现实的打算和行为，而在于缺乏对理想未来的愿景。

> **愿景能够将当下的行为与长远的基本价值观相联系，赋予当下行为非凡的重要性和意义，提供限制不确定性和焦虑的框架。**

因此，最大的障碍不是愿景，而是选择性失明这种最糟糕、最难以察觉、最容易被合理化的谎言。选择性失明是拒绝知道本来可知的事物。否认敲门声意味着有人在门口，这与忽视房间里400千克的大猩猩、地毯下面的大象或者衣橱里的骷髅骨架是同一个道理。选择性失明是在执行计划时对错误采取回避行为。每个游戏都有规则，有些最重要的规则是隐性的，当你决定玩游戏的时候其实就已经接受它们了。比如，其中一条规则是，游戏是重要的，如果游戏不重要，你就不会玩它；另一条规则是，如果你的一个行动能帮助你赢得游戏，那么它就是有效的，如果这个行动无助于胜利，那么它就是糟糕的，也意味着你需要尝试不同的行动。

如果你运气好，却失败了，那么你会在这之后改变方法，以此更进一步。若还不成功，你就再继续尝试新的方法。在幸运的情况下，略微地调整就足矣，所以谨慎的做法是从小的改变开始尝试。不过，有的时候你的整个价值体系可能都有问题，需要被彻底革新。虽然那将会是一个充满混乱和恐怖的过程，你没法轻松面对，但无论如何，做出行动都是有必要的。错误需要被及时纠正，纠正重大的错误往往需要重大的牺牲。接受真相往往伴随着牺牲，如果一直拒绝接受真相，那你就会始终深陷牺牲的巨额亏空中。

举个例子。森林大火会烧掉朽木，让困于其中的元素回归土壤。有的时候大火会被人为阻止，但这并不能阻止朽木的累积。火灾迟早会再次发生，而且会一次比一次更加剧烈，以至于土壤最终也会遭到破坏。

心智骄傲而理性的人享受着确定性带来的舒适，也自恋于自己的才华，所以很容易便会对错误视而不见。从索伦·克尔凯郭尔（Soren Kierkegaard）开始，文学和存在主义哲学家就将这种存在模式视为“非本真”（inauthentic）。一个非本真的人会持续地以个人经验已证明是错误的方式去感知和行事，说的话也并非发自内心。

“我得到想要的了吗？没有，那么我的目标或者方法错了，我还有学习的空间。”这是本真的声音。

“我得到想要的了吗？没有。那么世界是不公平的，人们嫉妒我，或者因为愚蠢而无法理解我，一切都是其他人或事的错。”这是非本真的声音。这个声音离“他们应该被阻止”“他们应该被伤害”“他们应该被毁灭”不远了。这类想法最终可能会导致人做出残酷的无法理解的行为。

我们也不能把这完全归咎于潜意识或者压抑。当一个人撒谎的时候，他是知道自己在干什么的。他也许会无视行为的后果，无法分析和梳理自己的过去，甚至忘记自己撒过谎，以致压根儿意识不到谎言的存在，但是当下的他是有意识的。在那一刻，他知道自己将要做什么。非本真个体的全部罪过混合在一起，足以腐化整个国家。

一个渴望权力的人会在你的工作单位制定新的规则。这些多余的规则在给人带来麻烦的同时还会降低你工作的乐趣和意义感。但是你告诉自己没关系，这不值得抱怨，然后这样的事情又会再次发生。你在第一次不作为的时候就已经训练自己学会了纵容，你的勇气变少了，你的对手则因为无人反对而更强大了，整个机构也更腐化了。官僚主义的停滞和压迫正在上演，而你的视而不见也为其出了一份力。为什么不抱怨？为什么不表明立场？如果你发声了，其他同样害怕发声的人就会一起来支持你。如果别人不这么做，那么也许就到了革命的时候了，也许你应该换一份工作，找一个让自己的心灵不受侵蚀的地方。

一个人若以失去自我为代价赢得了世界，又有什么益处呢？

纳粹集中营幸存者、精神科医师维克多·弗兰克尔（Viktor Frankl）在经典著作《活出生命的意义》中也得出了类似的社会心理学结论：欺骗和非本真个体的存在是社会极权主义的先兆。弗洛伊德也提出了类似的观点：压抑对于精神疾病的产生有着重要影响，而且压抑真相和说谎是同一类行为不同程度的表现。阿德勒知道谎言会带来疾病，荣格也知道他的病人被道德问题所困扰，而这些问题正源自不真实。所有关注个体和文化病态的思想家都得出了一致的结论：谎言会扭曲存在的结构。不真实会同时腐化灵魂和社会，而且一种形式的腐败往往还会滋养另一种形式的腐败。

当下的已知并非绝对的真理

我一再见证背叛和欺骗是如何将存在主义的痛苦转化成彻底的地狱的。比如，当父母身患绝症时，成年子女不合时宜、斤斤计较的争吵有可能让危机变成难以描述的痛苦。带着对过去的记恨，子女们像秃鹫一样聚集在临终者的床前，将悲剧升级成充满懦弱和怨恨的邪恶戏弄。

一心想让孩子免遭失望和痛苦的母亲，最终都无法让孩子独立成长。孩子若永远不离开母亲，母亲就永远不会孤单。这场“阴谋”在千百个会心的眨眼和点头中缓慢而又病态地铸成，母亲扮演着注定要为儿子奉献的烈士角色，同时获取着来自朋友们的同情和支持。儿子在地下室徘徊，想象着自己被压迫的处境，高兴地幻想着以各种方式破坏这个鄙视他懦弱、笨拙和无能的世界。有时候，他真的会付诸行动，然后所有人都会问他为什么。他们本来是可以知道原因的，是他们自己拒绝了。

当然，即使是充实的生活也可能被疾病、虚弱和不可控的灾难扭曲和伤害。抑郁症、双相型障碍和精神分裂症就像癌症一样包含着超出个人掌控范围的生物学因素。生活的艰难足以削弱和压倒一个人，把他逼到极限，并在最脆弱的时候击垮他。即使是最完美的生活，也无法让人感到绝对安全，但是相比那些在家园的废墟上挣扎的人，因为信任和奉献而团结起来的家庭更有可能重整旗鼓。当个体、家庭或者文化中存在足够多的欺骗时，任何天生的弱点或者存在主义的挑战都有可能被放大成严重的危机。

心怀坦诚的人类有能力将存在的痛苦减少到可以忍受的程度。存在的悲剧源自人类经验中固有的局限和脆弱，甚至可以说这种悲剧是我们为存在付出的代价，因为存在必然伴随着局限性。

我曾经见过一位男士诚实而又勇敢地面对自己妻子病情逐步恶化的过程。他拒绝逃避，优雅地调整心态去适应，并同时接受必要的帮助。在妻子即将离世的时候，整个家庭带着支持和关怀之心聚集在她的床前，家庭成员之间也因此建立了新的联结。我女儿的髋部和脚踝曾经遭受过严重损伤，之后的两年里，她承受着持续不断的剧痛，却依然保持着良好的精神状态。她的弟弟也心甘情愿地放弃了许多社交机会，选择陪伴并支持她。一个拥有爱、力量和完整人格的人可以承受难以想象的痛苦，然而由欺骗和悲剧带来的毁灭性打击则是难以忍受的。

人类的理性思维可以以数不清的方式来自欺欺人、扭曲事实。在科学出现之前，这种能力在道德研究中常常被视为恶魔般的存在。理性思维作为一个过程，本质上并不邪恶，而且是能够带来思想的发展与进步的。但问题在于，理性思维往往面对着一个最严重的诱惑，那就是将当下的已知视为绝对的真理。

我们可以再次通过约翰·弥尔顿的诗作《失乐园》来理解这点。在弥尔顿看来，代表理性精神的主人公是最奇妙的天使。我们可以从心理学出发解读这一点。理性是有生命的，它存在于每个人心中，却比任何人都年长。我们应该将它视作一种人格，而不是一种官能。它有自己的目标、诱惑物和弱点，能比其他天使飞得更高、看得更远。但是理性会爱上自己，也会爱上自己的创造，它会抬高自己创造的事物，并将它们奉为绝对的真理。

再次强调，理性面对的最大诱惑就是美化自己和自己的创造，并且宣称自己的理论能够诠释一切，任何超越或超出其理论范畴的事物都是无须存在的。

这等于是在说，所有重要的事情都已经被发现了，没有什么是依然未知的。不过最重要的是，这是在否定勇敢面对存在的必要性。你拿什么拯救自己？有人会说："你需要依赖对已知事物的信仰。"但这不会拯救你，拯救来自探究未知的意愿，这种意愿是对人类有转变可能的信仰，对牺牲当下、成就未来的信仰。总有人是在否认个体需要承担存在的终极责任。

这种否认就是所谓的对神圣至上的反抗。强权主义者认为，所有需要被发现的事情都已经被发现了，一切都将按照计划进行，完美的系统一旦被建立，所有的问题都会永远消失。

弥尔顿的诗歌是一个预言。弥尔顿认为，面对错误顽固地拒绝改变的行为，不光意味着从天堂坠入无尽的深渊，也意味着拒绝救赎。毫无疑问，在语言和行动上撒了足够多谎的人此时就在深渊里。到繁忙的大街上走走，睁大你的眼睛仔细寻找，你一定会发现这样的人。他们会本能地对你敬而远之，也会立刻被你的注视所激怒，有的时候他们还会羞愧地将视线转向他处，因为他们最不想看见的就是从他人眼中反射出的那个堕落的自己。

欺骗让痛苦难以忍受，让心灵充满怨念和报复。欺骗带来了可怕的人类苦难，谋害了数以亿计的人。欺骗险些毁灭了人类文明，而且在今天还依然持续威胁着我们。

选择真相

人们停止撒谎会发生什么？停止撒谎究竟意味着什么？毕竟人类的知识有限。虽然最好的方法和目标难以确定，但是人们必须在当下做出选择。目标可以用来指导行动，带来对照当下的参考，提供评估一切的框架；目标定义了进步，而且会让进步显得令人振奋；目标可以减少焦虑，因为没有目标意味着一切事物的意义都是不明确的，而这会让心灵不安。人们要活着就必须思考、计划、设限和假设，但是如何才能在看清未来、寻找方向的同时避免受到顽固僵化的确定性的诱惑呢？

与未知为友，看清当下

对传统的依赖可以在一定程度上帮我们确立目标，除非有明确的反对理由，从众通常来说都是合理的选择。受教育、工作、追寻真爱和建立家庭都是合理的，文化就是通过这种方式自我维持的。但不论你的目标多么传统，你都应该睁大双眼，谨慎行事。虽然你有了方向和计划，但它们有可能是错误的，你也有可能因为自己的无知甚至无意识的堕落而误入歧途。

> **你需要与未知为友，在行动的同时保持自我觉察。你需要先处理好自己的痛苦，再去担心他人。这样你才能够强化自己，承担起存在的重担，使生活重新焕发活力。**

古埃及人在几千年前就明白了这一点，虽然那时他们的知识还停留在戏剧化表现的层面。[3]他们所崇拜的文明的赐予者奥西里斯，因为受到邪恶弟弟赛特的威胁，始终面临着被颠覆和放逐的危险。这个故事反映的事实是，社会会随着时间的推移而僵化，并且逐渐偏向选择性失明。奥西里斯拒绝看见弟弟的真面目，即便他可以这样做。而赛特则伺机而动，将奥西里斯劈成了碎片，并将其遗骸撒在了王国各处。赛特将哥哥的灵魂送入了深渊，使奥西里斯很难再将自己重新拼凑回来。

幸运的是，伟大的国王并非独自在战斗。同样受埃及人崇拜的荷鲁斯是奥西里斯的儿子，他拥有两种形态，一种是猎鹰，一种是象形文字里著名的埃及之眼。奥西里斯代表了古老而又盲目的传统，而荷鲁斯则拥有洞悉一切的能力，因此他可以战胜邪恶的赛特，尽管他也为此付出了巨大的代价。荷鲁斯和赛特进行了激烈的战斗，赛特在即将战败时夺走了荷鲁斯的一只眼球。荷鲁斯最终夺回了眼球，但是，接下来他却做了一件出人意料的事。荷鲁斯主动将眼睛送给了父亲奥西里斯。

遭遇邪恶所带来的恐惧对神都足以造成损伤。文化虽然建立在过去伟人的精神之上，却始终处于一种濒死的状态。当下和过去不同了，这种差异越大，过去的智慧在当下就越会显得破败和过时，这是时间流逝所带来的不可避免的后果。同时，文化和智慧也容易受到选择性失明的侵害，所以人们当下的错误行为更是会加速传统制度的衰退。

人们有责任勇敢地看清当下，并从中吸取教训，即便当下看上去很可怕，或者看清当下所造成的恐惧会伤害我们的意识和视觉。“看见”这个行为会给个体带来新知，虽然它会挑战我们熟悉和依赖的事物，给我们带来烦恼和不稳定，但它尤为重要。因此，尼采才认为一个人的价值是由他可以承受多少真相来决定的。

> 你绝不仅仅由那些你已知的部分构成，你也包括那些你只要愿意就可以获得的部分。你永远不应该为了当下的自己而牺牲未来你可能成为的样子。

你永远不应该为了当下的安全而放弃更好的未来，尤其是当你已经瞥见了一些无法忽视的可能性。

直面真相，坦诚生活

每一点新的信息都会挑战现有的观念，迫使其融入混乱后再获得更好的重生。有时候这样的“死亡”会毁灭一个人，使他无法恢复，不过有的时候它也会给我们带来巨大的改变。我的一个好朋友发现结婚数十年的妻子有了外遇，他因此大受打击并陷入抑郁。那时他对我说：“我一直觉得抑郁的人应该自己振作起来，现在我才发现自己有多愚昧。”但最终他还是从深渊回归了，在很多方面都成了一个更好、更具智慧的人。他减掉了近 20 千克体重，跑了马拉松，去非洲攀登了乞力马扎罗山。面对深渊，他选择了重生。

设定自己的志向，即使你不确定应该有怎样的志向。

> 与发展和人格相关的志向比追求权力和地位的志向要好。

总有一天你会失去现有的地位，但你的人格会一直跟随你，帮助你战胜一切困难。你该做的事情用比喻来描述就是，在一块巨石上绑好绳子，将巨石举起，抛向前方，然后你拉着绳子一步一步向石头靠近。一边前进一边观察，将你的经历尽可能清晰地向自己和他人表达，这样你就能更加有效地实现自己的目标。当然，这个过程中你不能撒谎，尤其是不能对自己撒谎。

如果你关注自己的一言一行，渐渐地，你就能在自己言行不当的时候感受到内在的分裂和脆弱。这不是在想象，而是一种实际存在的具体感受。对我来说，那是一种下沉和分裂的感觉，而不是坚定和力量的表现。那种感觉似乎来自腹腔的神经丛，那里有一大块神经组织。我会根据下沉和分裂的感觉来推断谎言的存在，我也因此学会了识别自己是否在撒谎。我花了很长时间才看清自己的这种欺骗行为，有时我是在用言语保全面子，有时是在掩盖自己的无知，有时也是在利用他人的观点来逃避独立思考的责任。

> **专注能够让你朝着目标前进，更重要的是，专注带来的信息能够让你及时调整目标。**

一个强权主义者从不会问："如果我现在的志向错了呢？"他会把自己的志向视为绝对的存在，这个志向会成为他的神、他的终极价值，会决定他的情感、动机和思想。每个人都会服务于自己的志向，只不过有的人明确地知道他们的神是谁，而有的人却不知道。

如果你彻底盲目地为单一目标服务，那就永远无法发现那些对你和这个世界的发展来说更好的目标，你的不坦诚会牺牲掉这种可能性。如果你实事求是，在奋进的过程中允许自己看清不断显现的现实，那么你对于事物重要性的理解就会发生转变。你会重新调整方向，这种改变有时候可能是缓慢的，有时却可能是突然的。

举个例子，你听从了父母的意见去读工程学，但这并不是你的爱好所在。当你违背自己的意愿去行动时，你会缺乏动力，不断失败，就算再专注、再自律也没用。你的心灵会反抗意志的暴政。你为什么要服从？也许你不想让父母失望，也许你缺乏勇气面对由争取自由所带来的必要冲突，也许你不想打破对父母全能的幻想，坚持相信有人比你更了解你自己或者这个世界。你想要以此屏蔽自己强烈的存在主义孤独和相应的责任。这些想法很常见，也不难理解，你会感到痛苦是因为你注定不会成为一名工程师。

有一天你忍无可忍地退学了，你让父母失望了，但你也逐渐接受了这一点。你只征求自己的意见，而这也意味着你必须依赖自己做决定。你决定开始学习哲学，为自己之前的错误负责。你完全拥有了自己，发现了自己真正的志向所在。随着父母的衰老，你也成熟到能够在他们需要的时候去支持他们了。这是双赢的结果，但也是有代价的，那便是你必须在此期间面对由你的坦诚所带来的冲突。

当你直面真相、坦诚地生活时，需要接受这种存在模式带来的冲突，这样你才能在大大小小的事情上变得更加成熟和有担当。你会不断发现和纠正那些不可避免的错误，然后朝着更新也更明智的目标不断前进。随着经验的累积，你会越来越明白什么是最重要的。你不再走弯路，而是会笔直地迈向美好的未来。如果你在一开始就固执地认为自己绝对正确，那你将无法理解这种美好。

如果存在是好的，那么和存在建立最清晰、纯粹和恰当的关系就是好的。如果存在是坏的，那么就没有什么能拯救你了，尤其是那些自欺欺人的叛逆、糊涂的想法和盲目的反启蒙主义。

> **存在究竟是好是坏？你需要冒很大风险，活在真相或谎言中，直面后果，然后才能得出结论。**

这就是丹麦哲学家克尔凯郭尔所强调的“信仰行动”（act of faith）。你没法预知结果，个体间的差异巨大，他人的正面例子不足以作为证据，你必须拿自己的人生做赌注去得出答案。

你相信命运会把你带到更好的地方，相信改变的过程可以不断纠正存在，这就是探索精神的本质。

也许更好的理解方式是，每个人都需要具体的目标和志向来避免混乱，清晰地理解自己的人生。

> **所有的具体目标之上都应该有一个元目标，也就是一种发现和确立目标的方法。**

这个元目标可以是"真实地活着"，这意味着你需要努力向清晰、明确的临时目标前进，随时清楚成败的标准是什么，如果别人能够了解你的标准并督促你，那就更好了。与此同时，你也要允许世界和自己的内心以它们该有的方式呈现出来。这既是务实的志向，又是最勇敢的信仰。

用真话战胜谎言

生活是痛苦的。人生的不完美是关于存在最重要和不争的事实。存在的脆弱性会使我们不可避免地感受到由社会批判、轻蔑鄙视和必然的死亡带来的痛苦，这些痛苦虽然可怕，却不足以腐蚀这个世界，将世界变成地狱。而要使世界变得可怕，你需要撒谎：

> 巨大谎言中总是包含着可信度，大的谎言比小的谎言更容易欺骗人们原始天真的心灵，因为人们自己常常在小事上说小谎，却不敢大规模作假。人们从不会想到编织巨大的谎言，也不会相信他人会无耻到大张旗鼓地歪曲事实。就算他们清晰地看到了撒谎的证据，也依然会疑惑又犹豫地认为也许事情还有其他的解释。[4]

先有小谎，后有大谎。小谎像是谎言之父用来吸引受害者的诱饵。

想象力让人能够幻想不同的世界，这是人类创造力的终极来源，但这种能力也有不好的一面，即我们会诱导自己和他人进入违背事实的信念和行为中。而且，既然扭曲事实可以带来小利，使事情进展顺利，假象得以维持，感情免受伤害，为什么不撒谎呢？人们真的需要在每时每刻都直面险恶的现实吗？当这样做太痛苦的时候，转过头去岂不是更好？

不这么做的原因很简单：一切都将分崩离析。昨天管用的招数今天不一定管用，人们从祖先那里继承了伟大的传统，但是它们已无法安全适应今天的世界，而活生生的人是能够适应的。我们可以睁开双眼，对现有的一切进行必要的调整，使其平稳运转，或者也可以对问题视而不见，毫无作为，然后在受挫时怨天尤人。

一切都将分崩离析，这是人类最重要的发现之一。

人的盲目、欺骗和不作为会加速重要事物自然衰败的速度。疏忽会让文化衰退和消亡，让邪恶有机可乘。

大多数谎言都是靠行为来体现的，行为上的谎言像一大锅汤里的一颗老鼠屎，会影响其他所有的事物。谎言就像是一个生命体一样会生长蔓延。足够大的谎言甚至能破坏整个世界，但如果仔细观察，你就会发现，弥天大谎都是由无数小谎构成的，小的谎言往往就是弥天大谎的起点。

谎言不只是对事实的错误描述，不诚实的行为也是对人类最大的威胁。这种行为通常显得无害，缘于微不足道的恶意和无知，或许只是为了逃避一些微小的责任。但这一切都掩盖了这种行为真正的危险性，因为它和那些巨大的恶行本质上是一样的。谎言会腐蚀世界，而腐蚀正是谎言的目标。

一开始你只是撒了个小谎，然后你便需要用更多小谎去掩盖。接下来你为了避免撒谎的羞耻感而扭曲思维，并用更多的谎言来掩盖扭曲的后果。这些必要的谎言会在不断重复之下转变成自动化、特殊化、结构化的无意识信念和行为。当虚伪的行为无法带来期望的结果时，你的人生便开始恶化。就算你不信有南墙这样一个存在，你也会被撞得头破血流。

成功的谎言必然会带来无知和优越感。当然，这里所谓的成功是假设的，而这正是谎言的危险之处。你会以为除自己之外的每个人都是愚蠢的，而且每个人都被你欺骗了，所以你会产生一种错觉，即自己可以为所欲为。最终你会相信一切存在都在自己的掌控之中，所以存在不值得尊重。

事情就是这样分崩离析的，像被撕成碎片的奥西里斯一样。一个个体或者集体的结构就是在这种邪恶力量的影响之下逐步瓦解的。混乱会像洪水一样吞噬我们熟悉的家园，但这还不是绝望的深渊。

当谎言破坏了个体或集体与现实的关系时，深渊才会真的出现。一切瓦解崩溃，生命凋零，世间充满挫败和绝望，希望也不再有意义。不诚实的人们在持续失败的折磨下，开始变得愤愤不平。失望和失败使人相信世界是在故意与我为敌。它要让我毁灭，而我也必将复仇。至此，一个可怕而又未知的世界成了痛苦之源。

说真话能够创造最宜居的现实。真相可以屹立千年不倒，它使穷人衣食无忧，让国家富强安稳。真相将人类的复杂性简化为各自的语言，让人和自己化敌为友。真相让过去尘埃落定，并充分利用未来的可能性。真相是取之不尽的终极资源，是黑暗中的光亮。

看见真相，讲出事实。

他人的观点无法被伪装成真相，因为真相不是一串口号。相反，真相是个人的。只有你能够识别基于自己独特人生情境的真相。理解你的真相，谨慎而又清晰地将它传达给自己和他人，这会让你当下的生活安全而富足。当你的未来能够在过去的确定性之上展开时，它也必将是充满善意的。

真相从存在的最深处不断涌现，让你的心灵在面对生活不可避免的悲剧时免于枯萎和死亡。它能让你优雅地承担起存在的重担，而不是试图报复，这样存在就可以继续。

> **如果你的生活不尽如人意，试着说真话；如果你拼命地坚持某种意识或者沉迷于虚无主义，试着说真话；如果你感到脆弱、无用、绝望和困惑，试着说真话。**

说真话，或者至少别撒谎。

缺乏聆听的对话

总是在支持某种现有的秩序，

相比之下，共同探索

则鼓励人们与未知为友。

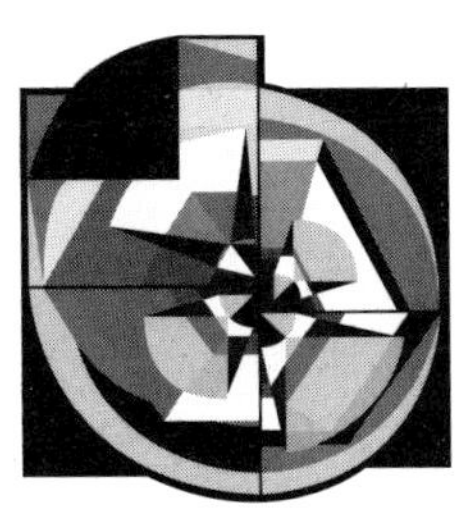

法则九
RULE 9

别偷走来访者的问题：假设你聆听的人知道你不知道的事

ASSUME THAT THE PERSON YOU ARE LISTENING TO MIGHT KNOW SOMETHING YOU DON'T

LISTEN, TO YOURSELF AND TO THOSE WITH WHOM YOU ARE SPEAKING. YOUR WISDOM THEN CONSISTS NOT OF THE KNOWLEDGE YOU ALREADY HAVE, BUT THE CONTINUAL SEARCH FOR KNOWLEDGE, WHICH IS THE HIGHEST FORM OF WISDOM.

聆听自己，
聆听与你对话的人。
不局限于已经拥有的知识，
不断寻求新知，
这才是最大的智慧。

别给建议，选择聆听

心理咨询不是给建议。当你和一个人讲述复杂又糟糕的事情时，如果他想要敷衍你，就会给你建议；当你的交流对象想要陶醉于自己智慧的优越性时，他也会给你建议。对方的逻辑是，如果你没有那么愚蠢，就不会面对这些愚蠢的问题。

心理咨询是真诚的对话。

> **真诚对话包括探索、澄清和策略制定。在真诚的对话里，大多数时候你是在聆听。聆听就是关注的表现。**

当人们被关注的时候，真的会告诉你很多事情，有时候他们甚至会告诉你，自己的问题出在哪里，以及打算怎么解决。有时候这也能帮助你解决一些你自己的问题。许多时候，我的来访者会告诉我一些意想不到的事情。比如，有一位来访者说她是个女巫，而她所参加的女巫集会一般会花很多时间在一起构想世界和平。这位来访者一直在一个政府机构里做小职员，我绝对猜不到她是个女巫，更想不到女巫集会会关注世界和平。我也不知道应该如何看待这样的事情，但至少它很有趣。

在临床工作中，对有的人我说得很多，对有的人我则聆听得更多。许多被我聆听的人在生活中没有任何倾诉对象，处于非常孤独的状态。这样的人比你想象的要多得多，你不会遇见他们，因为他们总是独自一人。还有些人之所以孤独，是因为他们周围都是些苛刻、自恋、酗酒或者受过创伤的人。有的人不善于表达自己，说话总是爱偏题，或者总是重复同样的话；有的人表达不清且自相矛盾，聆听他们不是件容易的事；还有的人正处于糟糕的境地，如家里有失智的老人或者患病的孩子，他们没有多少时间可以照顾自己。

有一次，一位和我打了几个月交道的来访者在简短寒暄后说："我觉得我被性侵了。"要回应这样的表述并不容易，尤其是这类事情通常有许多无法了解的细节。性侵通常和酒精有关，酒精能赋予现实一种模糊性，而这也是人们喝酒的原因之一。酒精能让人暂时忘掉自我意识的沉重负担，喝醉的人并不那么在乎未来，他们也会因此感到异常振奋。人们喜欢像世界末日要来了一般狂欢，但因为世界在第二天依然存在，所以他们经常会遇上麻烦。他们会喝到神志不清，或者和鲁莽的人前往不安全的地方。他们玩乐的同时，也可能会被侵犯。我立刻想到这可能就是事情的起因，但是这位来访者加上了一个细节："我被侵犯了5次。"第一句话已经够糟糕了，第二句话则令人不可思议。5次？这代表了什么呢？

我的来访者告诉我，她通常会去酒吧喝几杯，然后就会有人来和她搭讪。接下来两个人可能会一起回家。第二天当她醒来时，她会不确定发生了什么，也不确定自己和对方的意图，甚至会对世界产生怀疑。我们姑且称这位来访者为S小姐。S小姐困惑到了极点，就好像自己是幽灵一样。

S小姐知道如何更好地展现个人形象，所以她打扮得非常职业。她巧妙地进入了一个重要的交通基建项目的政府顾问委员会，但她其实并不了解政府、顾问工作和基础建设。S小姐同时还主持着一个面向小型企业的地方电台节目，尽管她从未真正在企业工作过，也对创业一无所知。她从成年之后就一直在领社会救济金。

S小姐的父母从未给过她任何关注。她有四个兄弟，但都对她不好。她没有朋友，也没有伴侣；没法和任何人交流，也无法独立思考。可以这样说，S小姐没有自我，她的存在只是一系列杂乱无序的生活经验。我试图帮S小姐找过工作，我让她把简历给我，而她带来的简历足足有50页那么长。那份简历被装在一个文件盒里，用标签分隔成了诸如“我的梦”“我读过的书”等不同栏目，里面包含着对数十个梦境的描述和她自己的读书笔记等内容。这就是S小姐打算发给潜在雇主的东西。很难想象一个人的存在感要低到怎样的程度，才会用50页梦和小说列表来做自己的简历。S小姐对自己、他人和世界都一无所知。她像是失焦的电影一样模糊不清，而她却在拼命地等待着能赋予一切意义的人生故事。

如果你往冷水里加糖搅拌，糖会溶化。如果你将水烧开再加入大量糖，糖也会更充分溶解。如果将烧开的糖水静置冷却，你可以获得含糖量更高的凉糖水，这被称作超饱和溶液。如果你将一粒单晶糖放入超饱和溶液，溶液里所有多余的糖分都会迅速结晶，仿佛它们都急切地渴望回归秩序。我的来访者就是这样的，现有许多心理疗法之所以有效，就是因为能帮助她这样的人。当人们困惑到一定程度时，任何相对合理有序的解释系统都可以让他们的心灵获得秩序和改善。不论是精神分析、人本主义还是行为主义疗法，都能够将他们生活的散乱元素有序地整合到一起，让他们获得对自己的连贯理解。这至少能让人获得一定的自我价值，就好像你没法用斧子来修车，但至少可以用它来砍树一样。

在我和S小姐一起攻克难关的阶段，媒体上充斥着各种有关恢复记忆的故事，其中对性侵记忆的恢复引发了广泛争议。恢复的记忆究竟是对过去创伤的真实反映，还是一个人在咨询师有意无意的压力之下自我构建出来的？或许这样的构建能让人把所有问题都归咎于简单的原因？我认为各种可能性都存在，不过我很清楚，在我的来访者披露了她对自己的经历的不确定性之后，为她灌输虚假的记忆有多么容易。过去看上去是不可改变的，但从心理学层面来讲并非如此。毕竟过去发生了非常多的事情，而且我们理解过去的方式也可能发生了巨大变化。

比方说，虽然一部电影从一开始就充满了可怕的事件，但最后所有的危机都化解了，那么足够快乐的结局是可能改变过往事件的意义的。有了这个结局，之前所有的铺垫看上去都是值得的。而另一部电影可能讲述了许多精彩有趣的故事，但是故事太多了，在电影看到一半的时候你会开始担心剧情能否合理地收尾。结果电影的结尾并没能收拢剧情，而是唐突地结束了，或者留下了一些烂大街的“悬念”。这样的电影即使大部分时间都令人投入和开心，但最终的结尾却会让你忘掉之前的所有快乐，并深感恼火和不满。

当下可以改变过去，未来则可以改变当下。

另外，当你回忆过去的时候也是有选择性的。也许你无法清晰回忆所有同等重要的事情，就好像当下你也只能注意到周遭环境的一部分。你将经验当中的某些元素整理归类，使它们脱离其他的部分，这是极为随意和武断的。你的知识和感知有限，所以无法全面地记录一切，你也没法始终保持客观，在大多数时候还是会受既得利益的驱使。既然如此，我们要如何构建自己的故事呢？

不同事件之间的边界究竟在哪里？

儿童性虐待的普遍程度是令人震惊的[1]，却没有专业度欠佳的心理咨询师想的那么普遍，而且并非所有受害者都会一直处于无法疗愈的状态。[2]每个人的韧性不同，同样的问题可能会毁掉一个人，也可能会被另一个人轻松解决。但一些对弗洛伊德一知半解的咨询师总会死板地认为，每一个痛苦的成年人在童年时都一定遭受过性虐待。这些咨询师无法看到其他的可能性，所以他们挖掘、推断、暗示、诱导，夸大一些事件的重要性，只愿看到符合自己理论的事实。[3]然后他们说服来访者相信自己曾被虐待过，并鼓励来访者回忆，而来访者真的就开始“回忆”起来，以致有时还会控告他人。来访者回忆起来的有的并非事实，被控告者也是无辜的。好处是什么？对咨询师来说，至少自己的理论屹立不倒。然而，当人们试图维护自己的理论时，往往会造成许多间接伤害。

当S小姐谈及自己的经历时，我很清楚心理咨询师该维护自己的理论。当她回顾自己去单身酒吧和之后的经历时，我同时也想到了许多事情。我想到：“你的自我模糊到几乎不存在，你混乱而且毫无方向感，任何人都可以自私地拉你走上他们的道路。”毕竟她不是自己生活的主角，而是别人生活的配角，而且可能还是那种丧气、孤单而又悲惨的配角。当S小姐讲完之后，我们沉默地坐着，我想：

“你有正常的欲望，你非常孤独，你的欲望得不到满足。你害怕男人，对世界无知，也不了解自己。你四处游荡，像是一场等待发生的意外，而且意外的确会发生。这就是你的生活。

“你心里有一部分想要被占有，一部分想做个孩子。你被兄弟们虐待，被父亲忽视，所以你有一部分想要报复男性。此外，你有一部分感到愧疚，另一部分感到羞耻，还有一部分是激动和兴奋的。你是谁？你做了什么？发生了什么？”

客观真相是什么呢？我们永远没法回答这个问题。客观的观察者和准确完整的故事几乎都是不存在的，存在的只有主观和片面的视角，但是有的视角的确比别的更好。

记忆是一种工具，让我们可以用过去来指导未来。如果你遇到过不好的事情，并且搞清楚了原因，那么未来你就可能避免不好的事情再次发生。

> **记忆的目的，不是要记住过去，而是要避免重蹈覆辙。**

我想到，我可以让S小姐的生活变简单。我可以告诉她，她对自己被性侵的怀疑是完全合理的，她的自我怀疑只是作为长期受害者的结果。我可以强调，她的伴侣有法律义务确保她不会因为醉酒而无法做出选择。我可以告诉她，只要当时她没有明确表示同意，她所经历的所有行为都是暴力和非法的。我可以告诉她，她只是个无辜的受害者。我本可以告诉S小姐这一切，而我们都会把这些看法当成真相，她会记一辈子，然后拥有新的过去和新的未来。

但我也想到，我可以告诉S小姐，她的生活一团糟。当她游荡着走进酒吧时，她对自己和别人都构成了一种危险。她需要醒过来，看到如果自己去单身酒吧喝太多酒，然后被人带回家的结果是必然的。换句话说，我可以用更哲学的方式告诉她，她就是尼采所说的“苍白的罪犯”（pale criminal）。这种人在上一刻还敢于违反神圣的法律，下一刻就会开始逃避责任。这也可能成为真相，而她也会接受并记住这一点。

如果我激进并正义，我会给她第一个建议；如果我求稳并保守，我会给她第二个建议。不论我给 S 小姐哪个建议，所获得的答复都会让我俩感到满意，因为故事的真实性无可辩驳，而这就是所谓的“给建议”。

表达、思考、聆听自己

我最终没有给建议，而是决定聆听。我不想偷走来访者的问题，也不想做别人故事里的救世主或者天降神兵。所以我问 S 小姐她自己是怎样看待自己的问题的，然后我认真聆听。她说了许多话，而当她说完时，我俩都不确定她是否被性侵了。生活就是这么复杂，充满了不确定性。

> **有时候，你必须改变理解一切事物的方式，然后才能理解某一件具体的事情。**

“我被性侵了吗？”这是一个非常复杂的问题。提出这个问题的方式本身就包含了无穷的复杂性，更不用说“5 次”了。这个问题背后隐藏着一系列问题：什么是性侵？什么是同意？怎样的交往行为是谨慎的？一个人应该如何保护自己？错在哪一方？“我被性侵了吗？”这个问题就像是一条九头蛇，砍掉一个头，它又会再长出两个头来。生活就是这样复杂，S 小姐可能需要一直说 20 年的话才能搞清楚她的问题，而这个过程也需要有人一直聆听。我开启了这个过程，但是现实不允许由我来结束它。S 小姐结束咨询的时候，只是比第一次见我时思路稍微清晰了一些，至少她没有盲目地用我的思想代替她自己的思考。

模拟世界，规划行动

人们需要表达，因为这与思考密不可分。如果人们不思考，就会盲目地误入歧途。在思考时，人们会对世界进行模拟并且规划自己的行动，然后人们才能搞清楚哪些蠢事是不应该做的，进而避免恶果。这就是思考的意义。模拟世界和规划行动是只有人类才有的智慧之举。我们会创造代表自己的小人，然后将他们放在虚拟世界里，观察他们的行动。如果他们获得成功，我们便可在真实世界里模仿他们的行为；如果他们失败了，我们则可吸取教训。虚拟世界里小人的死去，代表真实世界中的我们可以继续活下去。

想象一下两个孩子之间的对话。较年幼的那个说："爬到房顶上去应该很好玩。"他将自己的小人放在了一个虚拟世界里，但是他的姐姐反对说："一点都不好玩，如果你掉下来怎么办？如果被爸爸发现怎么办？"于是，弟弟会修改之前的模拟，得出相应的结论，然后忘掉那个虚拟世界。或许为爬上房顶承担风险是值得的，但现在这种风险被考虑到了，所以虚拟世界较之前更完善了一些，那个小人也更智慧了一些。

人们认为自己会思考，但事实并非如此。大多数时候我们只是在进行自我批判，真正的思考如同真正的聆听一样少见。思考就是聆听自己，而这并不容易。要思考，你至少要同时分饰两个角色，而且还要允许他们有分歧。思考是两个或两个以上世界观之间的对话。视角一号是虚拟世界里的一个小人，他对过去、现在和未来有着自己的理解，他也有一套自己的行为逻辑。视角二号、三号和四号也是如此。思考就是这几个小人在互相沟通的过程。你不能预设其中某一方是错的，因为那不是思考，而是在做"事后诸葛亮"。当你弱化了反对自己欲望的声音时，就可以一意孤行，但这就像是煽动鼓吹或者花言巧语的行为。

用结论来证明证据的合理性，是对真相的逃避。

真正的思考是一件复杂而且要求很高的事情，你需要既能清晰地表达又能审慎、明智地聆听。真正的思考会涉及冲突，所以你要能够容忍冲突。冲突包括谈判和妥协，所以你也要懂得如何讨价还价并给自己做心理建设。有时思考会导致一部分小人消亡，但是它们并不希望自己被打败。在虚拟世界创造小人的过程很不容易，小人也很有能力，且会为了生存而战。所以你最好认真听它们讲话，否则它们就会躲起来变成恶魔，然后再来折磨你。

思考是一件情感上痛苦、生理上辛苦的事情。

要想在头脑里进行这一切，你首先需要是个头脑清晰而又精明的人。如果你不善于思考，不太能同时扮演两个角色，那该怎么办？很简单，说话就行了，不过需要有人聆听，聆听者就是你的合作者或你的对手。

参考聆听者的反应

聆听者能在不说话的情况下测试你的表达和想法。聆听者象征着广义的人性，代表了大多数人的看法。虽然大多数人并非总是正确，但是通常他们都是对的。如果你说的话让大多数人都大吃一惊，那么你或许应该重新考虑自己表达的内容。虽然我这么说，但我相当清楚有时引发争议的意见才是正确的，过去许多拒绝聆听的人正是栽在了闭目塞听上。正因为如此，我认为每个个体在道德上都有义务坦诚地说出自己经历的真相。但是，新鲜和激进的事物在大多数时候依然是错误的，除非你对于它们的存在有极好的理由。你拥有自己的文化，它就像一棵大橡树，你栖身在它的一条树枝上，不过如果树枝断裂，你下坠的距离可能远超乎你的想象。

正在读这本书的你，很有可能享有许多特权。你能够阅读，你有时间阅读，这说明你栖身在橡树的顶端。这一切可能是无数前人努力的结果，而你应该对此多少心怀感激。

> **如果你执意要按照自己的方式改变世界，坚持自己的看法，那么最好有自己的理由，而且是经过充分思考的理由，否则你的下场可能很糟糕。**

除非理由很充分，否则你最好还是跟随大家的选择。当你走在别人开拓的道路上时，至少知道曾有人走过这里，而你偏离既有道路的后果很有可能是遭遇埋伏在荒野中的强盗和怪兽。

这就是前人智慧的重要性所在。

聆听者即使不说话也能够反映众人的看法，所以只需让说话的人聆听他自己就可以了。弗洛伊德就是这样建议的，他让病人躺在沙发上，面朝天花板，随意地讲述他们想到的事情。弗洛伊德把这个方法称为自由联想，通过这样的方式，弗洛伊德派的精神分析师能够避免让自己的偏见和看法影响患者的内心世界。

弗洛伊德不希望患者的自主冥想被他的任何细微情绪所改变。弗洛伊德担心自己的看法或者未处理的困扰会有意无意地在自己的反应当中体现出来，而这有可能会对患者的成长产生不利影响。同样的原因，弗洛伊德也要求精神分析师接受精神分析，他希望那些运用他方法的人能够先发现并消除自身的盲点与偏见，从而在治疗他人的时候保持理性。弗洛伊德是有道理的，不过他这种抽离和疏远的方法也有缺点，因为许多寻求治疗的人其实是渴望获得更为亲近和个人的关系的，即使这样的关系有风险。因此，我和大多数临床心理学家一样，选择了以对话的方式进行咨询。

让我的来访者看到我的反应是有价值的。为了避免不当影响，我尽量以恰当的心态和动机去回应来访者，尽我所能地为他们的利益着想，保持头脑清晰，将自己的担忧先放在一边。这样我就可以专注于最有利于来访者的事情，同时审视自己对最有利的判断是否有误差出现。咨询师需要有意识地建设和维持这样的姿态，这样能大大减少人际互动中的风险。我和来访者面对着彼此，他们说，我听，有时我会给予回应，但这些回应不一定是言语上的。我们能看见彼此的表情，所以也能获得及时的反馈。

我的一个来访者可能会说“我恨我老婆”，这句话一出口就成了悬在空中的真实存在，具体清晰，无法忽视。来访者有点被自己吓到了，同时也看到了我眼神中类似的反应。他注意到这一切后会试图恢复理性并接着说：“等一下，我收回，那句话太刻薄了。我只是有的时候恨我老婆，特别是在她不告诉我她想要什么的时候。我妈也一直这样，我和我爸都特别抓狂，而这反过来又让我妈备感折磨。她是个好人，但是内心充满了怨恨。嗯，至少我老婆不像我妈那样爱愤愤不平。哦，不对，其实我老婆很擅长告诉我她想要什么，我只是在她不告诉我的时候很烦躁，因为我妈喜欢用这样的方式折磨我和我爸。我真的很受影响，这也许是我现在经常会对这样的事情反应过度的原因。天呐，我的反应居然和我爸对我妈的反应一模一样！这不是我，这和我老婆也没有任何关系！我应该让我老婆知道这一点。”

我能够看出我的来访者之前没有恰当地区分他的妻子和他的母亲，也在无意识中被他父亲的情绪所左右。现在他自己看清了这一点，辨识度更高了一些，自我意识也更清晰了一些。他缝合了自己内心世界的一条小裂痕。来访者对我说：“今天的咨询很棒，彼得森博士。”我点点头。

有时候，你只需要闭嘴就可以做个很聪明的人。

即使不说话，我也可以作为一个合作者和对手。我的表情传达了我的回应，即使有时候非常微妙，但就像弗洛伊德所说，在沉默时我依然在沟通。不过要在咨询中开口，应如何选择时机呢？我会让自己拥有合适的心态，以改善现状为目标，这能让我的内心有清晰的方向，并且在对话中也能给出有利于这个目标的回应。我会先观察和披露自己的内在反应。举个例子，当来访者说了一些话之后，我的内心会产生一些想法或幻想，通常这些反应都和来访者之前甚至和上一次咨询说的话有关。于是我会毫无私心地和来访者说："你说了这些事情，我注意到了，然后也意识到了问题所在。"然后我们会对此进行讨论，以判断我的反应有着怎样的意义。有的时候我的反应是自恋的，这也是弗洛伊德担忧的。不过有的时候那种反应只是一个抽离但又态度积极的人在对另一个人进行自我披露。这种反应是有意义，甚至是带有纠正性的。当然，有的时候我才是那个被纠正的人。

你必须能够与别人相处，而咨询师就是别人之一。一个好的咨询师会告诉你他的真实想法，这和告诉你他认为什么是对的是两回事。这样你就能至少拥有来自一个人的坦诚反馈。这是很难得也很有价值的。心理治疗过程的关键就在于两个人互相实话实说，而且都聆听彼此。

不带批判地聆听

20世纪最伟大的心理咨询师之一卡尔·罗杰斯很了解聆听这件事，他写道："我们大多数人无法坚持聆听，总是忍不住要去评价，因为聆听太危险了。聆听的首要要求是勇气，而我们并不总具备勇气。"[4]罗杰斯知道，聆听可以改变一个人，所以他评论道："你们有的人以为自己善于聆听，却从未改变过别人。这很有可能是因为你们的聆听并不是我所描述的那种聆听。"罗杰斯提议读者做一个小实验，在下次遇到争执时，先停止对话，并且立这样一个规矩：每个人必须先准确反映对方刚刚表达的想法和感受，直到对方满意，然后才能表达自己的观点。这个技巧在生活和工作中都非常有用，我经常总结他人对我说的话，确认我是否准确理解了他们。有时我理解得很准确，有时却会有些小偏差，甚至还有些时候我完全误解了对方。不过，这些全都是很有价值的反馈。

像这样总结有几个好处。第一个好处是我能够真的理解别人在说些什么。罗杰斯说：“总结听上去很简单，但是尝试之后你就会发现这是最难做到的事情之一。如果你真的渴望理解一个人，愿意走进他的内心世界去看看他眼中的生活，那么你自己就很有可能被改变。你会从他的角度去看世界，你的态度和性格都会受到影响。而对我们来说，被改变是最可怕的事情之一。”这是一个极为有价值的观点。

第二个好处是能帮助你整合记忆信息。比如，我的一个来访者在咨询中曾为我讲述了一段漫长、曲折而又带有强烈主观色彩的艰难经历，随着我们不断地总结，故事变得越来越短，最终这个故事在来访者和我的记忆当中以我们讨论得出的形式保留了下来。这段记忆在很多方面发生了积极的变化。故事不那么沉重了，提炼了要点和寓意，因果关系更加清晰，来访者也降低了未来重蹈覆辙的概率。成功的记忆会告诉你发生了什么、原因是什么、未来要避免同样的结果你需要做什么。记忆的目的不是要准确记录过去，而是要帮助你更好地面对未来。

第三个好处是避免陷入谬误。在遭到反对的时候，人们会忍不住过度简化或者扭曲对方的观点。这么做你不仅会伤害对方，而且还会损害你自己的立场。相反，如果你需要先总结对方的观点并且让对方认同你的总结，那么你可能需要用更加清晰和简洁的方式来表达。当你站在对方的角度去思考时，你要么会发现其中有价值的部分，从而有所收获，要么会找到更好的反驳方式。这样你就不再需要曲解对方的观点，而且也可减少误解和自我怀疑。

有时我们需要花很多时间才能真的理解别人表达的意思。通常这是因为别人也是第一次表述自己的观点，所以难免有钻牛角尖和自相矛盾的可能。

> **表达和思考在更多时候在于你忘掉了什么，而不是还记得什么。**

尤其是在讨论死亡或者重病这样十分情绪化的主题时，我们会有选择性地回避一些东西。但是如果要形成清晰的想法，我们需要先完整地讲述整个体验的细节，包括那些看上去多余的部分。只有这样，我们才能找到故事的核心，整合因果关系，提炼出故事的中心思想。

这就好比你有一沓含有假钞的百元钞票，你必须先将所有的钞票摊开放在桌上逐一检查，才能去伪存真。这样的方法在你聆听一个试图解决问题或者探讨重要事情的人时尤为重要。如果你一遇到假钞就认定剩下的全是假钞，那么不论这是因为时间匆忙还是你不愿意认真对待，对方都永远学不会区分真伪。

如果你能够不带批判地聆听，人们就会坦诚地告诉你他们所有的想法。这些想法可能非常神奇、荒谬或者有趣，因此你们的对话也很少会显得无聊。事实上，你可以以此判断自己的聆听态度，如果你感觉对话无聊，那说明你可能没有在认真聆听。

确认你的对话动机

并非所有对话都是思考，也并非所有聆听都能促进转变。人们说和听的动机各有不同，有些动机会带来适得其反甚至是危险的后果。比如，有的人在对话当中只是想要建立和巩固自己的支配等级地位；再比如，一个人讲了一个有趣的故事，引起了大家的关注，另一个人担心自己会因此而显得不够有趣，于是也立刻用一个更加有趣的故事加以回应。在这样的情况下，两个人并没有真的在针对同一个主题进行互动，共同分享交流的快乐，只是在争夺地位。当这样的对话发生时，你能够感觉到一种尴尬的氛围，因为大家都知道有人在夸夸其谈。

另外，还有一种看似密切，但是双方都没有在聆听彼此的对话。在这样的情况下，两个人都只是在趁对方说话时思考自己接下来要说什么，因为并没有聆听对方，所以说出来的话通常是失之偏颇的。这往往会让流动的对话戛然而止，而参与对话的人也会由此陷入沉默，尴尬地看着彼此，直到大家散去，或者由谁说出一些俏皮话来重新开启对话。

还有一种对话，参与者会努力为自己的观点赢得立足点，这是争夺支配等级的另一个表现。这种对话通常会越来越意识形态化，而参与者往往也会做三件事。第一是诋毁和嘲笑与自己立场相反的人所提出的观点；第二是有选择性地使用有利于自己的论据；第三是用自己的观点来打动其他聆听者。这种对话的目标是让人们支持一种涵盖一切、单一和过度简化的世界观，而不是鼓励人们思考。以这种方式讲话的人往往相信只要赢得争论，自己就是对的，自己认同的支配等级所包含的假设也是合理的。人们通常都会认同给他们带来最多成功或者与他们最气味相投的那些支配等级。几乎所有有关政治和经济的讨论都会以这样的方式展开，每个人都会试图证明自己所处的立场是先验的、不可动摇的，并拒绝学习或者换个角度看问题。因此，越是极端的保守派或者自由派，越认为他们的立场是不证自明的。基于特定情形的假设当然可以带来确凿的结论，但你忽视了一个问题：这些假设本身并非一成不变。

以上那些对话都和包括聆听的对话很不一样。在真正有聆听参与的对话里，当一个人在表达时，所有人都会聆听，表达的人有机会严肃地讨论一些不开心甚至悲剧性的事件，而每个人都会报以同情的回应。这种对话的意义在于，它允许表达者一边讲述，一边在自己脑海里梳理不开心的经历。

> **人们通过对话来整理思绪，这是一个值得反复强调的事实。**

如果找不到被倾诉的对象，人就会失去理智，就好像有囤积癖的人无法整理自己的房间一样。来自社群的反馈是个体心智健全的必要条件，换句话说，一个心灵需要一座村庄来管理。

人们心理的健康在很大程度上归功于通过他人反馈来维持复杂、自我的正常运转的能力。我们将自己理智无法解决的问题外包给了别人，因此父母的根本责任就是让孩子学会与人相处。如果一个人能够被别人接纳，那么他就有条件从自己所处的社会环境里获得反馈。人们的关注、认同、嘲讽甚至轻抬眉毛都可以帮他确认自己的言行是否恰当。每个人都在不断向身边的人"广播"自己对理想状态的愿望，而别人也会根据我们行动中体现出来的愿望大小来给予相应的奖惩。

真诚对话中的同情反馈让表达的人感到自己是有价值的，自己的故事是重要、值得关注和可以理解的。男性和女性在讨论某个具体问题时经常会误解彼此，女性指责男性总是急着解决问题，而这会让男性感到沮丧，因为男性喜欢高效地解决问题，女性也经常需要男性做到这一点。我希望告诉我的男性读者们，急着解决问题的方式永远都行不通，因为你忘了，一个问题在被解决之前通常需要先被很好地理解。女性讨论问题的目的便是更清晰地理解问题，她们需要有人聆听和提问，然后再着手去解决。而且也不排除另一种可能，那就是急着解决问题是在拒绝参与对问题的探讨。

对话还有一种变体——讲课。讲课其实也是一种对话形式，讲师在讲话的同时，受众也在用非语言的方式与他沟通。人们会通过体态和面部表情传递情绪信息，而人与人之间像这样完成的互动所占的比例是惊人的。一个好的讲师不仅仅是在传递知识，他也会观察受众的感兴趣程度，把关于这些知识的故事以受众最易理解的方式讲出来。他讲的故事不光传递了知识，更说明了为什么这些知识需要被人们了解。要让受众了解某些知识的重要性，就必须告诉他们，这些知识会如何改变他们的行为或者他们看待世界的方式，帮助他们应对阻碍或者更好地实现目标。

一个好的讲师是在与受众交谈，而不是在对着他们说话。要做到这一点，讲师需要密切关注受众的一举一动，但这并不是说要一味通过注视受众来实现。讲课不是在向受众呈现一个演讲，只有预先编排的才叫演讲。你应该交流，而不是呈现。你也不应该把受众单一地称作听众，你面对的是一个个需要被包括在对话里的个体。一个训练有素又出色的公众演讲者会对着某一个个体讲话，观察他的反应，然后给予直接而又适当的回应。在表达完一些观点之后，他又会转向另一个个体做同样的事情，通过这种方式来做出推断并对整个群体的态度做出回应。

除此之外的有些对话则主要是为了展现机智。这类对话虽也有竞争因素，不过目标却是做最有趣的演讲者，这样的成就可以让每个参与者都感到开心。我一个朋友诙谐地说过，这类对话的目标就是“要么说真话，要么说笑话”，因为真相和幽默通常是很好的组合。这让我想起了真正的朋友之间那种直白、大胆而又幽默的对话。我曾经参与过许多满是挖苦、讽刺、侮辱和过分玩笑的有趣对话，有的是跟和我一起长大的人的对话，有的是同我在加利福尼亚遇到的海豹突击队成员的对话。我是通过一个作家朋友认识这些突击队员的，他们什么都敢说，不论内容多么令人震惊，似乎只要好笑就可以了。

不久前，我在洛杉矶参加了这位作家的40岁生日聚会，他邀请了一位海豹突击队的朋友来参加。几个月前，这位作家的妻子刚刚被诊断出患有严重的疾病，需要进行脑部手术。作家打电话给这位在海豹突击队的朋友，告诉突击队员可能需要取消生日聚会。他的朋友回应说："你以为就你有麻烦吗？我可是为参加你的聚会刚刚买了不能退款的机票！"我不确定有多少人会觉得这样的回复很好笑。当我把这个故事讲给一群新认识的朋友时，他们都被这个回复震惊了。我试图解释那个人实际上是在表达对作家夫妇抗压能力的尊重，不过我的尝试不是特别成功。尽管如此，我依然相信这就是那位朋友的意图，他的玩笑如此大胆，甚至有些鲁莽，而这恰恰就是幽默所在。作家夫妇听懂了这个玩笑，他们明白这位朋友知道他们能承受住这种带有挑战性的幽默。这是对人格的考验，而这对夫妻出色地过关了。

我发现，随着我在教育和社会阶梯上的不断攀升，碰上这类对话的概率也越来越小。也许这和社会阶层有关，也许年纪大一些之后，交的朋友不再像年轻时的那样带有竞争性和顽皮色彩。我在加拿大老家庆祝 50 岁生日时，我的老朋友们让我笑得甚至需要好几次逃到隔壁房间去喘气。我怀念这样的对话，非常好玩。你需要一直跟上节奏，不然就会遭受严重的"侮辱"，但没有什么比胜过上一条笑话、"侮辱"或者"诅咒"更令人满足的了。

> **规矩只有一条：别做个无聊的人。另外，也别在装作讽刺别人的时候真的贬低他们。**

共同探索，互惠互利

与聆听相关的最后一类对话带有共同探索的性质，这类对话需要听和说的人都真心为彼此着想，让每一个人都有机会表达和整理自己的想法。共同探索通常包括一个复杂且十分重要的主题：每个参与者都要假设自己需要通过学习去解决问题，而不是坚持已有的立场。这样的对话能让参与者接触高阶的思想，并为生活做最好的准备。

参与这类对话的人需要讨论那些真的被他们用来构建认知和指导行为的想法。他们需要存在于自己的哲学当中，或者说他们不能只是相信某些东西，也需要在生活中去具体实践。另外，他们也需要暂时放下作为人类对秩序的偏好和对混乱的抗拒。

> **缺乏聆听的对话总是在支持某种现有的秩序，相比之下，共同探索则鼓励人们与未知为友。**

除非你的生活是完美无缺的，否则你已知的东西是不够的。你依然面临着疾病、自我欺骗、不幸、恶意、背叛、腐败和痛苦的威胁，无知会让你无法抵御这些事情，如果知道得足够多，你就可以多一些健康和诚实，少一些痛苦和虚伪。你可以战胜邪恶，避免背叛，在人生各个方面都坦诚待人。然而现有的知识既不能让你完美，也不能让你安全，所以是非常不充分的。

你只有接受这一点，才能够进行哲学层面的对话，才能够在心理上容忍行走于秩序和混乱之间的对话，远离说服、打压或者取悦。要进行这样的对话，你必须尊重对话者的个人经验，假设他们的结论是在努力尝试之后谨慎而又坦诚地得出的结果。你必须相信对话者与你分享的结论可以在一定程度上帮助你避免犯同样的错误。你也必须沉思，而不是试图取胜。如果你拒绝这样做，那么无疑是在重复自己已有的知识，为自以为是寻求认同。但如果你在对话中沉思，那么就会通过聆听发现他人内心深处于你而言崭新的思想。

> **你在聆听他人的时候其实也在聆听自己。**

你在对话中描述的是自己对新信息的反应和由此受到的影响，例如你因此产生的新想法、改变或者浮现的新问题。将这些告诉对方，然后对方也就能有同样的体验，你们就能够共同走向一个更新、更广阔、更好的地方。放下旧有的成见，你们就能实现转变。

这种对话里的聆听和表达都是被追求真理的欲望所驱动的，所以对话才会吸引人，才会有趣、有意义，那种意义感正来自对话双方内心深处的古老部分。当你一只脚踏入秩序，另一只脚暂时伸入混乱和未知时，你就能找到自己的正确位置。你得到了道，遵循了伟大的生活之道，既感到稳定安全，又能够灵活应变。你允许新的信息逐渐向稳定中渗透，帮助你修复和改善它的结构，扩展它的范围，这样，组成你存在的元素便可进化成更为优雅的形态。这样的对话能将你带到那些伟大的音乐作品带你去的地方，让你和对话者的心灵之间产生真实的联结，让你事后觉得“这个对话真的很有意义，我们看见了真实的彼此”。摘下面具，就能看见彼此的探求之心。

> **聆听自己，聆听与你对话的人。不局限于已经拥有的知识，不断寻求新知，这才是最大的智慧。**

因为这一点，古希腊德尔菲神谕的女祭司才会对一直追求真理的苏格拉底有至高无上的评价，把苏格拉底称作“世上最有智慧的人”。

> **假设你聆听的人知道你不知道的事。**

GENUINE CONVERSATION IS EXPLORATION, ARTICULATION AND STRATEGIZING. WHEN YOU'RE INVOLVED IN A GENUINE CONVERSATION, YOU'RE LISTENING, AND TALKING—BUT MOSTLY LISTENING. LISTENING IS PAYING ATTENTION.

真诚对话包括探索、澄清和策略制定。
在真诚的对话里，
大多数时候你是在聆听。
聆听就是关注的表现。

一切只有被表达和澄清之后，

才能变得清晰可见。

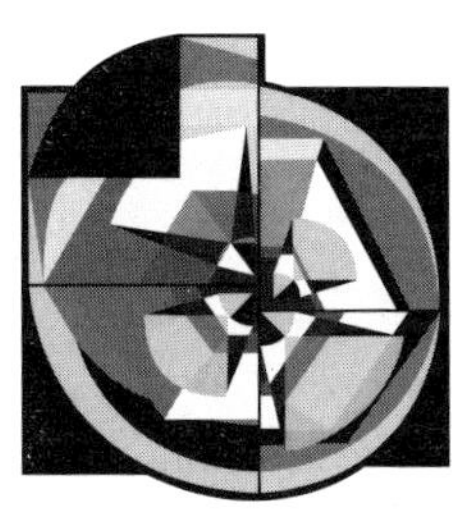

法则十

RULE 10

不要无视地毯下的龙：直面问题，言辞精确

BE PRECISE IN YOUR SPEECH

CONFRONT THE CHAOS OF BEING. TAKE AIM AGAINST A SEA OF TROUBLES. SPECIFY YOUR DESTINATION, AND CHART YOUR COURSE. ADMIT TO WHAT YOU WANT. TELL THOSE AROUND YOU WHO YOU ARE. NARROW, AND GAZE ATTENTIVELY, AND MOVE FORWARD, FORTHRIGHTLY.

直面存在的混乱，瞄准麻烦的海洋，
明确目的地，然后绘制航线。
承认你想要的东西，让周围的人知道你是谁。
精准注视，径直前行。

当你看着自己的笔记本电脑时你看到了什么？你看到的也许是一个又扁又薄的灰黑色盒子，或者一个用来打字和阅读的设备。尽管如此，你看到的也并不是一台电脑。这个灰黑色盒子只是恰好在此时此地是一台电脑，而且可能还价值不菲。但是过不了多久，它就不再符合人们对电脑的认知，甚至拿去送人都没人要了。

电脑使用者大都会在未来 5 年里丢弃现在所使用的笔记本电脑，就算它们的一切功能都还运转正常。50 年后，21 世纪早期的电脑就会像现在 19 世纪黄铜材质的科学工具一样古怪，这些工具在现在看来就像炼金术士使用的工具一样神秘。这些拥有超高计算能力的科技产品为什么会在如此短的时间里失去它们的价值？它们是怎样从令人兴奋和骄傲的实用工具变成构造复杂的垃圾的？这其实都同我们的感知与复杂世界之间的无形互动有关。

你的笔记本电脑是交响乐中的一个音符，而这首交响乐正在被一个规模无法估量的交响乐团演奏。你的笔记本电脑是构成巨大整体的一个微小部分，其余的大部分都存在于它的躯壳之外。它之所以能正常使用，是因为有一系列其他技术正在协调一致地发挥作用。比如，电脑需要由电网供电，而电网的运转则在无形中依赖于无数复杂的物理、生物、经济和人际关系系统；电脑的部件由工厂生产，操作系统则需要和这些部件相匹配；电脑还一直都在和一个由各种设备和网络服务器构成的生态系统进行着通信。

最终，所有这一切要想成为可能，都必须依赖一个更不显眼的元素，也就是由信任构成的社会契约。社会契约能构建诚实的政治和经济系统，它们相互联系，让可靠的供电网络成为现实。相较无法运转的系统，在正常运转的系统里，各部分的相互依赖显得尤为重要。在落后的国家，支持个人电脑的周边系统几乎不存在，电力线、开关、插座和供电网络等要么缺乏，要么运转不良，根本无法起到为居民传输电力的作用，这使得需要依靠电力来运转的设备几乎无法正常使用。虽然这一方面是因为技术落后导致供电系统无法正常工作，但另一方面也是因为社会缺乏必要的信任。

换句话说，你的电脑就像是森林里的一片树叶，树叶可以从树枝上被摘下，并被当作一个独立的实体看待，但是这种感知是非常具有误导性的。几个星期之后，树叶就会分解消失，因为离开大树的它无法持续存在。这就是笔记本电脑和世界的关系。笔记本电脑只能在很短的几年时间里作为电脑存在，因为它们的存在在很大程度上是由躯壳以外的东西决定的。

我们看见和拥有的所有东西几乎都是这样的，尽管这通常不是那么明显。

复杂、多维又善变的世界

当人们面对世界的时候，总以为自己看到的都是物体，但事实并非如此。人类进化出来的感知系统并不只是将复杂的世界视作一个充满物体的存在，而是更进一步，将所有事物区分为对自己有用和会阻碍自己的两类。这种简化既实用又很有必要，将无限复杂的事物按具体目标进行区分，从而精确并有意义地认识这个世界，这和单纯感知到物体完全不是一回事。

生存在“足够”中的人类

人们并不是先看见没有价值的物体，然后再赋予它们意义，而是直接感知到意义。[1]我们看见的是能走在上面的地面、能通过的门和能坐的椅子，因此一个懒人沙发和一个树桩虽然在客观上没有太多共同点，但都可以被归类为能坐的物体。人们看见能扔的石头、带来雨水的云朵、能吃的苹果，以及会挡自己路并且惹恼自己的其他车辆。人们看见的是工具和障碍，而不是对象和事物。不仅如此，人们还会根据自己的需求、能力和感知局限分析出工具在什么方面最有用，障碍在什么方面最危险。人类眼中的世界除了是客观的存在，还是自己可以利用和驾驭的东西。

我们能看见他人的面孔，因为我们需要和他人沟通协作。首先，我们不需要看到他们的微观结构，如细胞，或者组成细胞的分子和原子；其次，我们也不需要看到围绕他们的宏观世界，如他们社交网络中的亲友，他们所处的经济环境或者生态系统；最后且同样重要的是，我们不需要在时间维度上看见他们，我们看到的只是他们狭隘、直接而又势不可当的当下，而不是他们在昨天或者明天的那些有可能更重要的部分。我们必须这样去看，否则就会不堪重负。

人类只需要看到足够自己实现计划、达成目标的东西就行了，人类生存在这种“足够”当中。这是对世界的一种激进而又无意识的功能性简化，而且人们很容易把简化后的世界和世界本身混淆。另外，人们看见的对象也并不仅仅是为了人类简单直接的感知而独立存在的，它们之间还以复杂多维的方式彼此关联着。人们感知的不是对象本身，而是它们的实用功能，这样的简化能让人充分理解感知的对象。

> **一个人必须拥有精确的目标，否则就会淹没在世界的复杂性当中。**

扩展自我边界的能力

人类也是用同样的方式来感知自己的。我们以为自己仅仅存在于这副皮囊之中，但只要稍加思考就可以明白，这种建立在生理基础上的边界并不固定。我们的内在会随着外部环境的变化而变化，即使是拿起螺丝刀这样简单的动作，也能使我们的大脑及时做出调整，将工具视为身体的一部分。[2] 我们可以通过螺丝刀感知到其他东西，当我们伸出握着螺丝刀的手时，也会自动将这个工具的长度算进臂长，并借助它来探索未知物体的每一个角落和缝隙。此外，我们也会立刻将手里的螺丝刀视为己有。同样的道理，我们也会将驾驶的汽车视为自己的一部分。所以，当有人愤怒地拍打我们的汽车引擎盖时，我们会怒不可遏。这种自我向机械的延伸虽然不合理，却让驾驶成了可能。

人们也会通过扩展自我边界来囊括其他人，如亲戚、爱人和朋友。伴侣或子女与自己的手脚相比哪一个更加不可或缺呢？你只需要问问自己你宁肯牺牲哪个，保全哪个。答案是显而易见的。我们借助书和电影中的虚构故事来进行无尽的扩展。故事中的悲与喜会迅速成为读者或观众的经验的一部分，帮助他们构想和测试一系列平行现实，并最终找到自己愿意选择的道路。人们甚至可以借助虚构故事变成另一个自己，一边面对快速闪现的画面，一边将自己想象成女巫、超级英雄、外星人、吸血鬼或者精灵。我们能与故事中的人物获得同样的感受，就算感受到的是悲伤或者恐惧，我们也非常乐意花钱购买这样的感受机会。

还有一种更为极端的情况：人们会在体育竞赛中将某个群体认同为自我的一部分。当心爱的队伍赢得或者输掉和宿敌的比赛时，所有忠诚的支持者都会不假思索地站起身来，就好像他们每个人的神经系统都和比赛连接在了一起。以足球比赛为例。球迷们会穿上自己偶像的球衣，将胜负看得非常重，他们庆祝胜利的方式甚至远胜于庆祝自己生活中的成功。这样的认同在生物化学和神经学层面都有着深刻体现，比如球迷的睾酮激素水平会随着输赢的变化而波动。[3]我们的认同能力体现在我们存在的每一个层面。

在爱国的层面上也是如此，国家对我们来说不光重要，甚至就是我们的一部分。所以在战争中人们才愿意牺牲小我，保全大我。历史上，舍生忘死的精神一直都被视为荣耀和勇气的象征，这一现象在很大程度上源自人类极强的社会性和合作性。当人们将家庭、队伍或者国家视为自己的一部分时，就很容易在自我保护本能的驱使下实现合作。

正常运转的世界才是简单的

现实的混乱仅仅通过观察是很难理解的，人的大脑可能无法胜任这个复杂的任务。因为万物都在不断变化，而且每个看似独立的物体其实都是由更小的物体组成的，同时也从属于其他更大的物体。不同事物和不同层次之间的边界通常非常模糊，有时候需要被人为设立和界定。只有当一切顺利的时候，人们充分完整的认知才能维持对世界的幻觉。当人们知道得足够准确时就没有必要继续探寻，比如开车的时候，我们并不需要理解或者感知汽车复杂的机械构造。汽车的复杂性只有在抛锚或者发生车祸时才会侵入我们的脑海，而由此呈现出的不确定性则会引发我们的焦虑感。

在人们眼里，汽车不是一个物体，而是一个能带我们去想去的地方的工具。只有当汽车遇到故障、不再能带我们去目的地时，我们才会不得不开始看见并分析它的复杂组成。当汽车发生故障时，一个人对它的无知也会立刻显现。人们在现实中无法抵达目标，在心理层面也会失去平静。汽车坏了，就需要求助汽车修理专家，一方面是为了恢复汽车的运转，另一方面也是为了恢复自己对汽车的简单感知。这既是修车，又是修心。

故障发生时，人们才能充分体会自己对世界的认识与理解有多么不足。在危机当中，我们向那些专业知识更强的人求助，以恢复我们的预期和现实情况之间的匹配程度。汽车的故障会强迫我们面对更广泛社会背景中的不确定性，以及各种无法解答的问题：也许我该换新车了？也许我买车的时候做错了选择？修车师傅靠谱吗？他的维修店值得信任吗？有的时候我们还需要思考更深刻、更严肃的问题：现在的公路是不是变危险了？我的车技是不是变差了？我是不是太老或者注意力太分散了？当一贯依赖的简单事物崩溃时，人们自身感知的所有局限性就会体现出来，然后那个一直都存在却被我们有意忽视的复杂世界也就显现出来了。

故障让被忽视的事实显现，模糊不清的后果就是混乱不堪。

当人们粗心大意时，那些未被重视的事物就会像潜伏的蛇蝎一样，在最坏的时候突然发动袭击，然后人们才能明白意图集中、目标精准和谨慎专注到底是如何保护我们免受伤害的。

比如，忠诚的妻子发现结婚多年的丈夫出轨。妻子一直认为丈夫是一个可靠、勤奋又有爱的人，也觉得婚姻的基石非常牢固，但是丈夫逐渐变得不那么关注她，加班的时间越来越长，常常对她无端发脾气。有一天，她撞见丈夫和另一个女人在一家咖啡馆里打情骂俏，这使得这位妻子对自己婚姻的感知偏差和局限凸显无疑。

妻子对丈夫的认识崩塌之后会发生什么？首先，丈夫在妻子眼中变成了一个复杂又可怕的陌生人；紧接着，妻子对自己的认识也崩塌了，自己也成了陌生人。丈夫不再是以前的丈夫，她也不再是那个被深爱、被重视和充满安全感的妻子，尽管我们相信过去是不可改变的，但妻子认为，她有可能从来都没有被爱过。

过去虽然已经存在，但我们对过去的感知不一定准确。当下的妻子置身于混乱和不确定当中，周遭也在不断发生着变化。与此同时，尚未到来的未来在现在也变了模样。曾经心满意足的妻子，现在是一个无辜的被骗者还是一个容易上当的傻瓜？她应该视自己为受害者还是与丈夫一起制造幸福幻觉的同谋？她的丈夫究竟是因为欲求不满、被勾引、心理变态而出轨，还是说他本来就是骗子、恶魔的化身？他怎么能这么残忍？她之前的家又算什么？她怎么能如此天真？她已经不认识镜子里的自己了，也不知道现在到底在发生些什么。她和所有人的关系是真实的吗？未来到底会发生什么？当世界更深层次的现实意外呈现时，各种疑惑都会竞相出现。

现实中的一切都是犬牙交错、复杂万分的，人们只能狭隘地感知到因果关系矩阵中的一个切面，同时又极力避免承认这种狭隘。在遭遇根本性问题时，掩饰感知局限性的脆弱面具就会破裂。感官的不足和认知的崩塌会让人不知所措，然后我们会看到什么？当我们看不清的时候，又应该把视线转向何处？

忽视问题是一切分崩离析的前兆

当突如其来的灾难发生后，世界变成了什么样？还有什么依然矗立？废墟中会出现怎样的可怕怪兽？身陷动荡社会局势中的我们能看到什么？当我们无法理解看见的一切，不知道自己是谁或者在哪里时，我们又会看见什么？我们看不见由有用的工具和人格组成的熟悉而又舒适的世界，甚至看不见在正常时期已经被克服，可以轻易绕过的熟悉障碍。

重见混乱

当宜居的秩序分崩离析时，我们看到的是无形的虚空和黑暗的深渊，以及永远潜藏在安全表象之下的混乱。人类在学会感知之后有幸拥有的所有稳定都源于这种混乱。当一切崩塌，我们又重新看见混乱时，这意味着什么呢？

单词 emergency（紧急）和 emergence（出现）只有一个字母之差。未知现象一旦从未知领域中突然出现，那么就意味着紧急时刻到来了。就像从沉睡中醒来的地下世界的怪物突然从深渊一跃而起，落在眼前一样。我们在不知道会出现什么、不知道事情来龙去脉的情况下，要如何做好面对紧急情况的准备？我们要如何应对无法预期的灾难？事实是，我们需要放弃那缓慢而笨重的思想，转而依赖我们的身体，因为身体的反应比思想要快得多。

在混乱之中，人们的感知会暂时消失，于是我们会立即行动起来。经过数亿年演变和检验的反射性反应能够在思想和感知都失灵的危急情况下保护我们，我们的身体会准备好应对所有可能性。[4] 首先我们会僵住，然后身体反射会进一步转化为基于情绪的感知：我们面对的东西可怕吗？有用吗？我们需要与之对抗还是可以忽视？我们还无法做出判断。此时，我们处在十分消耗能量的准备状态，血液中充满了皮质醇和肾上腺素；我们心跳加快，呼吸急促；我们痛苦地意识到之前搭建的完美幻觉已经消失。我们小心翼翼地调动为了这种时刻专门准备的生理和心理资源，并准备好迎接最极端的结果。我们一边将油门踩到底，一边猛踩刹车。我们尖叫、大笑或者哭泣，表现出反感或者恐惧。最后我们开始试图解析混乱。

因此，那位遭到背叛的妻子在越发混乱的状态下，想要将一切都倾诉给他人，这包括她自己，她的家人、朋友，或者公交车上的陌生人，希望以此来搞清楚真相。抑或她想要后退到沉默当中，通过反复思索达到同样的目的。哪里出了问题？她犯了什么不可原谅的错误？这个和她共同生活的人到底是谁？世界为什么是这样的？老天为什么要允许这样的事情发生？她应该如何和这个曾经是她丈夫的陌生人开启对话？怎样复仇才能让愤怒的自己满意？她可以通过勾引谁来报复？她时而愤怒，时而恐惧、痛苦，时而又为自己新获得的自由而兴奋。

这位妻子的安全感建立在非常不牢固的基石上，就像搭建在沙子上的房子一样。她滑行的冰面太薄，所以她掉进了冰窟窿，在水中窒息。她深受背叛和打击，被自己的愤怒、恐惧和悲伤吞噬。她现在身处可怕的地下世界，因为她走入了现实的深层结构当中，需要重新准备好面对现实，重构对过去和未来的想象，包括自己的情绪和幻想。只有通过这样的深层感知，这位妻子才能重新回到那个熟悉、简单而又舒适的生活中，混乱的可能性才会被重新整理为正常有序的现实。

“这一切真的是无法预料的吗？”这位妻子在反思中这样问自己和他人。她是否应该为有意忽视那些微妙的危险信号而感到内疚呢？她回忆起刚结婚时和丈夫如胶似漆的感情，也许那样的要求太高了。但是过去半年里两人只有过一次亲昵行为，而且之前好几年时间都是两三个月才亲热一次，这样的情况恐怕没人能够忍受。

直面问题

我很喜欢杰克·肯特（Jack Kent）的童话故事《世界上没有龙》（*There's No Such Thing as a Dragon*）。这个故事从表面上看非常简单，我曾经向多伦多大学的退休校友诵读和解析过其中的内容。故事的主角是个叫比利·比克斯比的小男孩。有一天早上，他发现一条龙坐在自己的床上，那条龙只有家猫那么大，而且十分友好。比利告诉了妈妈这件事情，但是妈妈说世界上没有龙。没想到这之后那条龙便开始长大，吃掉了比利所有的早餐，并且很快就占满了整座房子，以至于比利的妈妈为了打扫房间不得不从窗户进出。后来，龙带着房子跑掉了，当比利的爸爸回家时，发现家所在的位置居然成了一块空地。邮差告诉了他房子的去向，于是爸爸追上龙，沿着龙的脖子爬进房子里找到了家人。此时，比利的妈妈依然认为世界上没有龙，但是比利忍无可忍地坚称龙是存在的。那一刻，龙便开始缩小，并且没多久就又回到了家猫大小。最后，所有人都承认了这条龙的存在，于是龙一直维持在最合适的大小。妈妈不明白之前龙为什么会变得如此巨大，比利小声说道："也许它只是想被注意到。"

也许真的是这样！很多故事都有类似的情节。混乱在家庭中逐渐显现，不快乐和怨恨一点点堆积，但所有问题都被扫到了地毯下面，被藏在地毯下的龙全部吞食。当大家共同建立的家庭秩序在逐步破败和瓦解时，没有人站出来说话。沟通的前提是承认所有糟糕的情绪，如怨恨、恐惧、孤独、绝望、嫉妒、挫败、仇恨和无聊。片刻的平静很容易维持，但是在比利的家里，以及所有与之类似的家庭里，龙都会悄悄长大。当龙已经大到无法被忽视时，它便会将整个家连根拔起。那时的问题便有可能是出轨，或者是漫长的带来巨大经济和心理消耗的监护权争端。本来可以在多年间逐步解决的问题，在一夜间被集中到了一起。无数被谎言、逃避和辩解所掩藏的问题会像洪水一样爆发出来，淹没一切。可是方舟并不存在，因为即使大家都预感到了洪水的来临，也没人修建方舟。

永远不要低估忽视问题所带来的破坏性后果。

也许那对关系破裂的夫妻本可以就他们的亲密关系进行一两次甚至一两百

次的交流，也许他们在心理上本应该和他们在生理上一样亲密，也许他们本可以努力找到自己的角色。许多现代家庭以自由解放的名义将传统的劳动分工关系打破，这种打破虽然减少了对人的限制，但也带来了更多的混乱、冲突和不确定性。在逃离了暴虐之后，随之而来的通常不是乐园，而是困惑、空虚又漫无目的的荒漠之旅。

传统会带来限制，甚至是不舒服和不合理的限制，不过当传统缺失时，人们就只剩下三个选择：被奴役、施行暴政或进行谈判。奴隶只会唯命是从，而且或许还乐意以这样的方式去逃避责任，摆脱生活的复杂性。但这只是临时的解决方案，奴隶的内心仍然会反抗。暴君则只会对奴隶指手画脚，并且以这样的方式来处理生活的复杂性，但这也是暂时的解决方案。暴君会厌倦奴隶，因为奴隶们闷闷不乐的服从太没有挑战性。而谈判则需要双方直接承认龙的存在，但这样的现实是很难面对的，即使是在龙还没有大到可以吞下屠龙勇士的时候。

也许这对夫妻本可以更精确地选择他们理想的存在方式，这样就可以共同阻止混乱洪水的肆虐。也许他们本可以这么做，而不是用取悦、懒惰和懦弱的方式说："算了，不值得为了这件事闹矛盾。"婚姻中很少有什么事情是小到不值得争吵的。你们两个人被持续一生的誓言捆绑在一起，而那个誓言的意义正在于让你极为认真地对待婚姻。你真的希望自己日复一日地被琐碎的烦恼所折磨吗？

也许你觉得自己可以忍受，忍受确实是必要的，因为你无法做到真正的宽容。如果你告诉伴侣他的笑声听上去越来越像钉子划过黑板的声音，那么对方也一定会非常认真地诅咒你。也许这是你的错，你应该成熟一点，学会适时保持沉默。但是在社交场合向别人抱怨也会伤害伴侣的形象，所以你最好还是选择直面问题。在这样的情况下，只有一场以和平为目标的争吵才能揭示真相。如果你一味保持沉默，并因此觉得自己是个善良、和平又耐心的人，那么这样的想法不光大错特错，还会让地毯下藏着的龙长得更大一些。

也许直接探讨亲密关系中的不满是对关系最及时的补救方式，虽然这种补救进行起来并不容易。也许妻子私底下抗拒亲密，是因为她对亲昵行为有着深深的矛盾情绪，而且天知道这种矛盾是怎么来的；也许丈夫是个糟糕又自私的爱人，也许他们俩都是。以争吵为代价来搞清楚这样的问题难道不值得吗？这毕竟是生活中很重要的一部分，为此坚持进行两个月痛苦而坦诚的对话是值得的。当然，这种对话的目标既不应该是互相伤害，也不应该是争强好胜，因为那样不但得不到真相，还会引发全面战争。

也许问题不是出在亲昵行为上。也许夫妻之间的所有对话都已退化成了无聊的日常，缺乏共同的冒险也使他们的关系越发乏味。也许这种一天天的退化要比努力维持活力更加容易。缺乏关注的生物会死亡，生命的存在离不开精心呵护。

> **没有人可以找到完美到不用维护关系的伴侣，就算找到了，对方也会因为你的不完美而离开你。真相是，你需要的是一个和你一样不完美的人。**

也许出轨的丈夫是个极端幼稚和自私的人，他自私的一面在关系里占了上风，而妻子并没有花足够的力气来平衡两人的关系。也许妻子并不认同丈夫对孩子的管教方式，所以她彻底不让丈夫参与对孩子的抚养，而丈夫刚好也就此逃避了烦人的管教责任。与此同时，孩子心中的怨恨也在不断累积，因为他始终活在母亲的满腹怨言和父亲的疏远冷漠中。一家人在痛苦的氛围中相处，所有被忽视的冲突都让夫妻双方将对彼此的怨恨通过一举一动默默地发泄出来。也许是这些未曾表露的问题接下来破坏了承载婚姻的关系网络，使尊重逐渐变成了蔑视，爱逐渐变成了恨，而没人愿意面对这些变化。

一切只有被表达和澄清之后，才能变得清晰可见。

也许夫妻双方都不愿真的看清一切，也许他们是有意将问题隐藏在迷雾中的，甚至这迷雾就是他们创造的，专门用来遮掩那些他们不愿意看见的东西。当妻子从爱人变成保姆时，她究竟得到了什么？亲密关系的消失对她来说也许反而是一种解脱？当丈夫不愿沟通时，也许向邻居或者自己的母亲抱怨是一件很有好处的事情？也许妻子甚至还偷偷地想过抱怨带来的满足感比任何完美的婚姻能带来的都要多？做一个老练娴熟的受害者带来的愉悦感恐怕是任何事情都无法相比的。“她是个圣人，但嫁给了一个糟糕的男人。她理应获得更好的婚姻。”即使是无意识的选择，带着这样的信念生活还是很有满足感的。也许她从未喜欢过自己的丈夫，也许她从未喜欢过男性。也许这都是她母亲或者外婆的错，她只是在无意识地犯着她们曾经的错误。也许她只是在报复她的父亲、兄弟或者社会。

丈夫又能从亲密关系的消失中得到什么呢？他是否将这件事视为自我牺牲，并通过向朋友抱怨来获得认可？他是否以此为借口来寻找情人？他是否借此合理化自己对女性的怨恨，因为在结婚之前他曾被许多女性拒绝过？也许当他不需要再考虑魅力的问题时，就可以放任自己变胖变懒？

关于这类问题的一个可怕真相是，导致婚姻失败的原因如果被有意忽视，一直得不到处理和解决，那么就可能发酵成为困扰夫妻双方一生的问题。想得到这样的结果，我们只要不做任何事情就行了。不要注意、不要反应、不要关注、不要讨论、不要思考、不要负责、不要面对混乱并且将其转化为秩序。你只需要天真而又幼稚地等待，混乱就会崛起并且吞噬一切。

为什么逃避明明会毁掉未来，我们却还要这样做呢？因为在所有分歧和错误之下，隐藏着一个可怕的怪兽。也许你在逃避的那场争吵会使你们的关系走向终点，而关系终结很有可能在一定程度上是因为你是个糟糕的人。通过争吵来解决关系中的问题的前提是，你要敢于面对潜在的混乱和黑暗。混乱来自生命中关系的脆弱性，黑暗则意味着你和伴侣的懒惰和恶意会毁掉一切。这样的事实足以令人逃避，但是逃避并不管用。

为什么我们要允许生活因为糊里糊涂而陷入停滞与黑暗呢？如果你并不清楚自己是谁，那确实可以躲藏在疑惑当中，认为自己也许不是个糟糕、粗心、没有价值的人。只要你拒绝思考，就不用面对答案，这是个很诱人的做法。但是，逃避并不会让你不想知道的事情自行消失。你的缺点也许本来没有那么多，但是因为你不了解自己，所以你现在需要担心更多缺陷与不足的存在。

既然对现实的了解可以带来掌控感，或者至少可以让你保持诚实的姿态，那么为什么还要拒绝了解呢？万一真的像哈姆雷特所说，“丹麦将有恶事发生”呢？这时候，也许对问题视而不见，活在无知当中会更轻松，但如果你面对的恶龙真的存在怎么办？在不断累积的麻烦面前撤退或放弃抵抗，让灾难在阴影中生长，而你则丢失自尊，因为恐惧而越来越缩手缩脚，这真的是个好的选择吗？此时，你应该做的其实是准备好利剑，直面黑暗，冲进洞穴抓住龙的胡子。也许你会受伤，毕竟生活本来就是痛苦的，但你的伤不一定致命。

如果你一直拖延到麻烦找上门来，那么事情肯定会对你不利。

> **你最不愿意看到的事情会在你准备最不充分的时候不可避免地发生；你最怕遭遇的东西也会在你最弱、它最强的时候现身，而你终将被打败。**

为什么我们要拒绝通过分析问题来得到解决方案？因为分析意味着承认问题的存在，弄清自己想要什么之后，我们会因为欲求不满而感到痛苦。但是，你可以从这痛苦当中有所收获，更好地面对未来。如果不这么做，那么替代一时痛苦的将会是由绝望和困惑造成的持续隐痛，以及坐看时光流逝的无力感。

拒绝分析的另一个原因在于，不去定义成功，也就不用定义失败。这样当你失败的时候就不会注意到失败，也就不会痛苦了。但是，自我欺骗没有这么容易，你会一直蔑视自己的存在，并感到失望，也会越来越愤世嫉俗。

如果遭受背叛的妻子在逼不得已的情况下决定面对过去、现在和未来的所有问题，那么会发生什么？她虽然一直在逃避，也越发困惑和脆弱，但依然选择去彻底解决这个烂摊子。为了振作、逃离和重生，那位妻子有可能需要倾其所有，看清被自己用无知和虚伪的和平掩盖起来的现实，将个人悲剧的细节和存在的总体痛苦区分开来。世界并没有完全崩塌，只是有些特定部分崩塌了，如某些虚伪的信念或者行为。具体是哪些部分？她应该如何重建？又该如何在未来做得更好？要重建自己的世界，这位妻子必须搞清楚这些问题，而问题的解答则需要精确的思想和语言。当然，也许她现在已经精疲力竭，无法再做到言词精确了，也许让一切停留在迷雾当中是更好的选择。

如果妻子早点关注出现的问题，勇敢且诚实地表达自己，事情也许还不至于这么糟糕。要是她在夫妻生活刚开始出现问题时就精确地表达自己的不满，会有什么结果？要是问题并没有像她想的那样困难，并且她也选择了直面问题呢？如果她坦率而又谨慎地看待丈夫对她所做的家务劳动的轻视呢？她会发现自己对父亲和社会的怨恨吗？如果解决了这些问题，她能够变得坚强吗？她会愿意直面困难，造福自己、家庭和社会吗？如果这位妻子一直冒着冲突的风险，坦诚地维护长期的真实与和平呢？如果她对问题没有忽视、忍耐或者一笑而过，而是将关系的每一次波动都视为婚姻急需关注的证据呢？也许她和丈夫都会有所不同，他们的婚姻会更加完整，他们的身心会更加年轻，他们的家也会搭建在岩石而非沙土之上。

> **当一切陷入混乱时，我们可以通过语言来创造结构，重建秩序。**

如果我们仔细而又精确地表达和沟通，就能厘清问题，让一切归位，成功设定新的目标。如果我们通过商讨达成共识，就能一同实现这个目标。但如果我们的表达草率又缺乏精准性，那么问题和目标就会一直模糊不清，不确定性的迷雾不会散去，即使商讨沟通也无法解决任何问题。

精确分析、创造结构、重建秩序

从人类存在的最高层面来说，精神和世界都是通过语言和沟通组织起来的。当事情的结果与预期不一致时，人们对事物的感知就会发生改变。失去结构和秩序的存在会脱离正轨。当问题出现时，我们之前的评估、思考和行动方式就都变得不可靠了，甚至连感知本身都需要被质疑。遭遇错误就是遭遇无法区分的混乱，而混乱的冷漠则会令人害怕得不知所措。但是恶龙同时也囤积着黄金，可怕的混乱当中也可能蕴藏着新的秩序，只有当你勇于清晰思考时，才能发现这种可能性。

我们应该在问题一出现就立刻关注它。“我不开心”是一个好的开始，“我有权不开心”则不是，因为后者解决问题的动机是值得质疑的。也许你的不开心在当下的环境里是合情合理的，换了任何一个理智的人都会和你有一样的感受，但也有可能你只是不成熟而且爱抱怨，所以你应该对这两种可能性一视同仁。你究竟有多不成熟？也许你的不成熟像个无底洞。不过只要你愿意承认它，就有可能纠正它。

我们能够解析复杂纠缠的混乱，看清包括自我在内的万物的本质，通过创造、沟通和探索来不断建构和重构世界。我们从主动发现的事物中获取信息并塑造自己，同时也塑造着我们所处的环境。这虽然困难但也无妨，因为不这么做的后果比遭遇困难更糟糕。也许丈夫忽视妻子在晚餐时的对话是因为他讨厌自己的工作，并因此感到疲惫不堪。也许这份工作是他父亲强迫他选择的，而他因太懦弱或者太孝顺不敢反对。妻子之所以容忍丈夫的忽视行为，也许是因为她认为直白的反对是粗鲁和不道德的。也许她讨厌自己父亲的坏脾气，所以从很小的时候她就相信所有的攻击性和强势都是不道德的。也许她担心如果自己太有主见，丈夫就会不爱她。要梳理清楚这背后的原因非常困难，但要是放着损坏的机器不管，不进行任何诊断和修理，那么机器就会一直发生故障。

精确性能够明确问题，帮你区分已经发生的坏事和同样糟糕但并未发生的坏事。如果你晚上在疼痛中醒来，可能是因为你正在慢慢走向死亡，而正在缓慢杀死你的是无数可怕疾病中的一种。你有患任何一种疾病的可能性，但是你拒绝接受诊断，所以你的病还处于未知的状态。如果你寻求医生的帮助，那么患任何一种疾病的可能性就可以缩小为患某一特定疾病，甚至你也许根本就没有患病，这样你就可以嘲笑自己之前的慌乱。即使你真的患有某种疾病，你也可以为此做好准备。精确性无法改变悲剧本身，但可以赶走鬼神。

你在森林里听见但看不见的东西可能是一只老虎，甚至是一群由一条鳄鱼带领的凶恶虎群，但也可能什么都不是。如果你转身去看，就会发现声音的来源也许只是一只松鼠。你确切地知道森林中藏着某种动物，但通常那只是一只松鼠，如果你拒绝去看，那么也有可能是一条恶龙。但你并不是屠龙的勇士，你只是狮子面前的老鼠，或者被大灰狼吓瘫的小白兔。当然，有的时候的确有可能是更可怕的东西，但是现实中的可怕与想象中的可怕相比通常是小巫见大巫。在想象中可怕到无法直面的东西，放在现实中虽然依旧可怕，但通常都会缩小为可以直面的东西。

如果你逃避面对意外的责任，那么即使你遭遇的是尚可控制的意外，现实还是会变得混乱不堪。然后混乱会不断扩张，吞噬所有的秩序、感知和可预测性，被忽视的现实此时也会化身为混沌女神。如果现实和想象之间的间隙未受关注，它就会变成一个深渊，而你也会坠入其中，自食苦果。被忽视的事实也会在困惑与痛苦的深渊中显现出来。

在向自己或他人描述你过去的所为、当下的行动以及未来的目标时，你应该谨慎小心，寻找正确的词语，组建正确的句子和段落。当往事的本质被精确的语言所提炼时，过去就可以获得救赎。当现实被清晰讲述时，当下就可以自然流动而不会扰乱未来。

> **未来有太多可能性，浑浊不堪、难以掌控，但谨慎的思想和语言可以帮助我们证明人生的意义、萃取辉煌的命运。这就是眼睛和文字创造世界的方式。**

不要将幼小的恶龙藏在地毯下，它们会在黑暗中蓬勃生长，在你最意想不到的时候跳出来将你吞噬。你会因此坠入混沌和困惑的深渊，而不是进入光明美好的乐园。坦率真实的言辞能让你的现实变得简单、朴素、有序和宜居。

当你通过精确的关注和语言来识别事物时，就能让它们变成鲜活而顺从的对象，使它们从与万物复杂纠缠的背景当中脱离出来，变得简单而有用。这样，一方面你可以利用它们，另一方面又不至于被复杂性带来的焦虑和不确定性压倒。如果你对事物始终糊里糊涂，那么就永远没办法辨别区分，使一切都混淆在一起，而这又会使你的世界变得过于复杂，难以掌控。

你在对话的时候，尤其是当对话很难的时候，需要有意识地界定对话的主题。否则对话就会涉及许多事情，而这样的对话最后往往会让人无法承受。许多伴侣就是因此停止沟通的，每一次争吵最后都会变质为关于过去、当下和未来所有问题的冲突。相反，你可以说：“这个事情是让我不开心的原因，而我想要的具体改变是这样的，或者你也可以提出同样具体的其他建议。我希望你可以为我做出具体的付出，这样就不会继续让我们俩都感到痛苦了。”要想说出这些，你需要先想清楚到底是哪里出了问题，你到底想要什么。你必须通过坦率而精确的语言在混乱中建构出宜居的世界。如果你一味逃避，那么问题就会变成恶龙，藏在你的床下，你的森林里，或者你内心的角落，并最终将你吞噬。

你需要确定自己过去到过哪里，才能知道自己当下在哪里。如果不能准确知道自己在哪里，你当下就有可能在任何地方，这意味着有太多的可能性，而其中有些可能性是很糟糕的。只有知道过去去过哪里，才能到达未来想去的地方。要从 A 点到 B 点，你必须已经处于 A 点。如果你处于任何一点，那么处于 A 点的概率显然是非常小的。你需要决定自己生活的方向，因为你只有朝着那个方向前进才能到达终点。随意游荡无法让你前进，只会让你感到失望、挫败、焦虑和不快乐，使你变成难以相处的人。

说出自己的真实想法，这样你才能了解自己的真实想法。遵照你的语言来行动，你才能看见结果如何。然后集中注意力，观察你的错误，准确描述它们，并尽力纠正。这就是发现人生意义的方式，它也能够保护你免受人生悲剧的折磨。

> **直面存在的混乱，瞄准麻烦的海洋，明确目的地，然后绘制航线。承认你想要的东西，让周围的人知道你是谁。精准注视，径直前行。**

保持言辞精确。

人们偏向于活在冒险中，

这样他们既能对自己的经验感到自信，

又能在直面混乱中有所成长。

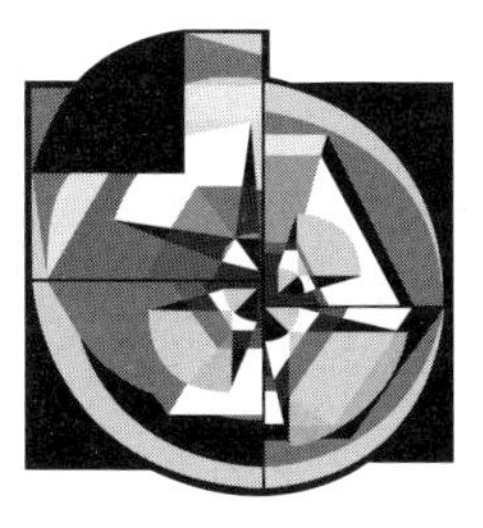

法则十一

RULE 11

不要打扰玩滑板的孩子们：承认现实，反对偏见

DO NOT BOTHER CHILDREN WHEN THEY ARE SKATEBOARDING

PEOPLE MOTIVATED TO MAKE THINGS BETTER USUALLY AREN'T CONCERNED WITH CHANGING OTHER PEOPLE—OR, IF THEY ARE, THEY TAKE RESPONSIBILITY FOR MAKING THE SAME CHANGES TO THEMSELVES (AND FIRST).

真正想要改善世界的人，
通常不会去试图改变别人，
至少他们会先从改变自己开始。

被阻止的不只是玩滑板

我在加拿大多伦多大学工作，学校的西德尼·史密斯楼西边曾经是孩子们玩滑板的地方。有时候我会站在那儿看他们玩。大楼入口前方有段平缓宽阔的阶梯，阶梯上竖立着两段直径约 6 厘米、长 6 米的管状铁制扶手。那些疯狂的孩子们几乎都是男孩，他们会从距离阶梯顶端十几米的地方开始加速滑向扶手，在即将撞上扶手的一瞬间，他们会一只手抓住滑板跳到扶手上面，踩在滑板上，顺着扶手滑下，然后着陆。着陆时，有时他们会依然平稳地站在滑板上，有时则会摔跟头。不论结果如何，孩子们很快又会开始继续尝试。

有的人可能觉得这样的行为很蠢。也许是，但我认为那些孩子们很勇敢，也很了不起，值得人们鼓励和钦佩。这样的行为的确是危险的，但孩子们想要战胜危险的心才是重点。如果穿上护具，他们会更安全一些，但那样就没意思了。孩子们并不在意安全，他们在意的是能力的提升。

能力才能让一个人在最大程度上感到安全。

我做不到这些孩子所做的事情，也不敢去尝试。我不敢像网上那些高空自拍爱好者一样爬上建筑起重机的顶端，因为我有些恐高。虽然我曾驾驶特技飞机做过锤头翻滚这样的特技动作，但是我没法滑滑板，尤其是做顺着扶手滑下这样的动作。

西德尼·史密斯楼的东面是一条叫圣乔治的街道，学校在路边建了许多水泥花坛。孩子们也曾顺着花坛边缘滑行，不过没过多久，花坛边缘就被装上了一种名叫“滑板终结者”的金属防护块，以阻止滑板活动。这让我想起了几年前在多伦多发生的一件事。在小学开学前两周，整个城市所有操场的游乐设施全部消失了，因为这方面的立法发生了变化，而且人们对保险问题也越发感到恐慌。操场被匆忙拆除了，尽管它们足够安全，而且是由孩子们的父母出钱修建的。这意味着，孩子们在接下来的一年多里都没有可以玩的地方。在这期间，我经常看到勇敢而又无聊的小孩在学校房顶上乱跑，或者和猫一起四处翻挖泥土。

我之所以说这些操场足够安全，是因为它们的设计实在是太过安全了，以至于孩子们要么不再愿意在那儿玩，要么开始尝试设计令人意想不到的玩法。对孩子们来说，有一定危险程度的操场才有挑战性。

不论是大人还是小孩，想要做的都不是将风险最小化，而是优化风险。

人们做所有事情的目的都是实现自己的愿望，但同时人们也会给自己一点压力，这样才能持续成长。所以，如果一件事情太过安全，人们就会想方设法让它重新变得危险。[1]

在不受约束或者受到鼓励的时候，人们偏向于活在冒险中，这样他们既能对自己的经验感到自信，又能在直面混乱中有所成长。一边享受当下，一边努力优化未来，这会让人们既精神又兴奋，否则，人就会像树懒一样笨拙、粗心、行动迟缓。过度保护会让我们败给突如其来的意外和危险事件，错失其中蕴含的机会。

那些被安装在花坛边缘的滑板终结者着实令人反感，它们配上花坛上由滑板造成的磨损，构成了一幅拙劣设计的，由怨恨和糟糕补救措施组成的惨淡画面。这个区域本来应该被绿植美化，现在却呈现出一种工业化监狱、精神病院或集中营一般的景象。

这个丑陋十足的解决方案让人无法信任它背后的执行意图。

如果你深入读过弗洛伊德、荣格或者他们的先驱尼采等心理学家的书，你就会知道一切事物都有阴暗面。弗洛伊德深入解读了梦的隐含内容，认为梦通常都在表达某种不恰当的愿望。荣格则相信社交礼仪中的每一个行为背后都伴随着无意识的邪恶阴影。尼采研究了被他称作“ressentiment”的怨恨是如何驱动公开、虚伪无私行为的：

> 在我看来，人类始终都是要从仇恨与报复中解脱出来的，这种解脱，仿佛一座桥，桥的对面就是最崇高的希望；这种解脱，也是一道彩虹，绚烂在狂风暴雨之后。毒蜘蛛们的愿望当然不是这样的，我听到了它们彼此之间的交谈，它们说：“让仇恨的风、复仇的雨充满整个世界吧，这才是我们所标榜的公平与正义。我们要报复，报复所有的异端；我们要谩骂，谩骂所有和我们不一样的生物。”毒蜘蛛的心里这样想，它在向着自己的灵魂许愿。从此以后，“追求平等的意愿”会成为一种德行，我们要提高自己呼喊的音调，我们要对所有拥有权

势的人高呼。说教者们啊，你们口口声声高呼着“平等”，本质上却如同暴君，昏庸、软弱、无能，还把自己君王般的淫欲用德行的言语加以隐藏。[2]

著名英国作家乔治·奥威尔很了解这类问题。他在 1937 年创作了《通往维根码头之路》。在书的前半部分，奥威尔描绘了 20 世纪 30 年代英国矿工令人震惊的生存条件：

> 好几个牙医告诉过我，在工业地区，一个人过了 30 岁牙还没掉光的情况非常罕见。在维根，不少人（年龄各异）都跟我说越早“弄掉”这口牙越好。“我受够了牙。”有个女人这样说道。[3]

因为矿井通道的高度有限，维根码头的矿工需要在黑暗中弯着腰，拖着身体缓慢前行近 5 千米，途中不断磕碰脑袋，擦伤背部，然后才能开始 7.5 小时艰苦繁重的工作。工作结束之后，他们又要再爬回来。奥威尔说：“那大概等同于每天上下班各攀登一座高山。”而且这些爬行的时间是没有报酬的。

在读完了这本书前半部分对矿工生存状况的描述之后，读者不可能不对贫穷的工人们感到同情，只有冷血的怪物才会在听完奥威尔的描述后毫无怜悯之心。

> 早些时候的矿井更糟。有的年纪很大的妇女从年轻时便在井下干活，那时她们四肢着地，腰上绑着挽具一般的带子，一条锁链拴过她们的腿，来拖拽一桶桶煤，甚至怀孕时也要经常这么做。

不过，在书的后半部分，奥威尔将视线转向了另一个问题。虽然当时英国各地都明显存在令人痛苦的不平等现象，社会改革的思潮却并不怎么受欢迎。奥威尔认为原因是那些衣着考究、热衷思考批判、满心怜悯和同情的社会改革派并不喜欢穷人，他们只是仇恨富人，并且在用虔诚和自以为是来伪装自己的怨恨和嫉妒。直到今天，不论是在人的潜意识里还是在现实中，这个问题都依然存在。因为弗洛伊德、荣格、尼采和奥威尔的启示，每当听见有人大声宣称支持某些事情的时候，我总会好奇他反对的是什么，尤其是当此人在抱怨、批判或者试图改变别人的行为时。

荣格提出了精神分析领域最为犀利的一句名言：如果你无法理解一个人的行为，那就看看结果，并以此推断动机。这句话就像一把心理手术刀，虽然并不总是最合适的工具，也有可能在某些时候切得太深或者切错地方，但是在有的情况下它仍然可以带来非常有启示性的结论。

举个例子，如果在花坛上安置滑板终结者的后果是使孩子不开心及野蛮地剥夺了人们对美的追求，那么或许这就是一开始的目标。当一个人宣称自己的行为是出于高尚的原则或者是为了他人的利益时，我们并没有必要假设这样的动机是真实的。

> **真正想要改善世界的人，通常不会去试图改变别人，至少他们会先从改变自己开始。**

当技巧高超、勇敢而又危险的滑板活动被规则所阻止时，我看到的是规则背后阴险的反人类精神。

可怕的反人类精神

我在前面提到过的朋友克里斯就被这样的精神所支配，这也给他的心理健康造成了严重的伤害。内疚是使他困扰的原因之一。在来到费尔维尤之前，克里斯在阿尔伯塔省最北部的几个不同的城镇上了小学和初中，和原住民小孩打架是他的日常活动之一。通常来说，原住民小孩要比白人小孩更易怒一些，我很清楚这一点。

我和一个叫雷内·赫克的米提人（加拿大原住民之一）小孩有过一段充满波折的友谊，之所以波折是因为当时的情况很复杂。我和雷内之间有着巨大的文化差异，雷内的衣服总是很脏，言辞和态度也很粗鲁。我在学校里跳过一级，个头较小，而雷内则是个强壮、聪明、好看又坚毅的孩子。有一次，我们在一起上 6 年级的课，老师是我的父亲，他发现雷内在嚼口香糖，于是说："把口香糖吐了，你看上去像一头牛一样。"我轻声笑道："哈哈，雷内牛。"不管雷内是不是牛，他的听力是没问题的。他说："彼得森，放学之后你死定了。"

那天我们本来打算晚上一起去看电影的，看来是没戏了。时间过得很快，下课的时候我以最快的速度冲向我的自行车，但是雷内还是先我一步到达。我绕着自行车躲着他，只要我一直绕圈，他就没法抓住我。可我不能永远绕下去，所以我大声喊"对不起"，但这没法安抚雷内，我伤了他的自尊，于是他要我付出代价。

我在几辆自行车后面蹲下来，大声喊道："雷内，对不起！我不该说你是牛，我们别打了。"他继续向我走来，我又说："我真的错了，对不起，我还想和你去看电影呢！"这不是我耍的花招，而是我的真心话。接下来，不可思议的事情发生了，雷内停止了绕圈，看着我，然后他哭了起来，独自跑开了。这就是镇上原住民和白人之间关系的真实写照，我和雷内也从未一起看过电影。

当我的朋友克里斯和原住民小孩发生冲突时，克里斯不愿意还手。他觉得自己在道德上不应该自卫，所以甘愿挨打。克里斯逐渐和世界脱离，他的内疚让他对男子气概和充满男子气概的活动产生了深深的仇恨。他认为上学、工作和谈恋爱与北美的殖民化以及地球资源的掠夺都是相关联的。克里斯读了一些佛教书籍，他认为在当前的世界形势下，否定自己的存在是必要的道德选择，同时他认为别人也该如此。

我在读本科时曾和克里斯做过一段时期的室友。一天晚上我们外出喝酒，在回家路上，克里斯将路边汽车的反光镜一个又一个地掰下来。我说："别这么做，这样对你有什么好处？"克里斯说那些人都参与了人类疯狂的破坏活动，所以这是对他们的报复。我说报复那些正常生活的普通人并不会解决任何问题。

多年以后，当我在蒙特利尔读研究生时，克里斯又出现了。他本来只是来这儿做客的，但是他很迷茫，想向我寻求帮助，于是最终又和我住到了一起。我那时已经结婚了，家里还有妻子塔米以及一岁的女儿米凯拉。克里斯和塔米以前在费尔维尤的时候就是朋友，而且克里斯还喜欢过塔米，这让情况更复杂了——但不完全是你想的那样。克里斯一开始憎恨男性，后来也开始变得憎恨女性了。他并非不渴望女性，却拒绝接受教育、拒绝工作，也拒绝欲望。他烟瘾很大，没有工作，导致没有女性会对他感兴趣。我也试图说服过他改变自己，谦逊一些，重建自己的生活。

一天晚上，轮到克里斯做晚餐。当塔米回到家里时，发现屋里充满了烟雾，肉饼在煎锅里疯狂地冒烟，而克里斯则跪在地上试图修理炉脚松动的部分。我的妻子看穿了克里斯的把戏，他是故意弄焦肉饼的，因为他讨厌像个女人一样做饭和做家务，即使家务是大家平等分担的。修理炉脚不过是为烧焦食物提供一个看上去可信的借口而已。塔米揭穿了克里斯，而克里斯则开始扮演受害者的角色。不过，此时克里斯的内心是极度愤怒的。他以为自己比所有人都聪明，而把戏被揭穿的事实却令他的自尊深受打击，这非常糟糕。

第二天，我和塔米一起去附近的公园散步。虽然外面是零下35摄氏度，寒风凛冽，但我们真的需要离开家一会儿，塔米说她受不了和克里斯住在一起了。我们走进公园之后，看见光秃的树枝上有一只松鼠正在瑟瑟发抖。松鼠在这么寒冷的天气里为什么会出来？它们理应冬眠到天暖之后再活动。然后，我们看见了更多的松鼠，公园里到处都是在寒冷中颤抖的松鼠，这景象就像是一出荒诞剧，不可思议，也难以言喻，又十分贴切。这之后不久，塔米带着女儿到别处去住了几天。

临近圣诞，我的弟弟和他的新婚妻子也从家乡过来看我们。我弟弟也认识克里斯。他们夫妻俩和克里斯穿上外套，准备去蒙特利尔市区逛逛。克里斯穿了一件黑色长大衣，头上的黑色针织帽被拉得很低，裤子和靴子也都是黑色的。他又高又瘦，有点驼背，我开玩笑说克里斯看上去像个连环杀手。他们三个逛街回来后，克里斯的情绪非常不佳。这一对夫妻的快乐，对他来说无疑是伤口上撒的盐。

我们愉快地吃了晚餐，聊完天后便回房休息了。但是我睡不着，总觉得有什么事情不对劲。凌晨四点，我忍不住爬下床，轻轻推开了克里斯的房门。如我所料，他正躺在床上，睁大了眼睛盯着天花板。我在他旁边坐下，通过聊天把他杀气腾腾的愤怒化解了，然后我才回房间去睡觉。第二天早上，我弟弟把我拉到一边说："昨晚发生了什么？我完全睡不着。出什么问题了吗？"我告诉他克里斯的状况不太好，但我没有告诉他昨晚我们所有人都躲过了"一劫"。

也许那天晚上我闻到了空气中死亡的气息。克里斯的身上有一种很苦的气味，他经常洗澡，但是毛巾和床单还是都沾上了那种气味，无法洗掉。那或许是心灵和身体无法和谐运作的产物。一个认识克里斯的社工告诉我，她和同事们也都很熟悉这种气味，他们称之为"失业者的气味"。

我读完博士后，和妻子从蒙特利尔搬去了波士顿，生下了第二个孩子。我和克里斯时不时会通电话，他也来看过我们一次。他在一个汽车配件店找到了工作，生活变得好一些了，但那种状态并没有持续很久。我和克里斯后来没有再见过面，差不多10年之后，他在自己40岁生日的前一晚打电话给我，这时我已经举家搬到了多伦多。克里斯特地打电话告诉了我一个好消息，他写的一个故事将被放在一个故事集中出版。克里斯的短篇小说写得很好，他也是个不错的摄影师，有一双善于发现的眼睛。第二天，克里斯开着他那辆破破烂烂的皮卡进了森林，在排气管和驾驶室之间连了一根软管。我仿佛可以看到他那时的样子，他透过破裂的挡风玻璃看着窗外，一边抽烟，一边等待死亡。两周之后，克里斯的尸体被发现了。我打电话给他父亲，他父亲哭泣道："我可爱的孩子呀！"

最近，我被邀请去附近一所大学做TEDx演讲。在我之前上场的是一位在计算机专业领域十分出色的演讲者，他谈到了人类对地球的威胁。和克里斯以及许多人一样，他内心深处也充斥着反人类精神。虽然他没有像我的朋友那样走极端，但是他的身上也散发着同样可怕的气息。

这位演讲者站在一块屏幕面前，屏幕上是一个规模巨大的高科技工厂，数以百计身着白色工作服的工人像机器人一样站在生产线旁边无声地操作着。演讲者告诉台下以年轻人居多的观众，自己是如何和妻子决定只生一个孩子的，同时也希望有道德的人都这么做。我觉得他的选择应该是经过深思熟虑的，不过这个选择也许只适用于他自己，而且或许他一个孩子也不生会更好。

如果这位演讲者知道自己的想法会带来什么后果，他会愿意改变立场吗？我想会的，但我并不相信他真的会。也许他会选择拒绝知道，或者他知道，但是不在乎，并且正自愿地朝着相反的方向进发。

诞生于偏见的“弱势群体”

直到不久以前，地球在人类眼中还是无法估量的。18世纪晚期，著名的生物学家托马斯·赫胥黎告诉英国议会，人类是无法用尽海洋资源的，与人类孜孜不倦的掠夺相比，海洋的生产能力实在是太强大了。而今天距离蕾切尔·卡逊出版《寂静的春天》并引发世界性环保运动也仅仅只过去了50多年而已。[4]

人类直到最近才开发出理解生态环境的粗浅理论和技术工具，所以人类对环境的破坏尽管令人发指，但多少也在情理之中。有的时候，我们只是缺乏意识，有的时候，我们别无选择。生存是艰难的，直到几十年以前，大多数人都还在被饥饿、疾病等一系列物质与精神上的匮乏所困扰。人类越来越富有，但是寿命依然有限，没有人生重病的家庭是幸运的少数。脆弱的人类已经尽力了，我们有理由放自己一马。

人类是非常了不起的生物，既没有同类，也没有任何清晰的极限。人们今天的成就在几十年前都是无法想象的。在写下这些文字之前的几个星期，我碰巧在网上看到了两个视频，分别展示了1956年和2012年奥运会的跳马比赛。运动员们看上去不像在进行同一项运动，甚至连运动员都不像是同一个物种。跑酷是一项源自法国军队障碍训练的运动，每当看到跑酷运动员从三楼跳下却毫发无损时，我都会感到钦佩不已。攀爬起重机、玩极限山地车、自由式滑雪和冲浪都刺激得让人发抖。

我们之前讨论过的科伦拜中学枪击案的两个凶手都将自己任命为人类的审判官，那个TEDx演讲者还有我的朋友克里斯也是如此。他们都认为人类是失败和堕落的物种。这样的预设一旦建立，其内在逻辑就会不可避免地显现出来。如同戴维·阿滕伯勒（David Attenborough）所说，当一个东西成为瘟疫，或是罗马俱乐部所说的癌症时[5]，根除它的人就是英雄般的救世主。被无限的仇恨所驱使、自命不凡的杀人狂通常都会遵循这样的逻辑。但是，为什么那些明确反对偏见的人也经常在谴责人类呢？

男孩的衰落

我认识一些被这样的道德捍卫者批判和排斥，以至于精神健康受到严重影响的大学生，尤其是人文学科的学生。对于年轻男性来说影响更为严重。作为父权社会的既得利益者，他们的成就往往被认为是不劳而获的，他们被视为有着性犯罪的嫌疑，并会因为自己的理想和追求而被视作地球的掠夺者。总之，他们不受欢迎。在中学和大学阶段，男性也在教育上逐渐落后。我儿子 14 岁时，有一次我和他谈到学习成绩，他说自己作为男生成绩已经不错了，在学校，大家都知道女生的成绩更好。他的语气里透露出对我不了解这一事实的惊讶。在写这一章时，我收到了最近一期的《经济学人》杂志，封面故事是“性别的弱势群体”，指的就是男性。大学里有超过三分之二的专业，女生的数量超过了男生。

在现代世界，男孩因为比女孩更不听话，或者说更加独立而备受折磨，并且这种折磨会贯穿整个中小学阶段。男孩的宜人性更低，而宜人性是一个与同情、共情和避免冲突相关的性格特质。男孩也更少被焦虑和抑郁所影响[6]，至少在青春期之后是如此[7]。男孩对物体更感兴趣，而女孩对人更感兴趣。[8]令人惊讶的是，这些受到生物因素影响的差异在性别最为平等的北欧国家体现得最为显著，这和将性别视为社会建构的人的预期刚好相反。性别的确不是社会建构，这一点毋庸置疑。[9]

男孩喜欢竞争，并且在青少年时期会变得尤其不喜欢服从。在那个阶段，他们会试着逃离家庭，建立自己的生活，这样的行为无异于挑战权威。19 世纪末建立起来的学校体系，主要目标就是灌输顺从的观念。[10] 不论一个男孩或者女孩有多么坚强和出色，学校都会打压他们大胆的挑衅行为。男孩的衰落还有其他原因，如女孩愿意和男孩竞争，男孩却不愿意和女孩竞争。因为女孩战胜男孩是一件令人钦佩的事情，而且就算输了也是可以接受的。但是男孩战胜女孩却恰恰相反，更别说男孩输给女孩了。如果一男一女两个 9 岁的孩子打架，男孩先动手就已经非常不好了，如果他赢了，更会被鄙视，而如果他输了，人们会永远记得他被女孩打败过。

女孩既可以通过发扬女性特质在同性竞争中取胜，也可以和男孩进行竞争。但是男孩只能和同性竞争，若提升自身的女性特质，那么不仅会损害自己在同性心目中的形象，还会降低自己对异性的吸引力。女孩会喜欢和自己做朋友的男孩，但不会被他们所吸引，她们只会被男性竞争中的胜者所吸引。男孩没法像对待同性那样和女孩竞争，因为他们不确定自己怎样才算赢。所以，当一个游戏变成女孩的游戏时，男孩便会离开。现在的大学，尤其是人文学科，是否正在变成女孩的游戏？这是我们希望看到的吗？

大学和各种教育机构里的实际情况要比一般的统计数据糟糕得多。如果你去掉 STEM 学科，也就是科学、技术、工程和数学，性别比例会更加失衡。[11] 医学、公共管理、心理学和教育学等专业，接近 80% 的学生都是女性，而这些学科囊括的学位占所有学位的四分之一。这样的差异还在不断增加，照此趋势，15 年后大学里的大多数专业将几乎全是女性。这对男性来说是很可怕的事情，对女性也不是什么好事。

职业与婚姻

在女性占主导地位的高等教育机构里，女性也越来越难维系长久的恋爱关系，结果她们只好退而求其次，寻求短期关系。这也许是一种进步，但我认为这对女性很不好。[12] 不论是男性还是女性，其实都渴望建立一段稳定而又深刻的恋爱关系，而对女性来说，稳定有可能是她们最渴望的东西。皮尤研究中心的数据显示，从 1997 年到 2012 年，18 岁到 34 岁之间、认为婚姻成功是生活中最重要的事情的女性比例从 28% 上升到 37%，涨幅超过 30%，而有同样想法的男性比例则下降了 15%，从 35% 降至 29%；在 30 岁到 59 岁之间从未结过婚的人里面，表示永远不会结婚的男性比例是 27%，女性比例是 8%。在 1960 年到 2012 年的这个时间跨度里，18 岁以上已婚人士的比例在持续下降，从 1960 年的 75% 降至 2012 年的 50%。

谁规定事业一定比爱情和家庭更重要？在顶级律师事务所一星期工作 80 小时真的值得吗？值得的原因是什么？愿意这么做的人里，有一小部分是极具竞争性并且不计代价的，这样的人以男性为主，他们的宜人性也较低；还有一小部分人发自内心地喜欢自己的工作。但是大多数人不是这样的，而且，在挣的钱够花时，金钱就不再那么有强效驱动力了。更重要的是，大多数高绩效和高收入的女性也有同样高绩效和高收入的伴侣，并且拥有这样的伴侣对女性来说更重要。皮尤研究中心的数据显示，80% 从未结过婚并且希望结婚的女性都很看重对方工作的好坏，而在男性群体中这个比例还不到 50%。

大多数顶尖的女律师都会在 30 多岁时放弃他们的高压职业生涯。美国较大的 200 家律师事务所里，只有 15% 的股权合伙人是女性。[13] 尽管女性律师人数众多，但这个数字在过去 15 年里却没有太大变化。并不是因为律师事务所不希望女性留下来发展，优秀人才的长期短缺让律师事务所迫切地希望留住每一个人，不论男女。

那些离开的女性往往希望在工作之外拥有自己的时间，在读完法学院并且工作了几年之后，她们开始发展出其他兴趣。这在大型律师事务所里很常见，只是大家不太愿意公开探讨这一点。我去听过一个演讲，演讲者是麦吉尔大学的一名女性教授，在场有许多律师事务所的女性合伙人。教授在演讲时宣称，托儿设施的缺失和成功标准的男性化阻碍了女性事业的发展并导致她们最终放弃了事业。我认识当时在座的绝大多数女性，也和她们深入交流过。我知道她们都明白这些并不是真正的问题。这些成功女性都雇得起保姆，并且已经外包了所有的家庭责任与义务。她们也非常清楚成功不是由男性同事而是由市场来决定的。然而，如果你是多伦多的一位时薪 650 美元的顶级律师，当你的日本客户在周日凌晨四点打电话给你时，你必须立刻接听，就算你之前因为喂奶而没有睡好。如果你不接听，某个身在纽约、工作更拼命的律师就会替你接听。这就是为什么成功是由市场决定的。

拥有大学学历的男性数量的减少对于渴望恋爱结婚的女性来说是个越发严重的问题。女性非常倾向于寻找经济地位与自己同等或者比自己更高的伴侣，而且这一倾向在不同文化里都存在。[14] 但是皮尤研究中心的数据显示，男性完全不介意未来妻子的经济地位，反而更在意伴侣的年龄。当富有的女性更偏好富有的男性时，中产阶级的衰减就会加剧[15]，加之适合男性的高薪制造业岗位在减少，婚姻会越来越成为富人的特权。这是黑色幽默般的讽刺事件，压迫性的父权婚姻制度现在却变成了奢侈品，难道有钱人是在自我压迫吗？

为什么女性想找有工作而且地位更高的伴侣呢？这在很大程度上是因为生育会让她们变得更脆弱，所以她们需要有能力的伴侣来为母婴双方提供必要的支持。这是非常理性的补偿行为，也有一定的生物学基础。为什么一个决定照料婴儿的女性需要另一个成年人来照料她？因为这能避免她们成为经济来源不稳定的那种单亲妈妈。没有父亲的孩子不仅面临贫穷的概率要比普通孩子高出 4 倍，而且也有更大的可能性滥用酒精和药物。和亲生父母居住的孩子比和一个或多个非亲生父母居住的孩子更少出现焦虑、抑郁或者犯罪行为。另外，单亲家庭孩子自杀的风险也更大。[16]

当今社会，对立场正确的强调则让问题进一步恶化。随着学校越发强调平等，反对性别压迫的声音也变得越来越大。然而学校的有些院系对男性是完全排斥的，而主导这些院系的后现代主义者宣称，西方文化是一种由白人男性创造的压迫性结构，用于支配和排斥女性及其他特定群体，而西方文化的成功也完全建立在这种支配和排斥上。[17]

文化源于人类的创造

文化向来都是一种压迫性结构，这是一个根本而普遍存在的现实。专制的国王是这个现实的象征符号和常见原型。我们继承的过去是狭隘和过时的，需要被拯救和修补，然后精心地维护管理。文化在一方面磨掉了我们的棱角，浪费了我们巨大的潜力，但另一方面它也带来了巨大的收益。我们的每一句话、每一个想法都是由前人所赐，支撑我们生活的高度发达的基础设施也是前人的赠礼，他们给予了我们技术、财富、健康、自由和机遇。所以，将文化视为纯粹的压迫是一种无知、忘恩负义和危险的做法。当然，这不是说文化不应该接受批判，我希望本书的内容已经无比清晰地指明这一点了。

说到压迫，还有一个需要考虑的问题：所有的等级制度都会创造赢家和输家。赢家会更倾向于维护这个等级制度，而输家则会批判它。但是，对任何有价值的目标的集体追求都会创造等级制度，因为不论目标是什么，有的人总会比其他人更擅长追求它。

> **对目标的追求能赋予生命持久的意义，那些让生命显得深刻和迷人的情绪几乎都产生于我们朝着理想成功前进的时刻，而我们为此付出的代价就是成功的等级之分和结果的差异。**

绝对的平等只有在放弃了价值本身后才能实现，但那样的话，人生就没有追求了。也许更好的方式是，心存感激地承认一个复杂而先进的文化可以提供许多游戏，让每个成员都参与竞争，并且以各种方式赢得胜利。

文化也并不单纯是由男性创造的。文化在象征意义和原型上来说是雄性的，所以父权的概念很容易被接受，但文化是由整个人类创造的，而不仅仅是由某一类人，尽管他们也出了自己的一份力。此外，即使女性在 20 世纪 60 年代前对艺术、文学和科学的贡献有限，她们也仍然在抚养后代和农业生产中扮演了重要角色，为一小部分男性推动人类的发展提供了条件。

一种不同的解读方式是，男性和女性自古以来都在努力克服贫穷和生存的压力。而女性往往处于更为不利的地位，因为她们除了拥有和男性一样的局限性，还要背负额外的生育负担，并且在身体上还更为柔弱。20 世纪以前，除了面对普遍的肮脏、痛苦、疾病、饥荒、暴力和无知，女性还需要忍受月经带来的严重不便，面临高概率的意外怀孕，受到难产的生命威胁，以及背负过度生育带来的负担。也许正是因为这些，许多社会在法律和生活中才会规定男女有别。现代技术革命的发生，包括避孕药具的发明，在一定程度上改变了这一境况，所以在认定女性更受欺压之前，也需要将这些因素囊括进去。

在我看来，所谓的父权制度更像是男性和女性在数千年以来试图摆脱贫穷、疾病和艰辛所进行的一种不完美的集体尝试。

印度企业家阿鲁纳恰拉姆（Arunachalam Muruganantham）的故事就是一个很好的例子，这个被称为“印度卫生巾之父”的男人在看到妻子将破布用作卫生巾后感到很不开心。他的妻子说这是因为卫生巾太贵，她宁可将钱省下来抚养家人。于是，阿鲁纳恰拉姆在接下来的 14 年里执着地钻研这个问题，连他的妻子和母亲都曾一度被他的痴迷吓坏。当阿鲁纳恰拉姆找不到女性志愿者来测试产品时，他甚至还尝试过在自己身上做测试。阿鲁纳恰拉姆的这些行为对自己的名誉和地位都毫无助益，但是今天，他发明的低成本卫生巾畅销印度全国，而且都是由女性自助群体生产的，使用他发明的产品的人也因此获得了前所未有的自由。2014 年，这个仅有初中文化的男人荣登《时代周刊》“全球百位最具影响力人物榜单”。显然，个人收益不是阿鲁纳恰拉姆的主要动机。那么他是父权制度的一部分吗？

1847 年，詹姆斯·杨·辛普森（James Young Simpson）用乙醚帮助一个骨盆畸形的女性成功分娩，之后他又改用了效果更好的氯仿。第一个这样出生的孩子被命名为 Anaethesia（英文中“麻醉”的意思）。到了 1853 年，氯仿受欢迎到连英国维多利亚女王在生第 7 个孩子时都选择使用它。不久之后，无痛分娩开始在世界各地被广泛采用。有些人认为这违背了信仰，还有的人反对男性使用麻醉剂，认为年轻、勇敢的男人不应该怕痛。但这些反对毫无作用，氯仿作为麻醉剂还是以惊人的速度迅速传播着。

直到 20 世纪 30 年代，世界上第一个卫生棉条才被伊勒·哈斯博士（Earle Haas）发明出来。到了 20 世纪 40 年代，美国有 25% 的女性使用了这一产品，30 年后这一数字增长到 70%，现在则是 80%。剩下 20% 的人所使用的卫生巾也有极强的吸水能力和极高的穿戴稳定性。

阿鲁纳恰拉姆、辛普森和哈斯给女性带来的是压迫还是自由？发明避孕药的格雷戈里·平卡斯（Gregory Pincus）呢？这些实干、聪明而又执着的男性怎么会是狭隘的父权制度的一部分？

为什么我们要告诉年轻人，我们伟大的文化是男性压迫的结果？在被这样的核心假设误导之后，教育、社会工作、艺术史、性别研究、文学、社会学甚至法律等都开始给男性冠以压迫者和毁灭者的角色。不仅如此，这些领域通常还倡导不论放在任何时代都算得上激进的政治行为，而且还将其和教育混为一谈。例如，加拿大卡尔顿大学和皇后大学的性别研究学院就将鼓励激进主义作为任务之一，支持大学教育应该首要培养特定类型参与行为的这一假设。

小心提倡单一因素解释的人

权力是激励人的基本动力之一。人们在乎自己在支配等级上的地位，愿意通过竞争来到达顶峰。但是权力并不是唯一的动力，甚至也不是主要的动力，这也是区分一个人心智成熟与否的方法。另外，我们无法知道一切事情，所以我们的观察和话语的确都是有选择性的，但是这并不能证明一切都是我们的阐释，或者分类的目的就是排斥。你要小心那些提倡单一因素解释的人。

事实是客观中立的，就好像广阔的大地不会告诉旅行者应该如何穿越它一样。我们与事物有无数种感知和互动方式，但这并不意味着所有的阐释都是合理的。有些阐释会伤害你自己和他人，有些则会让你和社会发生冲突；有些不可持续，有些则会成为你的阻碍。这些限制一部分来自漫长进化过程对人类的塑造，一部分来自让我们学会和平共存的社会化过程，还有一部分则是我们学习和成长的结果。无限多的阐释等同于无限多的问题，但有效解决方案的数量总是极为有限的，否则，人生也太容易了。众所周知，人生并不容易。

> **如果抛开乌托邦式的假想社会，只参照历史和现有文化，我们可以看到，在运转良好的社会中，能力而非权力才是决定地位的主要因素。**

这一点，无论从个人经验还是从事实证据来看都是显而易见的。一个得了脑癌的人不会因为追求平等而拒绝资历最深、声望最高，也许也是收入最多的外科医生。最能有效预测长期是否成功的人格特质是智力和责任心。其中，智力由认知能力或智商测试来衡量，而责任心则是由一个人的勤勉和条理性来体现。[18] 例外的确存在，比如对企业家和艺术家来说，开放性就比责任心更能衡量成功[19]，但是开放性也和语言能力与创造力相关，所以这种例外是可以理解的。从数学和经济学角度来看，用这些特质进行预测的准确性是非常高的，甚至在社会科学衡量过的所有特质里，这些特质的预测准确性是最高的。

社会科学研究也清晰地证明，一个好的人格和认知能力测试可以将雇主找到杰出人才的概率从 50% 增加到 85%。所以，我们不应该告诉孩子世界是平的，也不应该在性别和等级制度上给他们灌输缺乏实证的论断。

科学的确有可能受到权力的影响，证据在很多时候也确实是由包括科学家在内的权势阶层认定的。毕竟科学家也是人，而人都喜欢权力，就好比龙虾也喜欢权力，或者解构主义者们也希望他们的观点广为人知，从而使自己可以具备学术权威性一样。但这并不意味着科学或者解构主义都只和权力有关。为什么有人会坚信一切都和权力有关呢？也许是因为当只有权力存在的时候，对权力的使用才是合理的，这种使用不受证据、方法、逻辑或者任何“文本之外”的东西所限制。这让权力的使用变得非常诱人，而权力也必然会被用来服务观点。

举个例子，后现代主义坚称性别差异是社会建构的产物，这个观点认为社会必须被改变，偏见必须被消除，直到所有的结果都完全平等。但是社会建构主义的根本目的是结果平等，而不是对改变社会和消除偏见的正义追求。要消除所有的结果不平等，所有的性别差异都要被理解为社会建构的产物，不然对平等的追求就会显得过于激进。所以为了掩藏，逻辑的顺序被调转了，而这种言论所包含的内在矛盾却从未被质疑过。性别是建构的，但是一个寻求性别重置手术的人却被毫无争议地当作一个困在女人身体里的男人。显然这两者在逻辑上是不能同时为真的，但这一点被忽视了，或者被“逻辑和科学方法都是父权压迫的一部分”这样的奇葩观点合理化了。

显然，所有的结果都无法完全均等。结果需要先被衡量。比较同一职位上不同人的薪水相对容易，但是还有其他同等重要的维度需要考虑，如工作年限、晋升率和社会影响力等。引入“同工同酬”的概念之后，对薪水的比较就变得更加复杂了。谁来决定什么算“同工”？没有人能够决定，所以才有市场的存在。更糟糕的是群体比较。比如，女性应该和男性挣得一样多，所以，薪水是否需要根据不同的维度来做出调整？这些维度需要细化到什么程度？

举个例子，美国国立卫生研究院承认的种族分类是美洲印第安人、阿拉斯加原住民、亚裔、非裔、西班牙裔、夏威夷原住民、其他太平洋岛居民和白人。但来自 500 多个独立部落的美洲印第安人怎么能够作为一个标准的分类范畴呢？有的部落的人均年收入为 3 万美元，而有的部落只有 1.1 万美元，这种巨大的差异从何而来？另外残疾人呢？他们应该和非残疾人挣得一样多吗？这在表面上是个高尚、公平和富有同情心的主张，但是怎样才算残疾呢？一个需要照顾患有阿尔茨海默病的母亲的人算残疾吗？智商较低的人呢？长得比较丑或者比较胖的人呢？有人的确一生都肩负着重担，但事实上每个人都不轻松，尤其是如果还要算上他们的家人的话。根本问题在于，群体身份可以被细分到个体层面，每一个人都是独特的，而且这种独特是重要的、有意义的。群体身份可没办法涵盖这种多样性。

后现代主义思想家们从不探讨这种复杂性。相反，他们将自己的意识形态立场固定在一个点上，然后强迫所有事情都围绕其旋转。所有的性别差异都是社会建构的结果，这个主张既无法被证实，也无法被证伪，因为只要我们愿意付出相应的代价，文化本来就可以推动人类往任何方向发展。比如，通过研究被收养的双胞胎，科学家发现，文化可以使智商提高约 15%（或一个标准差）[20]，但这是以财富增加三个标准差为代价的[21]。换句话说，一对同卵双胞胎在出生时分别被两个家庭收养，第一个家庭如果比 85% 的家庭穷，第二个家庭比 95% 的家庭富，那么双胞胎中的两人在智商上会相差 15。近期，另一个关于教育的研究也得出了相似的结论[22]，这可以说是财富和教育差异能够带来的最大影响了。

这类研究暗示，如果我们愿意施加足够多的压力，或许就可以缩小男孩和女孩之间的差异。当然，这并不代表我们不允许孩子们做出自己的选择。但选择在意识形态领域是没有一席之地的。人们被灌输了这样的观点：如果男性和女性的自愿行为带来了性别不平等的结果，那么这些选择一定是由文化偏见导致的。结果就是，只要承认性别差异的存在，就会被道德感十足的批判理论家们纠正。这意味着，那些虽然非常相信平等，但是对护理不感兴趣的北欧男性需要接受更多再培训，那些对工程学不感兴趣的北欧女性也是一样[23]。这样的再培训是什么样的？界限到底在哪里？这类行为经常在打破了一切理性界限之后才会被制止。

有些社会构建理论已经在原则上认为，如果男孩们被教育得更像女孩一些，整个世界都会变得更好。这种理论的支持者认为攻击性是习得行为，所以只要不去教导就可以避免。他们还假设男孩们应该接受针对女孩的教育方式，培养温柔、敏感、关怀、合作和审美等积极的社会品质。这些人认为，男性青少年只要遵从传统意义上的女性行为准则，攻击性就会降低。[24] 这种漏洞百出的主张让人不知应该从哪里批判起。

攻击性并不完全是习得的，而是天性的一部分，以防御和掠夺为目标的攻击性行为拥有非常古老的生物学基础。[25] 被切除大脑绝大部分区域的猫依然会展现攻击性行为，这说明攻击性不仅是天生的，而且是源于脑部最基本的区域。如果说大脑是一棵树，那么攻击性和食欲、性欲一样都存在于树干当中。

这一点在人类身上体现为，大约 5% 的两岁男孩在性格上非常具有攻击性，会对其他孩子做出踢、打、咬等行为，只不过这些行为绝大多数在四岁时就会被有效纠正。[26] 不是因为这些男孩被要求在行为上模仿女孩，而是因为他们学会了将自己的攻击性整合到更为复杂的行为模式中。攻击性驱使人竞争和求胜，在某些方面自命不凡，而决心则是攻击性亲社会和令人钦佩的一面。男孩们的攻击性如果在婴儿期结束前还没有得到很好的改善，那么他们将注定难以讨人喜欢，因为他们身上具备的原始敌对性会不利于他们之后在生活中建立社会关系。由于被同龄人排斥，他们会进一步错失社会化的机会，并被逐步边缘化，最终在成年后比普通人拥有更强的反社会和犯罪倾向。但这并不意味着攻击性没有价值，至少它带来的自我保护行为是有必要的。

同情之罪

我的许多女性来访者之所以会在工作和生活上产生困扰，不是因为她们太有攻击性，而是因为她们的攻击性不够强。这类人通常会展现出更高的宜人性和敏感性等更女性化的人格特质，所以会更有礼貌和同情心，也更容易体验到焦虑和痛苦。认知行为治疗师将针对这类人的治疗称作自信训练（assertiveness training）。[27] 缺乏攻击性的女性和男性会倾向于将周围的人像小孩子一样对待，并且持续地自我牺牲和过度付出；他们更为天真，也总认为合作是所有社会关系的基础；他们避免冲突，因而无法直面关系和工作中的问题。这样的态度显得很高尚，也的确能获得一定的社会认可，但其片面性也会带来适得其反的效果。当一个人太迎合他人时会无法维护自己，他会假设别人和自己想法一致，所以会期待相应的回报，却不知道该如何确保这一点。在得不到回报时，他没法表达不满或者直接索取认可，而这种不平等会激活他性格的阴暗面，使他充满怨恨。

观察自己的怨恨

我会教宜人性过高的人观察自己的怨恨，认清这是一种很重要但也非常有害的情绪。

> **怨恨的产生只能有两个原因：一是自己被占便宜了；二是自己不愿意承担责任。**

如果你感到怨恨，那么就去寻找它的来源。你是因为不成熟而感到不公平吗？如果你内心的答案是否，那么你或许就是被人占便宜了，而这时候你是有义务维护自己的。这意味着你需要直面你的老板、伴侣、子女或者父母，你要有策略地收集证据，这样在对峙时才可以给出至少三个他们行为不当的具体例子，让他们无法轻易地逃避指责。所有这些都意味着你要在对方反驳的时候拒绝让步。

一般来说，人们的反驳理由不会超过四个。如果你坚定不移，他们会生气、哭泣或者逃跑。你要小心对方的眼泪，因为它们经常被用来激发你的负罪感，让你觉得自己伤害了对方。但是，哭泣很多时候是因为愤怒，哭泣时是否脸红是个不错的判断标准。如果你能够坚持自己的观点，不为对方的反驳和情绪所动，你就会获得他人的关注，甚至是尊重。

你也必须清楚自己期待得到什么样的结果，并且能够清晰地表达自己的意愿。我建议你，直接告诉对方你希望他们做什么，而不是指责他们现在或者过去做过的。你可能会觉得“如果他们爱我，就知道应该做什么”，其实这种想法是你的怨恨带来的。做恶意揣测之前，最好先假设对方是无知的，别人不是你肚子里的蛔虫，更何况连你自己都不一定知道自己想要什么。如果你看清了自己想要什么，可能就会发现实现起来也并不容易，而那些压迫你的人并不一定比你聪明，尤其是在你自己的问题上。直白地提出小而合理的要求，并确保这些要求的实现能够满足你的需要。这样，你带入对话的就不仅是问题，而是解决方案。

俄狄浦斯式的母亲

宜人性高的人富有同情心和同理心，也厌恶冲突。他们会因为顺从而缺乏独立，由此产生的风险则又会因情绪的不稳定性而放大。宜人性高的人会顺从他人的主张，而不是提出自己的立场，这会使他们缺乏主见、犹豫摇摆。如果他们很容易感到恐惧或者受伤的话，那就更加不敢坚持自己了，因为这会让他们暂时暴露在危险之中。依赖型人格障碍就是这样形成的[28]，它可能会被认为是反社会型人格障碍的对立面。可罪犯的对立面也同样可以是俄狄浦斯式的母亲。

俄狄浦斯式的母亲会告诉自己的孩子："我是为你而活的。"她会为自己的孩子做所有的事情，帮他们系鞋带、切食物，让他们天天睡在自己和伴侣之间。俄狄浦斯式的母亲在自己、孩子和恶魔之间立下了契约："无论如何都不能离开我，作为回报我会为你做一切事情。你会因为自己长大却没有成熟而感到一文不值和痛苦，但是你永远不用为此承担责任，因为你所有的错误都是别人引起的。"

俄狄浦斯式的母亲甚至如同格林童话《糖果屋》里韩赛尔和格雷特兄妹遇到的女巫。故事里两个孩子的继母要求丈夫将孩子们抛弃在森林里，因为当时正值饥荒，继母认为两个孩子吃得太多了。丈夫从命，将两个孩子留在森林深处任其自生自灭。饥饿的兄妹俩在森林里发现了一座由糖果和姜饼做成的小屋。屋子里住着一个女巫变成的善良老妇人，她救下了两个孩子，精心照料他们并且随时满足他们的愿望。两个孩子随时都可以吃任何东西，也不需要做任何事情，但女巫的真实意图是恶毒的，最后两个孩子跑出森林，逃回到父亲身边，而父亲则彻底忏悔了自己的罪行。

在糖果屋一样的家庭里，孩子的心灵是最美味的，也是最早被吞噬的部分。过度保护会毁掉正在成长的心灵。糖果屋里的女巫象征着女性黑暗的一面。人在本质上是群居动物，习惯以故事的形式去理解世界，故事的角色包括父亲、母亲和孩子。女性作为一个整体，代表了文化边界之外的未知、创造及毁灭。女性既是母亲双臂的保护，又是时间的破坏性元素；既是美丽的玛利亚，又是住在沼泽里的女巫。

在19世纪末，瑞士人类学家约翰·雅科布·巴霍芬（Johann Jakob Bachofen）将女性这个原型实体和客观的历史现实混淆在了一起，他提出人类的文化在历史上经历了三个发展阶段。第一阶段是母权时代（Das Mutterrecht）[29]，女性在这一阶段占据主导地位，拥有尊重和荣耀，而亲子确定性则完全不存在；第二个阶段是狄俄尼索斯时代（Dionysian），在这一过渡阶段，女权开始出现；第三阶段是阿波罗时代（Apollonian），父权当道，女性附属于男性，现代文明也正是孕育于此阶段。①

巴霍芬的思想虽然缺乏史实证明，却在一些圈子里广受欢迎。比如，考古学家马丽加·金芭塔丝（Marija Gimbutas）曾于20世纪80年代至90年代宣称，新石器时代的欧洲文化是以女神和女性为中心的[30]，这个文化后来被外来的带有等级制的侵略性文化所取代和压制，而后者正奠定了现代社会的基础。艺术史学家默林·斯通（Merlin Stone）在他的《当上帝是女人时》（*When God Was*

---

① 在巴霍芬1861年发表的《母权：古代世界中母系社会的宗教及司法特征研究》中，实则把人类的文化进化分为四个阶段，在母权时代之前，还有游牧的群婚时代。——编者注

a Woman）一书中也提出了同样的观点。[31]

荣格在接触到巴霍芬的理论不久后就意识到，巴霍芬所描述的是人类心理而非历史的发展历程。人类将幻想投射至外部世界，从而让星空充满星座和天神。荣格在巴霍芬的理论里也看到了这样的心理投射。荣格的同事埃利希·诺依曼（Erich Neumann）在《意识的起源和历史》（*The Origins and History of Consciousness*）[32]和《大母神》（*The Great Mother*）[33]中对此做出了进一步分析，认为意识在象征层面上是男性化的，而意识的物质起源则是女性化的。诺依曼将这两者进行了对比，并将弗洛伊德的俄狄浦斯理论纳入了一个更为宏观的原型。

对于诺依曼和荣格来说，意识始终都在朝着光明努力向上，即使它的发展过程是让人痛苦和焦虑的。同时，意识也一直都倾向于向下沉入依赖和无意识当中，以此摆脱存在的负担。这种病态的愿望会被吞噬性的过度保护放大，因为过度保护反对启蒙、表达、理性、自我决定、力量和能力。这种过度保护在弗洛伊德看来是俄狄浦斯式家庭的噩梦。

可怕的母亲是一个古老的符号。人类最古老的故事之一、古巴比伦的创世史诗《埃努玛·埃利什》（*Enuma Elish*）中的女神提亚玛特就是这一符号最好的体现。提亚玛特是所有神和凡人的母亲，她代表了万物起源的未知和混乱的世界。她也会化身为雌性神龙，会在自己的孩子们不小心杀害了他们的父亲后亲手毁灭他们。可怕的母亲是无意识的化身，另外，她也体现在年轻男性对迷人女性的那种恐惧感当中，女性所代表的自然随时都有可能在很深的层面拒绝他们。除了吞噬性的母爱，没有什么比被拒绝更能激发自我意识、打击自信和滋养仇恨的了。

可怕的母亲也出现在许多童话和传说里。在《睡美人》里，她化身为邪恶女巫玛琳菲森。奥罗拉公主的父母没有邀请她参加公主的洗礼，换句话说，由于过度保护，奥罗拉无法了解现实世界最具危险性和毁灭性的一面。结果便是奥罗拉在青春期昏迷不醒，毫无意识。王子代表着阳刚精神，他一方面能够帮奥罗拉摆脱自己的父母，另一方面也可以将奥罗拉的意识从囚禁状态中拯救出来。当王子面对邪恶女巫时，女巫变身为混乱之龙。最终，王子在真理和信念的支持下战胜了女巫，并通过真爱之吻让公主睁开了双眼。

你也许会反对说女性不需要男性来拯救，迪斯尼的经典作品《冰雪奇缘》就大力宣扬了这一点。到底需不需要？这不好判断，但是，至少一个想生养孩子的女性是需要男性的，至少需要男性来支持她。此外，女性也是可以被自我意识拯救的，如前所述，意识在象征层面上一直是男性化的。王子可以是一个爱人，也可以是女性自己清醒、清晰和独立的内心。在现实当中，这些品质的确是男性化的，因为男性的温柔程度和宜人性低于女性，也更少受到焦虑和痛苦的影响。而且，需要再次强调的是，这种差异在性别平等化程度最高的北欧国家最为明显，差异也相当显著。

男性特质和意识之间的象征关系也在迪斯尼电影《小美人鱼》里有所体现。女主角爱丽儿非常女性化，但同时她也有着很强的独立精神，虽然因此给父亲惹了很多麻烦，但是父亲对她最为偏爱。他的父亲川顿国王代表着已知、文化和秩序，同时也流露出一丝统治者和压迫者的气质。秩序永远和混乱对立，川顿国王的敌人就是章鱼怪乌苏拉。乌苏拉的形象和蛇蝎、蛇发女怪以及九头蛇相似，所以乌苏拉和《睡美人》里的邪恶女巫、《白雪公主》里的皇后、《灰姑娘》里的后母、《爱丽丝梦游仙境》里的红桃皇后等角色一样，属于同一原型类别。

爱丽儿想要和她之前拯救过的埃里克王子发展恋情，乌苏拉骗她用自己的声音来换得三天人类的身份。乌苏拉其实知道，无法说话的爱丽儿没法和王子建立感情，没了表达能力，她就会永远停留在无意识当中。

在爱丽儿求爱失败后，乌苏拉偷走了她的灵魂，将她和其他衰败的灵魂囚禁在一起。川顿国王要求乌苏拉交出女儿，乌苏拉却邪恶地要求国王替代女儿的位置。川顿国王代表的是父权仁慈的一面，而乌苏拉一直都在计划取代国王的地位。爱丽儿被释放了，川顿国王却被囚禁，而且乌苏拉还夺走了赋予国王神力的三叉戟。幸运的是，埃里克王子赶来了，和爱丽儿一起打败了乌苏拉。川顿国王和其他被囚禁的灵魂得到了释放，恢复了神力的国王将爱丽儿变成了人类，这样她就可以和埃里克王子生活在一起了。可见，如果一个女性要想变得完整，她就必须获得男性化的自我意识，然后直面这个可怕的世界，这个可怕的世界有时也包括过度保护自己的母亲。

小时候我有一次去和朋友们打垒球，参与的人里有男有女。我们那时正处于情窦初开的年纪，所以在异性面前，争夺群体地位变得尤为重要。我和我的朋友杰克相互推搡打闹，而我的母亲当时恰好从附近经过，她离我们有一些距离，但是从她肢体语言的变化我可以看出她明白了我们在做什么。然而，她一句话没说就走了，我知道她做这个决定有多难，因为她担心我会受伤。对她来说，更容易的方式是过来阻止我们，但她并没有。几年之后，当青春期的我在和父亲闹矛盾时，我母亲说：“如果家里太舒服了，你就永远不会离开了。”

我母亲是个温柔、善良而且很好相处的人。有时候她也会示弱，或者因为母亲的角色而变得过于包容。这也让她有时心存怨恨，尤其是在面对我父亲那样一个很自我的男人时。即便如此，她却不是一个俄狄浦斯式的母亲。她培养了孩子的独立性，这个过程虽然很具挑战性，也让她心疼，但她勇敢地做出了对的选择。

未来需要的是坚毅而非软弱

年轻时我在加拿大萨斯喀彻温省中部的大草原上做过一个暑假的铁路工人，在这个全是男性的群体里，每个新来的人都要先被其他人“测试”。工人中有许多是克里人，他们大多内向随和，往往只有在喝醉了之后才会流露出内心的怨念。他们大多是监狱的“常客”，却并不太以此为耻，况且冬天监狱里很暖和，也能吃饱饭。

每当有新人到来，其他人就会给他起一个难听的外号。他们给我取的外号是“胡迪都迪”（Howdy-Doody，美国卡通人物），这个名字即便是我今天想起来也感到有些难为情。当我问取外号的人为什么要这么叫我时，他机智而又诙谐地说：“因为你长得完全不像他。”工人们之间随时都在开非常过分的玩笑并骚扰着彼此，一方面这是为了娱乐，另一方面也是为了争夺地位，还有就是评估彼此的抗压能力，这是他们评价彼此和建立友谊的过程。当这个过程顺利进行时，每个群体成员在付出的同时都能有最大的收获。这使得男性能够在钻油井、伐木场或矿场等辛苦危险、环境恶劣的地方坚持工作，甚至享受工作。

我工作了没多久，外号就简化成了“胡迪”（Howdy），这比之前的名字好听了很多，而且也和那个愚蠢的木偶没有了明显的联系。在我后面的一个新人就没那么走运了，他用一个花哨的饭盒带午饭，饭盒看上去是他妈妈给他挑选的。他不该这么做，因为在工地上，牛皮纸袋才是最正统和最不做作的标准选择。这个新人的外号自然也就成了“饭盒”。“饭盒”没什么幽默感，总爱抱怨和推卸责任，也总是逃避干重活。

“饭盒”不喜欢他的外号，也不喜欢这份工作，他用一副高傲烦躁的态度面对工友和工作，最要命的是，他是个开不起玩笑的人。工作了三天之后，“饭盒”就遭到了比取外号更加过分的骚扰。当他在暴躁地干活时，有时一块小石子会突然飞过来，“咚”的一声击中他的头盔。这总能给周围默不作声的围观者带来很大的满足感，却无法增加“饭盒”的幽默感。于是石子变得越来越大，但“饭盒”始终选择不予理睬。直到有一天，一块很大的石头砸在了“饭盒”的脸上，这让他大发雷霆，而大家则偷笑了很久。这样的情形持续了几天后，满脸淤青但脾气依旧的“饭盒”消失了。

一起干活的男性往往会建立起共同的行为准则。比如，负责任地完成任务、集中注意力、不要抱怨、维护朋友、不要献媚或告密、对不合理的规则不要盲从、永远不要依赖别人，以及用阿诺德·施瓦辛格的话来说，不要做个娘娘腔。不要做个依赖他人的人，永远不要。骚扰是工人们为是否接纳你所做的测试，他们能因此看清你是否足够坚韧、有趣、有能力又可靠。如果答案是否，那你就走开，工人们不会同情你，因为他们不想忍受你的自恋，或者替你完成你的工作。

几十年前，健美运动员查尔斯·阿特拉斯（Charles Atlas）曾经发布过一个连环画式的著名广告。广告的标题叫作“羞辱让麦克成了真正的男子汉”。主角麦克和一个漂亮女孩一起坐在海滩上，此时一个壮汉走了过来，将沙子踢到了麦克和女孩的脸上。麦克试图抗议，壮汉却抓住麦克说：“要不是看你瘦得像骷髅一样，我会砸碎你的脸。”壮汉离开后，麦克对女孩说：“总有一天我会报仇的！”女孩则做出一副很性感的姿势说：“小宝贝，别为这样的事情烦恼。”麦克回到家，看着自己瘦小的体格，然后买了阿特拉斯的健身计划。不久后，他就有了强壮的身体，并且还在海滩上揍了那个壮汉。女孩抱住麦克的手臂仰慕地说：“麦克，你总算是个真正的男人了。”

这个广告之所以出名，是因为它很好地总结了人类的心理。一个年轻人之所以会为自己的弱小而感到难堪和羞耻，是因为他知道自己必然会被其他男性甚至会被自己喜欢的女性贬低。麦克没有选择自暴自弃，宅在家里玩游戏，而是为自己创造了心理学家阿尔弗雷德·阿德勒所谓的“补偿幻想”。[34] 这种幻想为麦克指明了努力的方向，他先是坦率地承认了自己体格瘦弱的事实，然后决定变得更强壮。更重要的是，麦克将自己的计划付诸了行动，通过超越自我变成了自己的英雄。

排斥依赖这一男性特质对女性也有显而易见的好处。许多工薪阶层的女性之所以不结婚，是因为她们不想在照顾孩子的同时还要照顾一个找不到工作的男性。女性照顾孩子，男性则照顾女性和孩子，尽管这些事情不是他们唯一要做的。但是女性不应该照顾男性，因为她还要照顾小孩，而男性也不应该像个孩子一样。这意味着男性不应该依赖，同时这也造成了男性受不了其他习惯于依赖的男性。糟糕的女性可能会嫁给依赖性强的男性，养出同样依赖性很强的儿子，但是自我觉醒的女性想要的往往是自我觉醒的伴侣。

因此，对于《辛普森一家》里的反英雄儿子巴特来说，纳尔逊·蒙特兹才是一个至关重要的人物。如果没有恶霸纳尔逊，学校里就只会剩下敏感、哀怨、自恋或者幼稚的小孩。纳尔逊是一个强硬的矫正者，他用自己蔑视他人的能力来界定哪些行为是幼稚和可悲的。《辛普森一家》的精彩之处就在于，创作者并没有将纳尔逊刻画成一个不可救药的恶魔，虽然他被没用的父亲抛弃、被糊涂的母亲忽略，但是纳尔逊总体来说成长得很好。就连思想最进步的丽萨都会对他产生好感，虽然这一点也让丽萨困惑不已。

当软弱和无害成为唯一被有意识地接受的美德时，坚毅和支配性就会不知不觉具备一种魅力 。这意味着，当男性被过度要求女性化时，他们就会对严苛的意识越来越感兴趣。《搏击俱乐部》和《钢铁侠》这类好莱坞热门影片都很好地展现了这一点。

男性需要变得更坚毅一些，女性也一样。

只是女性可能并不喜欢社会化过程中那些培养坚毅品质的严苛与轻蔑态度。有的女性不喜欢失去自己的宝贝儿子，于是希望将他们永远留在自己身边；有的女性则不喜欢坚毅的男人，宁可拥有一个顺从而又没用的伴侣，因为这会给她们提供自我怜悯的机会，对这些人来说，自我怜悯的过程是极其愉悦的。

男性可以通过激励自己和彼此来变得更坚毅。在我的青少年时期，男孩遭遇车祸的概率比女孩大多了，因为他们热衷于开着车玩漂移，飙车或在没有道路的地方飞驰更是家常便饭。他们比女孩更有可能斗殴、逃课和对抗老师。在强壮到可以去钻油井工作以后，他们会厌倦必须举手向老师报告才能去卫生间的学校生活。玩滑板、攀爬吊车和跑酷都是男孩们用来激励自己成长的危险方式。当在这样一条路上走得过远时，男性相比女性便会更容易滑向反社会的深渊[35]，但这并不意味着所有大胆的冒险行为都是有罪的。

当男孩们开车玩漂移的时候，他们是在测试汽车的极限、自己的车技，以及自己在失控状态下的沉稳程度。当他们反抗老师和权威时，则是在验证真正的、在危机中可以依赖的权威是否存在。他们退学后会在零下40摄氏度的钻油井工作，放弃所谓的美好未来。这样的选择不是因为懦弱，而是因为力量。

如果男性的气质是健全的，女性就不会偏爱幼稚的男性，而是会与那些能让她们感到旗鼓相当的人在一起。如果一个女性很坚毅，她就会期待更加坚毅的伴侣；如果一个女性很聪明，她也会希望另一半更聪明。她们渴望对方拥有她们所不具备的品质，这经常会让坚毅、聪明和迷人的女性很难找到伴侣，因为身边能够与她们匹敌、令她们倾慕的男性很有限。而据研究显示，令人倾慕的对象往往意味着在收入、受教育程度、自信、智力、支配性和社会地位上更高。[36]因此，对试图变成男人的男孩进行干涉的行为对于女性来说也同样是不友善的，这和小女孩在试图独立自主时告诉她“太危险了”没有区别。这会阻碍其意识的发展，这也是将人推向失败、嫉妒、怨恨和毁灭的行为。任何一个支持人性或者力争上进的人都不会认同这样的做法。如果你觉得坚毅的男性很危险的话，那么等着看软弱的男人们会做些什么吧。

不要打扰玩滑板的孩子们。

MEN HAVE TO TOUGHEN UP. MEN DEMAND IT, AND WOMEN WANT IT.

男性需要变得更坚毅一些，
女性也一样。

存在的美好也许可以

平衡生命中无法消除的痛苦。

法则十二

RULE 12

当你在街上遇到一只猫时，摸摸它：关注存在的善

PET A CAT
WHEN YOU ENCOUNTER ONE
ON THE STREET

ONCE YOU ARE ALIGNED WITH THE HEAVENS, YOU CAN CONCENTRATE ON THE DAY. BE CAREFUL. PUT THE THINGS YOU CAN CONTROL IN ORDER. REPAIR WHAT IS IN DISORDER, AND MAKE WHAT IS ALREADY GOOD BETTER.

当你内外一致时，就能够专注于当下。
谨慎地对待一切，
整理你能掌控的事物，
修复失序混乱的部分，做到精益求精。

我养了一只美国爱斯基摩犬。美国爱斯基摩犬是最美丽的犬种之一，有像狼一样的尖鼻子、直立的耳朵、厚实的毛发和卷尾，另外，它们也很聪明。我女儿给我家的狗取名叫Sikko。据她说，这个词在因纽特语里是“冰”的意思。Sikko总是可以很快地学会各种把戏，即使它现在已经13岁了，也依然能学会我教给它的新特技。它能够握手，能够将饼干稳稳地放在鼻子上，我还教会它同时做这两件事情。我唯一不清楚的是，它是否喜欢做这些游戏。

在女儿米凯拉10岁的时候我们为她买了Sikko。Sikko小时候可爱得不得了，小鼻子，小耳朵，圆圆的脸，大大的眼睛，动作笨拙。这些特质足以触动所有人[1]，米凯拉也不例外。米凯拉同时还照顾着胡须蜥、壁虎、球蟒、变色龙、鬣蜥以及一只9千克重、80厘米长、名叫乔治的弗莱明巨兔。乔治喜欢啃食家里所有的东西，而且经常逃出家门，它巨大的体型常常让邻居们惊叹不已。米凯拉养这些宠物是因为她对普通宠物过敏，但Sikko是个例外。

我们总共给Sikko起了50个外号，这些外号的情绪基调差异巨大，有些反映了我们对它的爱，有些则表达了我们对它兽性的沮丧感。其中我最喜欢“狗渣”（Scumdog）这个外号，不过也喜欢叫 Sikko“老鼠脸”、“毛球”或者“笨狗”。孩子们也给 Sikko 取了很多外号，米凯拉目前的首选是 Snorbs，而且一定要在 Sikko 消失一阵子之后用高亢惊讶的语气叫出来。

我之所以写我的狗而不直接谈论猫，是因为我不想与社会心理学家亨利·泰弗尔（Henri Tajfel）的“微群体范式”（minimal group paradigm, MGP）系列研究发生冲突。[2] 泰弗尔在实验中先让被试坐在一个屏幕前，屏幕上会闪过一些点，然后他让被试估计点的数量；接着，泰弗尔将被试分为高估者或低估者、准确者或不准确者，并将他们分别放入不同的组里；最后，泰弗尔给了所有人一笔钱，让他们自行决定如何分配。

泰弗尔发现，被试明显很偏袒自己小组的成员，希望给自己人分更多的钱，而不是采用更平等的分配方式。其他使用了诸如抛硬币等更加随意的分组方式的研究者发现，结果依然如此。被试就算知道了小组分配的方式，也依然更偏向于自己小组的成员。

泰弗尔的研究说明了两个事实。第一，人是社会性的，因为他们喜欢自己群体的成员；第二，人是反社会的，因为他们不喜欢其他群体的成员。这种现象产生的原因一直处在争议之中。在我看来这是一种优化策略，可以解决两个或多个因素之间竞争和取舍的问题。比如，合作和竞争相互排斥，但两者在社会关系和心理上又都是有可取之处的。合作可以带来安全和陪伴，竞争则可以带来成长和地位。如果一个特定群体太弱小，没有权力和威信，那么从属于这个群体就没有意义。如果一个群体太庞大，那么在这个群体里取得领先也会很难。所以，当人们愿意通过抛硬币来为自己分组时，更深层的需求其实是希望在组织中安排好自己的位置，保护自己，同时能有一定机会在群体中向上流动。当这一点满足后，他们就会喜欢自己的群体，并会支持它发展壮大，因为在一个衰落的群体里努力向上是没有意义的。

泰弗尔的研究让我决定在这个有关猫的章节的开头最好先写写我的狗。否则，光是这章的标题就足以遭到许多爱狗人士的反对了。所以，如果你喜欢抚摸街上遇到的狗，请记得这种行为也是我认可的。我也想向爱猫人士道歉，因为你们一开始以为我会说猫，却读了很多跟狗有关的故事。不过，猫的确能更好地说明我想表达的观点，这些观点我之后会写到，首先让我来说点别的事情。

存在需要局限性

人类在本质上是脆弱的。我们的身心都有可能遭到破坏，也注定会被衰老所摧残，这是一个令人沮丧的事实。在这样的情况下，人们自然就会疑惑：如何才能保持活下去的希望，期待成长和快乐？

我最近见了一位来访者，她的丈夫在和癌症痛苦地抗争了 5 年之后成功战胜了病魔，在此期间，夫妻俩都十分勇敢和顽强。但之后，丈夫的癌症发生了转移，生命再次危在旦夕。在初次战胜病魔后脆弱的恢复期里，听到这样的消息是非常令人痛苦的。对个体来说，这种悲剧显得尤为不公平，会让你彻底失去希望，甚至还会给你带来心理创伤。我和来访者探讨了一系列问题，我也分享了自己对于人类脆弱性的理解。

我儿子朱利安在三岁时尤其可爱。他现在已经 23 岁了，还是很可爱。因为他，我对孩子的脆弱性有了很多思考。三岁的孩子很容易受伤，如被狗咬、被车撞、被其他孩子欺负等，同时也很容易生病。朱利安小时候经常发高烧并进入神志不清的状态，有时他会烧到出现幻觉，甚至开始和我争斗，这时，我就需要把他抱进浴缸里为他降温。从生病的孩子身上体现出来的人类局限性恐怕是最令人难以接受的了。

米凯拉比朱利安大一岁多。米凯拉也有自己的问题。当她两岁时，我常把她举起来放在我肩膀上，带她到处走，但一旦我把她放下来，她就会坐着大哭。所以我就不再让她坐在我肩膀上了，但这并没有完全解决问题。塔米告诉我米凯拉的步姿怪怪的，我觉得没有问题，塔米则认为这可能是她经常坐在我肩膀上的结果。

米凯拉是个性格开朗、容易相处的孩子。在她 14 个月大时，我们带着她和塔米的父母出去玩。塔米和父母去散步时，我就和米凯拉留在车里。米凯拉坐在前排座位上，在阳光下咿呀学语，我俯身去听她在说什么。

“开心，开心，开心，开心，开心。”

那时她就是这样说的。

但是满 6 岁之后，米凯拉却开始变得越来越消沉。早上起不来，穿衣服也很慢，我们一起走路时她总是落在后面。米凯拉总说她脚疼、鞋不合适，于是我们给她买了十双不同的鞋，但并没有用。米凯拉在学校表现得很正常，但是她回到家一看到妈妈，就会泪如雨下。

那时，我们刚从波士顿搬到多伦多，我们以为这是搬家的压力造成的，但是米凯拉一直没有好转。她开始像个老年人一样一步一步地上下楼梯，我们握她的手也会让她不舒服。米凯拉成年后曾问我：“我小时候你在和我玩时，是故意要弄疼我的吗？”当年我完全没意识到她会有这样的想法。

当地诊所的一位医生说，孩子有时候会出现生长痛，这很正常，他建议我们可以去看看理疗师。理疗师发现米凯拉的脚后跟没法转动，告诉我们她患有幼年型类风湿性关节炎。我们不喜欢这个理疗师，也不喜欢他告诉我们的这个消息。于是我们将米凯拉带到了儿童医院，风湿病专家确诊她患有关节炎。原来，那个理疗师是对的。米凯拉患有严重的多关节幼年型类风湿性关节炎，全身有 37 个关节受影响。原因？未知。有什么治疗方式？置换多处关节。

为什么会发生这样的事情？尤其还是发生在一个天真快乐的小女孩身上。不论是否相信神明，这个问题都极为重要。前边谈到的小说《卡拉马佐夫兄弟》探讨过这个问题。陀思妥耶夫斯基通过伊凡这个角色表达了他对存在的怀疑。伊凡是那个聪明、英俊而又成熟的哥哥，是修道士弟弟阿廖沙最大的对手。伊凡说："我不是不接受上帝，我是不接受他创造的世界，我无法认同这个世界。"

伊凡向阿廖沙讲了一个小女孩被惩罚的故事，这个故事是陀思妥耶夫斯基写作时从报纸上节选来的。小女孩的父母将她关在冰冷的小屋里一整夜，伊凡说："你能够想象吗？当两个大人在酣睡的时候，小女孩却哭了一晚上。想象一下这个小女孩的感受，她无法理解这一切，只能捶打着冻僵的胸口，流着温柔的眼泪，祈求着仁慈的神灵来拯救她。阿廖沙，如果你能够让世界获得彻底的和平，但是必须以折磨一个孩子到死为代价，你下得了手吗？"阿廖沙给出了否定的答案[3]。

我也因为三岁的朱利安而有过一些类似的思考。我很爱可爱又滑稽的朱利安，但同时也担心他的安危。如果我有能力使他不受伤害，我可以做些什么呢？我会让他长到 10 米高，给他装上铜头铁臂，让他的大脑被电脑强化。这样，如果他的身体受到伤害，我可以立刻替换他受损的部分。问题解决了！不，其实问题并没有解决，不光是因为这些技术目前还无法实现，更是因为人为地强化朱利安等于是在毁灭他。朱利安最终只会变成一个冷酷无情的机器人，将不再是原来的朱利安。我由此意识到，我们对一个人的爱和他的局限性是分不开的，如果朱利安不那么容易受到疼痛和焦虑的影响，他也就不会是个幼小可爱的孩子了。虽然朱利安很脆弱，但我对他的爱让我接纳了真实的他。

在我女儿生病这件事上，这一点却很难做到。米凯拉生病后，每次外出散步都只能由我背着。她开始服用萘普生（naproxen）和一种叫作氨甲蝶呤（methotrexate）的强效化疗药物，同时她身上许多关节还需要在她麻醉的状态下接受皮质醇的注射。这些治疗对疼痛起到了暂时的缓解作用，但米凯拉的情况一直在恶化。有一次塔米带米凯拉去动物园，最后甚至不得不让她坐在轮椅上。

那一天，我们全家的心情都非常糟糕。

米凯拉的风湿科医生向我们推荐了泼尼松（prednisone），这种药普遍用于治疗炎症，但是副作用显著，尤其是会导致严重的面部肿胀。这对于一个小女孩来说，恐怕比风湿还要糟糕。幸运的是，医生还告诉了我们一种专门为治疗免疫系统疾病研发的新药，但这种药当时只在成年人身上使用过，所以米凯拉成了加拿大第一个接受依那西普（etanercept）治疗的儿童。塔米在头几次注射时，不小心给米凯拉用了推荐剂量 10 倍的药量，结果奇迹发生了，米凯拉康复了！几个星期之后，她已经能到处活蹦乱跳，甚至能参加儿童足球赛了。塔米一整个夏天都看着米凯拉在愉快地奔跑。

我们希望米凯拉能够尽可能地掌控自己的生活。米凯拉一直都很在乎钱，她曾经还将自己的早教图书搬到街边卖给路人。一天晚上我告诉米凯拉，如果她能自己注射抗风湿药，我会给她 50 美元。米凯拉挣扎了 35 分钟后，终于做到了。第二次我给了她 20 美元，要求她必须在 10 分钟内完成注射。后来很长一段时间我们都停在 10 美元，5 分钟。

几年后，米凯拉的症状完全消失了，风湿科医生建议我们可以逐渐停止用药。有的孩子到了青春期，风湿自然就好了，没人知道为什么。之后米凯拉健康地生活了四年，然后有一天，她的手肘突然开始疼痛。我们带她去医院，医生说她只有一个关节发炎。但这不是“只有一个”的问题，两个不比一个多多少，但一个却比没有多很多。这意味着米凯拉的病并没有因为她的长大而消失。这个事实足足让米凯拉崩溃了一个月，不过她还是坚持打球和上舞蹈课。

第二年 9 月，医生带来了更加糟糕的消息。那时米凯拉已经上高二了。核磁共振成像扫描显示，她的髋关节情况正在恶化，医生说米凯拉在 30 岁之前需要进行髋关节置换手术。几个星期后，米凯拉在学校玩曲棍球时髋关节突然无法移动，医生说她的股骨头已经部分坏死，髋关节置换手术等不到 30 岁了，必须马上进行。

我的来访者向我讲述着她丈夫不断恶化的病情，我一边聆听，一边和她探讨着生命的脆弱、存在的灾难以及由死亡的阴影引发的虚无感。像所有处在类似处境中的人一样，她问道：“为什么是我丈夫？为什么我这么倒霉？为什么会发生这样的事情？”我能给她的最好答案就是我对存在脆弱性的理解。我让她想象一个无所不知、无所不在、无所不能的存在，这样一个存在缺乏的是什么？[4] 答案是：局限性。

如果你已拥有一切或已存在于各处，那么你就无处可去，也不会再有任何变化了。一切可能发生的都已经发生，可能存在的都已经存在。

没有局限，就没有故事；没有故事，就没有存在。

这个观点帮助我更好地面对了存在的脆弱性，同时也帮到了我的来访者。我并不想夸大这个观点的作用，它不会让所有的事情都恢复正常。我的来访者依然需要面对她丈夫的癌症，我也同样需要面对米凯拉的疾病，但能意识到存在和局限性之间的复杂联系是非常重要的。

> 三十辐共一毂，当其无，有车之用。
> 埏埴以为器，当其无，有器之用。
> 凿户牖以为室，当其无，有室之用。
> 故有之以为利，无之以为用。[5]
>
> （《道德经》第十一章）

在 DC 漫画代表人物超人的演变过程中，就出现了因局限性缺失所引发的问题。超人是由杰瑞·西格尔（Jerry Siegel）和乔·舒斯特（Joe Shuster）于 1938 年创造的。一开始，超人可以搬动汽车和轮船，可以跑得比火车还快，并且可以在楼宇之间自如地跳跃。在接下来的 40 年里，超人的超能力逐渐升级，到了 20 世纪 60 年代末期，他甚至已经可以以光速飞行，并且拥有千里眼和顺风耳了。他还可以用眼睛发射高能射线、冻结物体、掀起飓风、撬动整个星球。核武器对他也毫无作用。就算是受了伤，超人也能立刻恢复。总之，超人变得无敌了。

然而，奇怪的事情发生了。超人变无聊了，他的超能力越强，他能够做的有趣的事情就越少。DC 漫画在 20 世纪 40 年代首次解决了这个问题。超人的故乡星球爆炸之后残留下一种叫氪石的物质，而这一物质释放的射线恰好能对超人造成伤害。超人的故事中最终出现了 20 多种氪石，绿色能让他虚弱，红色能让他行为古怪，红绿色则能让他变异。

DC 漫画为了让超人获得持续关注还使用了其他方法。1976 年，超人和蜘蛛侠进行了一场战斗。这是DC漫画与斯坦·李的漫威漫画之间超级英雄剧情进行的第一次交叉。漫威为了让战斗显得平衡，于是增加了蜘蛛侠的超能力，而这打破了游戏规则，让蜘蛛侠不再是蜘蛛侠，最终这也导致了剧情崩塌。

到了20世纪80年代，超人已经严重面临“机械装置之神”（deus ex machina）[①]的问题。这个术语专门用来描述古希腊和古罗马戏剧中当主角危在旦夕时，全能神明突然出现并且将其拯救的反转剧情。即使在今天的许多故事里，当主角身陷重围，或者剧情难以继续发展的时候，也会出现观众预期之外的神奇反转。比如，漫威就使用这个方法挽救了《X战警》的剧情，其中的救生员（Lifeguard）就能够发展出任何拯救生命所必需的能力；斯蒂芬·金在《末日逼近》的结尾，让上帝亲手毁灭了小说中的反派角色；在1985年播出的《达拉斯》第九季，所有剧情后来被发现只是一个梦。观众们反感这样的“欺骗”行径，他们只愿意相信剧情连贯一致的故事，当作者“作弊”的时候，观众就会愤然离去。

这就是超人面临的问题。他拥有的超能力使他可以极端到在任何危机下做自己的“救世主”，以至于在20世纪80年代，超人这个品牌几乎破灭了。之后，约翰·伯恩（John Byrne）改写了超人的故事，在保留他身世的情况下，去除了许多新添加的超能力。超人不再能撬动星球、抵御核弹，他也需要依靠太阳获得能量。超人有了合理的局限性。一个无所不能的超级英雄就不再是英雄了，他的能力并不针对任何特定问题，所以他没有什么特别之处。他没有任何要努力抗争的东西，所以他无法被人们钦佩。

① 因为这个神在舞台布置中是用机械装置吊下来的，所以被称作“机械装置之神”。——编者注

> 任何合理的存在都是有局限性的，这或许是因为存在不仅是静态的，它还是一个“成为”的过程。“成为”意味着成长或者变化，而这只可能发生在有限的存在中。

这也算公平。

用专注替代思考

那么局限性带来的痛苦呢？也许存在的局限性太多，以至于连存在本身都应该被否定？陀思妥耶夫斯基在《地下室手记》里通过主角清晰地表达了他的观点：

> 所以你看，你可以用任何词语来评价世界历史，任何最病态的想象力能够寻得的词语。但是有一个例外，就是你不能说世界历史是合理的。这个词会卡在你的喉咙里。[6]

歌德笔下的墨菲斯托在《浮士德》里明确表达了他与万物的对立。多年以后，歌德在《浮士德》第二部里又让墨菲斯托以略微不同的方式重新强调了一遍自己的观点：

> 消逝与本无完全一致！
> 永恒的创造有啥用途！
> 只是把现成的赶进无物！
> “消逝了！”这里看得出什么？
> 跟不曾有过同一路数，
> 一圈兜过来又似乎曾有，

所以我就爱永远的虚无。[7]

当梦想破灭、家庭破裂或至亲罹患重病时，这样的语言不难引起共鸣。现实为什么让人如此难以承受？

也许让自己消失比较好，让一切存在都彻底消失更好。若得出前一个结论的人面临自杀的风险，那么得出后一个结论的人则可能做出更加罪恶的事情，他们或者毁灭一切，或者做出更糟糕的事情。最阴暗的地方也有更加阴暗的角落。真正可怕的是，得出这样的结论是能够理解，甚至是不可避免的，只不过很多时候人们都没有付诸行动。一个理性的人在面对痛苦的孩子时会怎么想？越是理性和富有同情心的人，内心越是会对存在充满质疑和否定。善良的神明怎么能够允许世界变成这个样子？

这样的结论也许在逻辑上成立，同时也不难理解，但是它会带来一个可怕的负面效果：由这类结论引发的行为往往都会让本就糟糕的情况变得更加糟糕。

> **因为生活的痛苦而憎恨和鄙视生活，只能让痛苦变得无以复加。**

这么做并不是真的在反抗痛苦，而是在刻意制造更多的痛苦，这就是邪恶的本质。带着这种想法的人离完全混乱已经非常近了，只是有时候他们缺乏相应的工具，而有时候他们的手指其实已经放在了核弹发射按钮上。

那么，有没有什么其他的方式来面对存在的痛苦呢？在所有的悲剧发生之前，我没法理解憎恨存在的想法在道德上是多么不可容忍，我也不认为上述问题可以通过思考来回答，因为思考会无情地将人带入深渊。托尔斯泰的思考就失败了。尼采虽然可能是历史上把这类问题想得最透彻的人，但他的思考也很有局限性。不过，如果在最绝望的情况下连思考都不能依赖，我们还能做什么？毕竟思考是人类最高层次的成就，不是吗？

也许不是。

虽然思考拥有令人敬畏的力量，但是有一些东西却能够超越这一力量。比如，难以忍受的存在就会让思考随之崩溃。

这种情况下真正管用的不是思考，而是专注。

也许你可以首先注意到一点：你爱一个人时不是在容忍他的局限，你爱的恰恰就是他的局限。当然，这很复杂，你不需要爱和包容一个人所有的缺点，也不应该对痛苦坐视不管，停止改善生活的努力。但是，在向更好的道路迈进的过程中是有一些界限的，超越了这些界限，我们就会牺牲自己的人性。当你在生活幸福、家人健康平安时说“存在需要局限性”是很容易的，但是在不幸的时候呢？

发现美好，平衡痛苦

米凯拉在许多个夜晚因为疼痛无法入睡。她的祖父来看望她时给了她一些止痛药，这暂时缓解了她的疼痛。米凯拉的风湿科医生曾经给一个小女孩开了阿片类药物，结果导致小女孩药物成瘾，于是她发誓之后再也不这么做了。所以她建议米凯拉试试布洛芬（Ibuprofen），但是布洛芬对于米凯拉的疼痛来说简直就是杯水车薪。

我们换了新医生，他在认真了解了米凯拉的情况后，先开了一些泰诺 3（Tylenol 3）。这是需要勇气的，因为医生在开阿片类药物时会面临很大的压力，尤其当患者是儿童时。这个药一开始很管用，但是没过多久就失效了，然后米凯拉开始服用奥施康定（Oxycontin），这是一种口碑很差的阿片类止痛药。这种药缓解了米凯拉的疼痛，但也带来了很多副作用，以致有一天塔米带米凯拉出去吃饭时，米凯拉看上去就像喝醉了一样胡言乱语、无精打采。

一位学医的亲戚建议我们同时给米凯拉服用哌甲酯（Ritalin），这种药让米凯拉恢复了精神，此外也起到了一些止痛作用。但米凯拉的疼痛还是让她越发难以忍受，而且她的髋关节又出了问题。一次，她在乘地铁时髋关节再次锁死，碰巧自动扶梯坏了，于是米凯拉的男朋友不得不背着她爬上楼梯。那年 3 月，我们给米凯拉买了一辆小型踏板摩托车。骑车是危险的，但缺乏行动能力也是危险的，最后我们选择了前者。米凯拉通过了笔试，拿到了临时驾照。

5 月，米凯拉接受了髋关节置换手术，所幸她的股骨头并没有坏死。手术后，亲戚们都来看望她，生活稍微好了一段时间。但是术后没多久，米凯拉被安排住进了一家成人康复中心，那里所有人都比她大 60 岁左右。米凯拉年迈的室友非常神经质，晚上睡觉不愿意关灯。这个老太太没法去卫生间，于是只能在房间里使用便盆，也不愿意关上房门，而米凯拉所在的房间又刚好紧挨护士站，那里的警铃和吵闹的说话声不断，令人无法入睡。访客晚上 7 点以后不得停留，而理疗师那段时间刚好又在休假中。当米凯拉抱怨自己睡不着觉时，值班护士只顾嘲笑米凯拉的室友，最后多亏了康复中心的清洁工，米凯拉才搬到了另一个房间。

米凯拉本应该在康复中心待 6 个星期，但她只待了三天。当理疗师休假归来时，她已经通过自己爬楼梯掌握了所需的恢复性练习。我们在家里各处装好扶手，然后就接米凯拉回家了。所有的疼痛和手术米凯拉都能坚强地扛过来，但是那个可怕的康复中心却不一定。

6月，米凯拉为了拿到正式驾照参加了一个摩托车课程。我们都很害怕她会摔倒受伤。第一天上课，她骑了一辆真正的摩托车，车很重，她摔倒了几次，旁边另一个新骑手也摔得很厉害。第二天早晨，米凯拉怕得都不敢起床。我们和她聊了很长时间，最后共同决定让塔米开车带米凯拉先去训练场看看，如果她没法上课，可以在车里坐着。在去的路上，米凯拉恢复了勇气。当她最终拿到正式驾照时，所有的学员都起立为她鼓掌。

不久，米凯拉的右脚踝也恶化了。医生想将几块受影响的大块骨头融合固定，但这会让剩下的小块骨头继续恶化。若你此时已 80 岁，或许这还能容忍，但是对于一个十几岁的年轻人来说，这是没法接受的。我们坚持要为米凯拉置换人工脚踝，但是当时那项技术还很新，而且还要等待三年之久。脚踝的疼比胯骨的疼要厉害得多，有一天晚上，米凯拉甚至疼得连意识都模糊了。我知道她已经到了崩溃的边缘，已经远不止压力大那么简单了。

我们花了几个月的时间，拼命寻找各种解决方案，在印度、中国、西班牙、英国和哥斯达黎加搜寻能尽快完成手术的机会。最终，在加拿大安大略省卫生部的帮助下，我们找到了温哥华的一个专家。11 月，米凯拉完成了脚踝置换手术，但术后她的疼痛并没减轻多少，原因是脚的位置异常，石膏也打得太紧，再加上米凯拉之前对奥施康定已经产生了耐药性，而医生又不愿给她开更大的剂量。

米凯拉回家之后，疼痛减轻了许多，她开始减少服用阿片类药物。米凯拉说奥施康定虽然有用，但是让她的生活变成了灰色。停药后，她忍受了好几个月如盗汗、皮肤蚁走感等戒断症状，同时也感受不到任何愉悦。

这期间，我们家每个人都不堪重负。生活的压力不会因为你遭受了不幸就停止出现，每天要做的事情还是得做。如何才能坚持下去呢？下面便是我们从这一段经历学到的内容。

> **每天留出一些时间来集中思考和讨论所有的危机和应对方式，其他时间就忘掉这些事情。**

如果你不限制危机事情对你的影响，最后就只会精疲力尽。你需要保存实力，因为这是一场战争，而不是一次战斗。你需要尽力应对组成战争的每一场战斗。当你忍不住担心生活的危机时，提醒自己你会在专门的时间去思考它们。你的大脑中产生焦虑的部分会更关注你有没有计划，而不是你计划的细节。另外，不要在晚上思考，你会因此失眠，而这会影响所有事情的顺利进行。

> **改变你用来规划生活的时间单位。**

当生活顺利富足时，你可以为下个月、明年，甚至未来 10 年做计划，但是当你遭遇危机时，就不要这么做了。有一句话是这么说的："一天的难处，一天担当就够了。"人们通常把这理解为活在当下，不担心未来，但这不是正确的理解。这句话其实是说你应该像匹诺曹的老父亲盖比特那样追求理想，许下愿望，然后朝着目标采取适当的行动。

> **当你内外一致时，就能够专注于当下。谨慎地对待一切，整理你能掌控的事物，修复失序混乱的部分，做到精益求精。**

你足够认真的话，其实是能够承受住压力的。人是非常坚毅的动物，能够承受巨大的痛苦和损失，但是，前提是你需要先看到存在的好处，否则你就真的输了。

狗和人很像。它们是人类的伙伴和盟友，有很强的社会性和等级性，也经过了高度驯化。它们乐意待在家庭金字塔的底部，用忠诚、钦佩和爱来换取家庭成员的关注。总之，狗很棒。

猫则是很自我的动物，它们缺乏社会性和等级性，而且处于半驯化状态。它们不会表演把戏，也不会表现出狗的那种驯服出来的友善，是否和人互动完全取决于猫自己的意志。对我来说，猫代表了纯粹的自然和存在。此外，它们也是一种会审视和评判人类的生物。

当你在街上遇到一只猫时，可能会有很多结果。如果我看见不远处有一只猫，我内心的邪恶部分会让我想要去吓唬它，这会让紧张的猫吓得竖起全身的毛发。也许我不该嘲笑猫，但我就是忍不住。猫最好玩的一点就是它们会被吓到，也会因为自己的过度反应而感到不满和尴尬。不过，在我自控良好的时候还是会弯下腰，招呼猫过来让我抚摸。有的时候，猫会跑掉，有时则会完全忽略我的存在。但有的猫也会过来愉悦地用头蹭我的手，甚至还会躺下来露出它们的肚皮，一边享受抚摸，一边伸懒腰。

我们家街对面有一只叫 Ginger 的暹罗猫。它非常漂亮，平静而沉稳，温柔而宜人。Ginger 从不害怕狗，它和我们的狗 Sikko 是朋友。有时 Ginger 会穿过马路，跑到 Sikko 面前躺下来，而 Sikko 也会友好地对 Ginger 摇尾巴。如果 Ginger 愿意的话，它还会过来看看我们，虽然只是半分钟，却能让我们放松一小会儿。在顺心的日子里，这是我们额外的快乐来源，而在不如意的日子里，这就是我们小小的喘息机会。

如果你足够细心，你也能在不如意的情况下幸运地拥有这样的机会。也许你会看到一个穿着芭蕾舞裙的小女孩在街边开心地跳舞，也许你会在一家服务极好的咖啡店里喝到一杯特别好喝的咖啡，也许你可以忙里偷闲地做一些让你暂停忙碌或自娱自乐的小事。对我而言，以 1.5 倍速观看《辛普森一家》是最好的，因为我只用花三分之二的时间就能享受所有的欢乐。

也许，累得晕头转向的你外出散步时会遇到一只猫，如果你能注意到它，那么在接下来的 15 秒里你也许会想到：

存在的美好也许可以平衡生命中无法消除的痛苦。

当你在街上遇到一只猫时，摸摸它。

在写完这一章不久，米凯拉的外科医生告诉她，她脚踝的骨头已经融合了，需要移除人工脚踝，但是未来不排除有截肢的可能。米凯拉在置换手术后又疼了 8 年，行动能力也大受影响，即使现在已经好了很多。四天之后，米凯拉遇到了一位新的理疗师，他是位踝关节治疗专家。他用手环绕住米凯拉的脚踝，用力按压了 40 秒，同时让米凯拉前后移动脚掌。一块错位的脚骨回到了原位，米凯拉的疼痛立刻消失了。米凯拉从未在医护人员面前哭过，但是这次她突然哭了出来。米凯拉的膝盖能够伸直了，现在，她能走很远的路，还经常光着脚到处散步。她小腿的肌肉也在恢复，人工关节也有了更高的灵活度。2018 年，米凯拉结婚了，还生了一个女儿，取名伊丽莎白，那是米凯拉外祖母的名字。

生活是好的，至少目前是。

我应该用照明笔写什么

2016 年年底，我前往美国加利福尼亚州去见一个朋友。一天晚上，我和朋友坐在一起思考、交流，其间，朋友为了做笔记，从兜里拿出了一支笔。那支笔的笔尖装有 LED 灯，可以在黑暗中为写作者提供照明。一开始，我觉得这不过就是个小功能罢了，但是后来从更具隐喻性的角度，我深刻地意识到，这支照明笔具有一些象征意义。

大多数时候我们都处在黑暗中，需要依靠用光明书写的文字的指引。我问朋友能否把笔送给我。当朋友把笔递给我的时候，我感到非常开心，因为现在我可以在黑暗中书写光明了！当然了，我应该认真对待这件事情，所以我非常认真地问自己："我应该用照明笔写什么？"有两句话我经常想到，它们也和这个问题有关：

你们祈求，就给你们；寻找，就寻见；叩门，就给你们开门。因为凡祈求的，就得着。寻找的，就寻见。叩门的，就给他开门。

乍一看，这两句话无非在证明祈祷的有效性，但神明并不只是一个愿望满足者。

> **我们不应在摔倒或者犯了严重错误时打破物理法则，祈求问题能神奇地消失。相反，我们应当向自己发问：“当下我应该做哪些事情来增加自己的决心，强化自己的人格，找到继续前行的勇气？”**

我和我的妻子在长达30年的婚姻里有过很多分歧。当出现很深的分歧时，我们的关系也会出现巨大的裂痕。这种裂痕无法简单地通过沟通来修复，于是我们就会被困在愤怒、焦虑的争吵当中。后来我和妻子约定，今后再遇到这样的情况时大家要立刻分开，各自去不同的房间待着。这种约定有时候很难达成，因为在激烈的争吵中，愤怒会驱使我们渴望战胜对方。不过相比有可能失控的争吵，各自冷静是更好的选择。

当和妻子选择各自冷静时，我们都会问自己同样的问题：“我需要为矛盾负哪些责任？不论这种责任有多么微不足道，之前我在这方面确实是做错了。”然后，我和妻子会重新面对彼此，分享自己反思的结果。

问自己这类问题的挑战在于，你必须是真心渴望得到答案的，即使答案有时可能会令你不舒服。当你和别人争吵时，你会认为自己是对的，别人是错的，所以你认定，需要做出牺牲或者改变的是对方，这是再好不过的可能性了。但如果是你错了，是你需要改变呢？那样你就需要重新审视自我了，包括审视自己过去的记忆、当下的状态以及未来的打算。然后，你需要下决心改变，并且找到改变的方法，再去认真实践。这个过程很辛苦，因为你只有不断地刻意练习，才能适应新的感知和行动。相比之下，选择忽视和逃避、拒绝直面问题要容易得多。

你需要在这样的时刻决定，你是想要做对的人还是想要和平[1]，是选择故步自封还是选择聆听探讨。当你成为对的一方时，你的伴侣就会因为吵架输了而变成错的一方，这也无法为你带来和平，若这样的情况反复出现，婚姻就会破裂。如果要和平，你就需要寻找问题的真相，而不是试图成为对的人，这样，你才能打破自己的顽固预设。这是一切沟通的前提条件，也是对法则二的真正遵循。

我和妻子发现，如果我们向自己发问，并且放下自我，诚心地寻求答案，我们的心灵深处就会浮现出一些有关不久前自己犯过的错误的回忆。于是我们就能通过反思向彼此承认自己的错误并真诚道歉，然后再继续理性地交谈。也许正确的方式是问自己："我做错了什么？现在我如何才能让事情变好一点？"与此同时，你需要做好准备迎接可怕的真相，直面你不想面对的答案。当你决定面对自己的过错时，你才有可能纠正它们，才能获得人生的启示。这和凭良心做判断的行为类似，多少都是一种与心灵对话的选择。

带着这样的想法，我真诚地问自己："我应该用照明笔写什么？"然后等待答案的出现。我内心的两个不同部分在进行着对话，而我则认真地聆听着，就好像法则九所描述的那样。这条法则对自己和他人都适用。此刻，我既是那个提问的人，也是那个回答的人，但是提问和回答的不是同一个人，我也不知道答案会是什么。我静静地等待着答案从我的脑海里自动浮现。一个人怎么可能凭空想出自己不知道的想法呢？这些新的想法来自哪里？

既然我拥有了照明笔，那就要好好使用它。很快我得到了答案："写下你想要镌刻在自己心灵上的文字。"这是个挺好的答案，甚至还带有一些浪漫色彩，于是我把答案写了下来。然后，我打算提高难度，问自己可以想到的最困难的问题。

我想到的第一个问题是："我明天应该做什么？"答案是："在最短的时间里做最多的善事。"将雄心勃勃的目标和效率最大化地结合在一起，这听上去是个不错的挑战，我很满意。接下来我提了一个类似的问题："我明年应该做什么？"答案是："确保这一年所做的善事被下一年所做的善事超越。"这也是个很踏实的答案，使前一个答案里的宏伟目标得到了很好的延伸。我告诉朋友，我正在用他给的照明笔进行一个严肃的写作实验，我向他朗读了我写下的内容，没想到我的问题和答案也让他产生了共鸣。这鼓励我继续写下去。

这组问题的最后一个是："我这一生应该做什么？""追求目标，专注当下。"我自然很熟悉这话的意思。《木偶奇遇记》里的老木匠盖比特就是这么做的，当他抬头看着凌驾于尘世之上的星星时，许的愿望便是自己制造的木偶有一天不再需要被他人用牵线掌控，能变成一个真正的男孩。

> **你必须先找到正确的方向，把目光投向美好和真理，然后才可以专注于当下的每时每刻。脚踏大地，仰望星空，全神贯注，这能使你更好地完善当下和未来。**

接下来，我开始思考和他人的关系，并且和朋友分享了我写下的问题与答案。我应该怎样对待我的妻子？像对待"圣母"一样对待她，这样她就可以养育能拯救世界的英雄。我应该怎样对待我的女儿？支持她、聆听她、保护她、培养她，并且让她知道她也可以做个好母亲。我应该怎样对待我的父母？用行动证明他们过去经受的痛苦是值得的。我应该怎样对待我的儿子？鼓励他成为真正的"上帝之子"。

你需要认可你的妻子作为母亲的神圣之处。一个社会如果忘记这一点，就会很难维系。母亲这一角色会对孩子产生很多重要影响，如对信任的建立等。[2]也许母亲的职责和母子关系现在并没有得到丈夫、父亲和社会的正确看待。如果一个女人能得到相应的体谅和尊重，那么她或许就会抚养出一个不同的后代。毕竟，世界的命运取决于每一个新生儿，他们现在虽娇小、脆弱，但在未来都有可能用言行影响世间混乱和秩序的平衡。

说到支持我的女儿，我会鼓励她大胆尝试任何她感兴趣的事情，但与此同时，我也会真诚地认同她的女性身份，不会去批判她因为家庭而对事业做出妥协的选择。

用行动证明父母受的苦值得，意味着你要铭记父母和所有前人为你做出的牺牲，对由此换来的发展心存感激，并且通过实际行动去体现这份铭记和感激。我们今天拥有的一切都是过去的人们以巨人的牺牲为代价换来的，有的甚至需要他们献出自己的生命，所以我们应该对这种牺牲报以尊重的态度。

鼓励儿子成为“上帝之子”呢？这意味着你要努力地支持他将做正确的事情放在最重要的位置。当你的儿子决心追求至善，甚至愿意为此向世俗妥协、牺牲个人安全甚至是生命时，重视和支持这样的决定，因为这正是牺牲精神的体现。

我继续提出更多问题，而答案也都很快浮现。我应该怎样对待陌生人？邀请他来我家里，像对待兄弟一样对待他，这样他就真的有可能变成我的兄弟。这么做是在用信任将人最好的一面激发出来，用热情好客创造陌生人之间的美好联系。

我应该怎样对待堕落的人？真诚而谨慎地伸出援手，但切记不要随他一起身陷泥潭，法则三讲的就是这一点。这个法则既能避免你陷入对牛弹琴的困境，又能阻止你用美德伪装自己的罪恶。

我应该怎样对待世界？用行动来体现存在的价值，避免自己因为存在的悲剧而变得痛苦和堕落。这就是法则一想表达的核心意义，即带着勇敢的信念主动迎接世界的不确定性。

我应该如何教育我的学生？和他们分享我认为真正重要的事情。这是法则八谈到的，即发自内心地在乎智慧，并且不忘追求、提炼和传播它。下一个问题也和这一点相关：我应该怎样对待一个日益混乱的世界？用谨慎表达的真理重建它的秩序。过去的几年里，这一点变得越发重要。社会正在渐渐分裂，两极分化也越来越严重。要避免灾难的发生，我们每个人都应该坚持真理。这里的真理不是那些合理化我们的意识的争论或者实现个人野心的诡计，而是有关我们存在的纯粹事实。只有当人们看到并思考这些事实时，人们才能找到共同点并继续前进。

我应该怎样对待撒谎的人？让他继续说下去，这样他的谎言就会不攻自破。这一点在法则九里有谈到。

揭示腐朽，才有实现新生的可能，我们在法则七里说明了这个道理。下面一个问题的答案也和这一点相关：我应该怎样看待开悟的人？用真正不断寻求觉悟的人替代他。没有谁是真正开悟的，我们永远都在寻求更大的觉悟。恰当的存在是一段旅程，而不是一个终点。它是将未知不断转化为已知的过程，而不是拼命抓住那永不充裕的确定感的状态。这解释了为什么法则四强调一个人“成为”的过程比他当下的状态更重要。你必须先发现和接纳自己的不足，然后才能着手改善，这个过程虽然痛苦却十分有益。

接下来的一组问题和忘恩负义有关。我应该怎样对待自己的不满足？想想那些一无所有的人，厘清自己的现状，努力学会感恩。你可以参考法则十二，也可以想想，也许阻碍你前进的不是机会的匮乏，而是你对已拥有的一切傲慢地视而不见。法则六说的也是这个问题。

我曾和一个年轻人谈到过这个问题。这个年轻人几乎从未离开过自己的家人，也从未走出过自己生长的省份，但他为了参加我的讲座来到了多伦多。他性格孤僻，同时也饱受焦虑的折磨，当我们第一次见面时，他甚至无法开口讲话。但是去年这个年轻人决心改变这一切，从做一个普通的洗碗工开始。他本可以敷衍地对待这份工作，郁郁不得志地活着，但是他选择认真工作，谦逊地对待每一个机遇。现在他已经能够独立生活，不再依赖家人了，而且也有了一些存款。这个年轻人直面社会的勇气使他获益匪浅。

> 知人者智，自知者明。
> 胜人者有力，自胜者强。
> 知足者富，强行者有志，
> 不失其所者久，死而不亡者寿。[3]
>
> （《道德经》第三十三章）

这个年轻人虽然还处在焦虑的状态，但是已经坚定地走在自我转变的道路上了，要不了多久，他就会变得比现在更出色。他能做出这样的改变是因为他接纳了自己的渺小状态，并心存感激地迈出了微不足道的第一步。这比永远地“等待戈多”要好，也远胜于在傲慢的一成不变中，任凭内心被愤怒和悔恨占据。

我应该怎样对待贪婪？记住，给予比索取更有意义。这个世界是一个等待分享和交换的论坛，而不是一个等待洗劫的宝库。给予就是尽你所能让世界变得更好，当你这么做时，人们内心善的一面也会发出共鸣，大家会支持、模仿、回报和培养这样的行为，然后整个世界也会跟着变得越来越好。

当我污染了自己心中的河流时，应该怎么办？寻找活水，让它来净化。这个问题和答案都让我感到意外，它与法则六最有关联。也许我们应该从心理层面来理解环境污染的问题，也许当人们厘清自己的问题之后，才能够为环境承担更多的责任，解决更多的问题。[4]俗话说，统治自己灵魂的人要比统治一座城市的人更伟大，因为人最大的敌人是自己。也许，环境问题从根本上来说都是精神层面的问题，只有当人们照顾好自己的时候，才有可能好好对待这个世界。可能这只是我作为一个心理学家的看法。

接下来的问题和应对危机与精力消耗有关。

我应该在对手胜利的时候做什么？追求更高的目标，并且对过往的教训心存感激。从对手的成功中学习，聆听（法则九）他们的批评，从中收集有利于成长的智慧，创造一个甚至都能使你的对手获得启示和成就的世界。

当我疲惫和不耐烦时应该怎么办？大方地接受援助。这条建议有两重含义：一是我们要看到现实和个体的局限性；二是要感恩来自亲友甚至是陌生人的帮助。精力耗竭和心情不耐烦是不可避免的，人们总是有太多要做的事，而时间总是很有限。但是我们不需要孤军奋战，而且通过分工合作完成有意义的工作并分享功劳本来就是好事。

我应该怎样面对衰老？用如今的成就替代年轻时的潜力。这个问题可以回溯法则三关于友谊的讨论以及苏格拉底被判死刑的故事，那个故事的中心思想是：活得彻底才能让人生的不完美值得存在。相比长者的成就，一无所有的年轻人拥有的是无限的可能性。这两个阶段各有各的好处。威廉·巴特勒·叶芝曾写道:“一个老人不过是无用的东西,像一根竹竿上的破旧衣裳。除非灵魂拍手歌唱,在凡胎肉体里更高声地为每一件破旧衣裳歌唱……”[5]

我应该怎样面对自己孩子的死亡?拥抱其他你挚爱的家人,抚平他们的伤痛。人们必须坚强地面对死亡,因为死亡是生命的一部分。因此,我鼓励我的学生们尽力成为自己父亲葬礼上那个唯一的、可以被哀痛的家人们所依靠的人。获得面对逆境的力量是一个值得努力的崇高目标,这和一生平安的愿望有很大的不同。

我在下一个至暗时刻应该怎么做?专注在下一个正确的选择上。我们在法则十里强调过万事都有分崩离析的可能性,在混乱和不确定的环境里,唯一能够指引方向的,或许就是你通过追求理想和专注当下建设起来的人格。如果你没有完成建设,就无法应对危机,结果就只能听天由命。

上面这一组问题是最难回答的。子女的死亡可能是最可怕的灾难,会导致很多婚姻的破裂,这种破裂可以理解,但也并非不可避免。我见过有些人在失去至亲之后反而会变得更加亲近,加倍努力地建立彼此的联结,更加强调相互支持的重要性。结果便是,这样做的每一个人都多少寻回了一些被死亡夺走的东西。所以,我们应该用同情应对哀伤,走到一起共同面对人生的悲剧。当外面寒风肆虐时,我们的家庭就是那个带有壁炉、舒适温馨的客厅。

死亡会让人更加深切地体会到人生的脆弱和有限,有时候这会让人恐惧、恼怒或者想要逃避,但有时这也会让人觉醒,转而更加珍惜爱自己的人。我的父母 80 多岁了,我曾经做过一个关于他们的计算,结果令我不寒而栗,也让我更加清醒。我每年见父母两次,和他们在一起待几个星期,其他时间我们则会通过电话沟通。但是，80 多岁的人的预期寿命只剩不到 10 年，所以，运气好的话我还能与父母待不到 20 次。意识到这一点是很可怕的，但是这也让我更加珍惜与他们在一起的机会。

接下来的一组问题关乎人格的发展。我应该对一个失去信念的兄弟说什么？修复世界的最好方式是修复自我，就像我们在法则六里所探讨的那样。除此以外的一切方式都是自以为是的，而且还可能因为你的疏忽或无能适得其反。但这也没关系，因为当下的你确实有很多可以修复的东西，毕竟，每个人都有缺陷，这些缺陷也都会对世界产生不利影响。不过，若对缺陷坐视不管，你的不作为、惰性和玩世不恭会让你更加无法学会化解痛苦，创造和平。这会让事情变得很糟，因为人们有无数理由可以对世界绝望、愤怒，然后怨恨地寻求报复。

当你没有做出适当的牺牲，认清真实的自己或者真实地活着时，你就会变得虚弱，无法在这个世界茁壮成长，最终你我都只能成为一个对自己或他人没有价值的人。由你的愚蠢所导致的失败和痛苦会腐蚀你的灵魂，这是必然的结果。连一帆风顺的人生都有很不容易的时候，更不用说不顺的人生了。我从痛苦的经历中了解到，世界上没有什么事情是不能变得更糟糕的，因此，地狱才会是一个无底深渊。当面临最糟糕的情况时，那些不幸的人也许会将自己承受的痛苦归咎于他们过去有意犯下的错误，如背叛、欺骗、冲动、虐待、懦弱的行径，以及视而不见的态度。当发现自己就是造成痛苦的罪魁祸首时，那种感觉无异于被打入了地狱，而一旦进入地狱，人就会变得很容易诅咒存在本身。产生这样的想法并不意外，但也绝无合理性可言。

在最好或最坏的时刻，在战争或和平当中，人们都需要依赖自我。一个人要如何构建可以信赖的人格，从而才不至于在痛苦时与邪恶为友呢？我继续书写着问题和答案，而它们多少都和这本书描述的法则相关：

我应该如何使自己变得更强大？不要撒谎或做你鄙夷的事情。

我应该如何使自己变得更高尚？只遵照你心灵的旨意行事。

我应该如何面对最棘手的问题？将它们视为通向人生之道的大门。

我应该如何帮助落魄的人？用正确的示范来鼓舞他，使他重新振作起来。

当众人皆醉我独醒时应该做什么？坚定勇敢地说出事实的真相。

我写完了。今天，我还保留着这支照明笔，但自那次之后，我再也没有使用过它。也许有一天，我会再度用它书写从我内心深处涌现的想法。不管怎样，是它帮助我找到了结束这本书的恰当言辞。

希望我的文字对你有所帮助，希望它能向你揭示一些你虽已经知道但没有意识到的事情。希望我所探讨的那些古老智慧能带给你力量，点燃你内心的火花。希望你可以整理好自己的思绪，重新审视你的家庭关系，在你的周围创造和平与繁荣。如同法则十一所讲，对于那些你在乎的人，希望你能鼓励他们，使他们越来越强大，而不是让你的过度保护去弱化他们。

祝你一切顺利，也希望你能够祝福他人。

你会用你的照明笔写下什么？

致谢

我在写这本书的过程中有过一段相当动荡的时期，但幸运的是我得到了太多可靠、出色而又值得信赖的人的支持。

我尤其想要感谢我的妻子塔米，她在过去近50年来一直是我的挚友。在我写作期间，不论生活发生了怎样的变化，她都坚定地为我提供着坦诚、稳定的支持并始终耐心地帮助着我。

我的女儿米凯拉、儿子朱利安、父母沃尔特（Walter）和贝弗莉（Beverley）也一直陪伴、关注和支持着我，与我讨论复杂的问题，帮我整理思路和言行。我的妹夫、出色的电脑芯片设计师吉姆·凯勒（Jim Keller）和我可靠而又勇敢的妹妹邦妮（Bonnie）也一样。我和沃德克·塞姆贝格以及埃斯特拉·贝基尔多年的友谊也为我在很多方面带来了巨大的启发。威廉·坎宁安教授（William Cunningham）也一直在幕后默默地支持着我。诺曼·道伊奇博士为撰写此书的推荐序投入了远超我预期的时间和精力，他和他的太太凯伦（Karen）的支持和温暖惠及我的整个家庭。我和出版商兰登书屋的编辑克雷格·派伊特（Craig Pyette）的合作很愉快，克雷格对细节的关注和对书稿的谨慎把握使这本书得以更加缜密和平衡地呈现在读者面前。

我的朋友、小说家兼编剧格雷格·赫维茨在我出书之前就在他的畅销书《孤儿X》里使用了很多我的人生法则。这是对我的极大认可，也证明了这些内容对公众的价值与吸引力确实存在。格雷格同时还自愿充当了一位投入、认真而又犀利的编辑兼评论者，帮助我去掉了冗余的段落，维护了内容的主线。格雷格还向我推荐了插画师伊桑·万·斯克里弗（Ethan van Scriver），为我创作每一章开头的插画。我非常感谢斯克里弗，他的艺术创作为这本书带来了光明、诙谐和温度。

最后，我想感谢我的经纪人萨莉·哈丁（Sally Harding）以及她在CookeMcDermid的优秀同事们。若没有萨莉，这本书是永远不会写成的。

考虑到环保的因素，也为了节省纸张、降低图书定价，本书编辑制作了电子版的注释与参考文献。请扫描下方二维码，下载“湛庐阅读”App，即可获取注释与参考文献。

译者后记

2005 年，还在读大二的我第一次在“人格及其转变”这门课上见到了彼得森教授，他的大胡子和深邃的眼神令我印象深刻。彼得森教授的课非常引人入胜，因为他不仅是在讲解书本上的知识点，还会带着学生们一起探寻和思考。大三的时候我又选修了他的另一门课“意义地图”，在这门课上，彼得森教授带我们一起看了不少迪斯尼动画，并从看似简单的剧情里提炼出了一些深刻的主题。这些主题当时我并没有立刻全部理解，但是随着阅历的积累，我对这些主题的感悟也越来越多。

不过要说彼得森教授给我留下的最深刻印象，当属这门课的作业了。整整一个学期，彼得森教授只布置了一项任务，那就是书写个人成长史。他要求我们将自己从出生开始的所有人生经历划分成 7 个不同的阶段，列出每个阶段里 5 个最重要的事件，然后逐一分析这些事件在情感、认知和成长上给自己带来的影响。

我原以为这个作业很简单，也自以为我是了解自己的，结果没想到这项作业却成了我迄今为止字数最多的论文，而且写作的过程也彻底改变了我对自己的看法。我获得了一种“醒过来”的感觉，也明白了人为什么是宇宙中最复杂的存在。在后来的很多年时间里，这篇论文带给我的自我反思始终都是推动我心智成熟的主要动力，我也因此对彼得森教授怀有很深的敬意和感激之情。

时隔 13 年，当我开始读英文版的《人生十二法则》时，彼得森教授的智慧和激情再次感染了我。他是一个曾经影响过我人生轨迹的人，而眼前的这本书也许可以给更多的人带来同样的影响。作为一个专注于个人成长，以推动公众心智成熟为己任的心理咨询师，我立刻产生了一种为国内读者翻译这部作品的渴望。

我到处打听该书的中文版权所有者，并最终在朋友的帮助下顺利联系上了湛庐，刚好他们也需要一位了解彼得森教授，同时也有足够热情来翻译这部深刻著作的译者。这本书不是一般的心理学科普作品，它的表达方式和内容的复杂程度对我来说是一项不亚于洗涤灵魂的巨大挑战。但就如彼得森教授所说，意义能够让不可避免的痛苦变得值得。在整个翻译过程中，我都一直回想着彼得森教授为我带来的启示与成长，以及自己多么渴望让更多的人有同样的收获。这些想法支撑着我在半年的时间内完成了整本书的翻译工作。

感谢你坚持读完此书，以及对我有限的翻译水平的宽容。彼得森教授的语言有的地方较为烦琐，表述风格也比较传统和老派，在翻译的时候，我也尽己所能地平衡了可读性和翻译的准确性。这里我也想感谢湛庐的编辑老师们在整个翻译过程中为我提供的耐心、细腻而又真诚的反馈。

彼得森教授在过去几年里因为各种事情广受关注和争议。我并不完全认同他对有些公共议题的看法，毕竟一个人的思想也是受自己的专业和经历所限的，但这并不影响我对他作为一个心理学者和人生导师的敬重之心。在个人成长层面，这本书提出的问题和角度是独特而又深刻的，不论是对混乱和秩序的诠释、对善恶的探寻，还是对坦诚和个人责任的强调都是如此。成长之路永远没有终点，彼得森教授在这本书里不一定给出了所有问题的答案，但是他的确提出了许多十分宝贵的问题，有些问题是我们不曾考虑的，也有些问题是我们不敢面对的。因此，这是一本适合慢慢读，并在人生不同阶段反复咀嚼的书。

读完本书后，我鼓励你带着书中提出的问题继续思考和探寻，找到属于自己的答案，建设自己的价值体系。就像本书结语最后一句话所说的那样："你会用你的照明笔写下什么？"

史秀雄

心理咨询师、《假性亲密关系》作者

2019 年 4 月 30 日

未来，属于终身学习者

我们正在亲历前所未有的变革——互联网改变了信息传递的方式，指数级技术快速发展并颠覆商业世界，人工智能正在侵占越来越多的人类领地。

面对这些变化，我们需要问自己：未来需要什么样的人才？

答案是，成为终身学习者。终身学习意味着具备全面的知识结构、强大的逻辑思考能力和敏锐的感知力。这是一套能够在不断变化中随时重建、更新认知体系的能力。阅读，无疑是帮助我们整合这些能力的最佳途径。

在充满不确定性的时代，答案并不总是简单地出现在书本之中。“读万卷书”不仅要亲自阅读、广泛阅读，也需要我们深入探索好书的内部世界，让知识不再局限于书本之中。

湛庐阅读 App：与最聪明的人共同进化

我们现在推出全新的湛庐阅读 App，它将成为您在书本之外，践行终身学习的场所。

- 不用考虑“读什么”。这里汇集了湛庐所有纸质书、电子书、有声书和各种阅读服务。
- 可以学习“怎么读”。我们提供包括课程、精读班和讲书在内的全方位阅读解决方案。
- 谁来领读？您能最先了解到作者、译者、专家等大咖的前沿洞见，他们是高质量思想的源泉。
- 与谁共读？您将加入优秀的读者和终身学习者的行列，他们对阅读和学习具有持久的热情和源源不断的动力。

在湛庐阅读App首页，编辑为您精选了经典书目和优质音视频内容，每天早、中、晚更新，满足您不间断的阅读需求。

【特别专题】【主题书单】【人物特写】等原创专栏，提供专业、深度的解读和选书参考，回应社会议题，是您了解湛庐近千位重要作者思想的独家渠道。

在每本图书的详情页，您将通过深度导读栏目【专家视点】【深度访谈】和【书评】读懂、读透一本好书。

通过这个不设限的学习平台，您在任何时间、任何地点都能获得有价值的思想，并通过阅读实现终身学习。我们邀您共建一个与最聪明的人共同进化的社区，使其成为先进思想交汇的聚集地，这正是我们的使命和价值所在。

著作权合同登记号　图字：11-2023-211
12 Rules for Life: An Antidote to Chaos

Originally published in English by Random House Canada.

图书在版编目（CIP）数据

人生十二法则 /（加）乔丹·彼得森著；史秀雄译 .
—杭州：浙江科学技术出版社，2023.7
ISBN 978-7-5739-0675-5

Ⅰ. ①人…　Ⅱ. ①乔… ②史…　Ⅲ. ①人生哲学
Ⅳ. ① B821

中国国家版本馆 CIP 数据核字（2023）第 108016 号

书　　名　**人生十二法则**
著　　者　[加] 乔丹·彼得森
译　　者　史秀雄

出版发行　**浙江科学技术出版社**
地址：杭州市体育场路 347 号　邮政编码：310006
办公室电话：0571-85176593
销售部电话：0571-85062597
网址：www.zkpress.com
E-mail:zkpress@zkpress.com
印　　刷　唐山富达印务有限公司

开　　本	710mm×965mm　1/16	**印　　张**	22.5
字　　数	332 000	**插　　页**	1
版　　次	2023 年 7 月第 1 版	**印　　次**	2023 年 7 月第 1 次印刷
书　　号	ISBN 978-7-5739-0675-5	**定　　价**	99.90 元

责任编辑　余春亚　　**责任美编**　金　晖
责任校对　张　宁　　**责任印务**　田　文